“十三五”普通高等教育

城市电网供配电系统

主　编　祝　贺
副主编　庚振新
编　写　王　娜　王泽洋
主　审　徐建源

中国电力出版社
CHINA ELECTRIC POWER PRESS

内 容 提 要

本书为“十三五”普通高等教育系列教材。

全书共分十章，主要内容有配电网规划与设计、配电系统负荷预测、配电网供电可靠性与电压合格率、配电网损耗及无功补偿、短路电流计算、配电变压器、配电网防雷保护、电气设备的选择、配电网综合节能投资决策技术经济模型、配电网自动化。本书依据国内外最新标准、新技术及新产品的发展结合实用经验编写，内容广泛，通俗易懂。

本书既可作为普通高等院校输电专业的教材，也可以作为输电专业技术培训教材以及供电企业技术及管理人员的工作参考用书。

图书在版编目（CIP）数据

城市电网供配电系统/祝贺主编．—北京：中国电力出版社，2016.7（2022.1 重印）
“十三五”普通高等教育规划教材
ISBN 978-7-5123-8869-7

Ⅰ.①城…　Ⅱ.①祝…　Ⅲ.①城市-供电系统-高等学校-教材②城市-配电系统-高等学校-教材　Ⅳ.①TM72

中国版本图书馆 CIP 数据核字（2016）第 019629 号

中国电力出版社出版、发行
（北京市东城区北京站西街 19 号　100005　http://www.cepp.sgcc.com.cn）
北京天泽润科贸有限公司印刷
各地新华书店经售
*
2016 年 7 月第一版　2022 年 1 月北京第二次印刷
787 毫米×1092 毫米　16 开本　12.5 印张　301 千字
定价 **30.00** 元

前言

随着我国电网建设的飞速发展，配电系统新形势、新装备和新工艺的不断出现，配电网呈现出向智能化发展的方向。电力用户对电力供应的可靠性和电力服务的要求越来越高，城网改造、升级，环网供电，电力电缆的大幅度应用于城市，所有这些都要求供电公司的配电工作人员更新观念，提高业务技术水平，适应电力工业发展的需要。

本书在我国建设统一坚强智能电网的背景之下，将范围锁定在配电网，较为全面地介绍了配电网理论及其关键技术，涉及面较广泛，内容新颖、前沿，既涵盖了国外的研究成果，也聚集了国内的最新发展。本书旨在为在校学生和供电工作人员提供一本新形势下的城市电网供配电系统相关知识的参考书。

本书第一～三章、第七～十章由东北电力大学祝贺编写，第四章由沈阳工业大学庚振新编写，第五章由沈阳化工大学王娜编写，第六章由广东省电力公司佛山供电公司王泽洋编写。东北电力大学硕士研究生于卓鑫、刘豪、严俊韬、刘程在绘图、材料整理等方面付出了辛勤的劳动。本书由沈阳工业大学徐建源教授担任主审，提出了宝贵的修改意见；同时，在编写过程中得到了国网沈阳供电公司的大力支持，编者在此一并表示最诚挚的谢意。

限于编者经验不足，书中疏漏或不当之处在所难免，恳请读者批评指正。

编　者

2016 年 1 月

目　　录

第一章　配电网规划与设计

第一节　电力系统及配电网发展概况

一、我国电网概况

改革开放以来，我国电力工业一直以较快的速度发展，经历了机组由小到大和电网由小到大、由弱到强、电压等级逐步提高的发展历程，技术和管理水平不断提升，走出了一条具有中国特色、符合我国国情的发展道路。进入21世纪后，电力工业更是取得了前所未有的成就，国家在电网领域加大了投资、建设力度，电网发展与电源建设相协调，电网的可靠性、灵活性和经济性显著提高。

2014年，全国发电装机容量达到13.60亿kW，同比增长8.2%。其中火电91569万kW，水电30183万kW（含抽水蓄能2183万kW），风电9581万kW，核电1988万kW，太阳能2652万kW。全社会用电量达到5.55万亿kWh，同比增长3.8%，有力支撑了国民经济快速发展和人民生活水平的不断提高。

全国联网格局已基本形成，大电网的规模效益初步显现，形成了华北—华中、华东、东北、西北、南方五个主要同步电网，除台湾外，实现了全国联网。华北、华中通过1000kV交流同步联网，东北与华北通过高岭直流背靠背实现异步联网，西北与华中通过灵宝直流背靠背、德阳～宝鸡±500kV、哈密南～郑州±800kV直流工程实现异步联网，西北与华北通过宁东（银川东）～山东（青岛）±660kV直流实现异步联网，华中与华东通过葛洲坝～上海（南桥）、三峡（龙泉）～江苏（政平）、三峡（宜都）～上海（华新）、三峡（荆门）～上海（枫泾）4回±500kV直流以及金沙江（向家坝）～上海（奉贤）、雅砻江（锦屏）～江苏（同里）、金沙江（溪洛渡）～浙西（金华）3回±800kV直流工程实现异步联网，华中与南方通过三峡（荆州）～广东（惠州）±500kV直流实现异步联网。西藏与西北电网通过青海～西藏±400kV直流工程实现异步联网，2014年11月建成川藏电力联网工程。

目前，我国形成了1000/500/220/110（66）/35/10/0.4kV和750/330（220）/110/35/10/0.4kV两个交流电压等级序列和±500（±400）、±660、±800kV直流输电电压等级序列；形成了华北、华中、华东、东北、西北五大区域电网，西北以750kV为主网架，其他区域以500kV为主网架，华北、华中、华东电网电压等级提升到1000kV，建成晋东南～南阳～荆门、淮南～皖南～浙北～上海、浙北～浙中～浙南～福州特高压交流工程；建成1回±400kV、7回±500kV、1回±660kV、4回±800kV直流输电工程和3个直流背靠背工程；配电网在网架结构、设备状况、技术水平、管理水平等方面不断完善，2014年，我国经营区供电可靠率，城网为99.967%、农网为99.878%，综合电压合格率城网、农网分别为99.982%、98.808%。

"十二五"以来，我国围绕深化"两个转变"，大力实施"一特四大"发展战略，电网发展取得显著成绩。"十二五"前四年，公司逐年电网投资分别达到3023、3054、3379、3855亿元，累计110（66）kV及以上输电线路长度83万km，变电容量33亿kVA，分别是2010

年的 1.4 倍和 1.5 倍，有力支撑了经济社会发展，保障了用电需求，国家电网已经成为世界最大的交直流混合电网。

电网建设与经济社会需求增长相适应，电网发展保证了新增 3.04 亿 kW 的电源接入，满足了新增负荷 1.42 亿 kW、新增电量 1.03 万亿 kWh 的供电需求。国家电网逐步成为集电能传输、市场交易和资源优化配置功能于一体的现代综合服务平台，大范围优化配置能源资源的格局初步形成。国家电力需求及电源装机发展情况如图 1-1 所示。

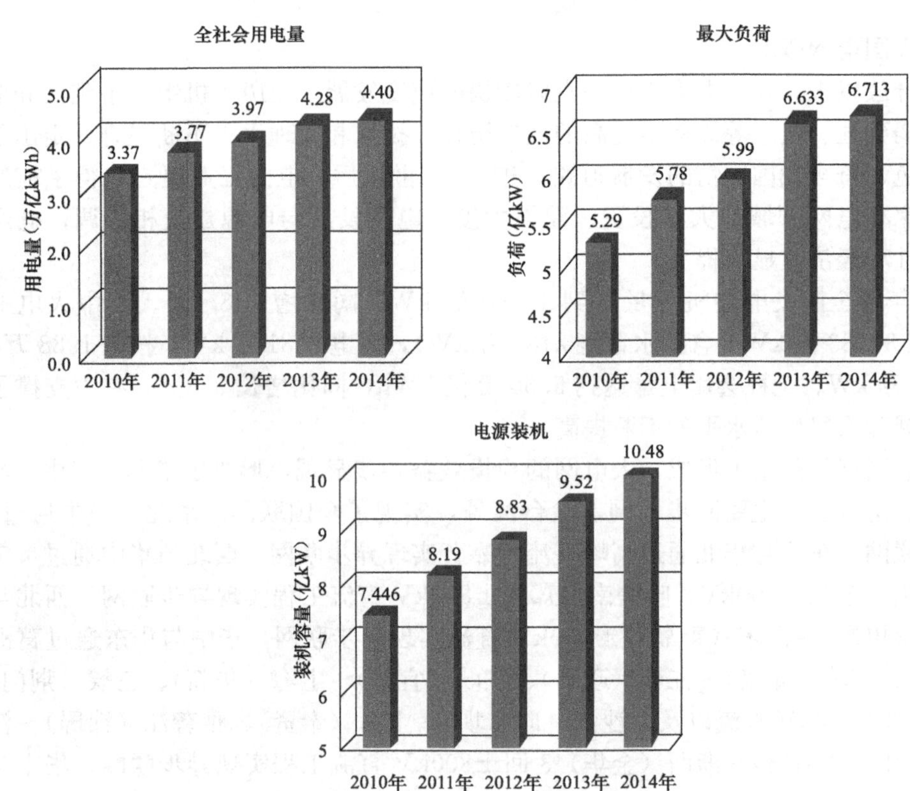

图 1-1　国家电力需求及电源装机发展情况

我国电网建设研究人员围绕特高压科研、试验、论证、规划、设计、建设、运行等方面，做了大量深入、细致的工作，全面掌握了特高压核心技术和关键装备制造能力，建立了完整的标准体系和试验体系。已建成投运“三交四直”特高压工程，长期保持安全稳定运行。特高压交直流示范工程通过国家验收，“特高压交流输电关键技术、成套设备及工程应用”获国家科技进步特等奖，这是我国电工领域在国家科技奖上获得的最高荣誉。在运在建和取得“路条”的特高压工程线路长度超过 2.9 万 km，变电（换流）容量超过 2.9 亿 kVA，特高压输电可行性和优越性得到充分验证。2014 年 2 月，成功中标巴西美丽山水电特高压输电工程，实现我国特高压技术“走出去”重大突破。我国特高压电网建设已走在世界前列，成为为数不多、在世界上处于领先水平的重大自主创新成果，为实现我国大规模、远距离、高效率电力输送，保障国家能源战略规划的顺利实施和经济社会可持续发展创造了必要条件。

国家高度重视配电网规划建设，将解决配电网薄弱问题作为电网发展的当务之急，持续加大投入力度，建立健全技术标准体系，不断提升发展理念，始终坚持统一规划，全面开展标准化建设，配电网发展取得显著成就。

（1）配电网投资和规模大幅增加。持续加大配电网投入，2011～2014 年，110kV 及以下配网建设投资约 6000 亿元，占电网建设总投资比例约 50%，其中 2014 年完成配电网建设投资 1858 亿元，创历史新高，占 750kV 及以下电网建设投资的比例达到 62%。2014 年，35～110kV 变电容量、线路长度达到 2010 年的 1.6 倍，电网结构日趋合理，供电能力大幅提高，保障了用电负荷年均 6.1%、用电量年均 6.9%的增长，为城乡经济社会快速发展发挥了巨大作用。

（2）城网供电质量显著提高。扎实推进城市配电网建设改造，完善网架结构，提高设备标准化水平，增强负荷转供互带能力，建设应用配电自动化系统，深入开展不停电作业和状态检修。城网 110（66）、35kV N-1 通过率超过 90%，10kV 主干线路 N-1 通过率达到 85%，配电自动化覆盖率达到 25%，用户年均停电时间由 2010 年的 8.2h 减少到 2014 年的 2.9h，综合电压合格率由 99.50%提高到 99.98%。北京、上海等 10 个重点城市核心区用户年均故障停电时间降至 4.5min，其中北京金融街地区用户年均停电时间不到半分钟，供电可靠率达到 99.9999%，居于国际领先水平。

（3）农网改造升级成效显著。我国大力实施“新农村、新电力、新服务”发展战略，先后完成县城电网改造、中西部农网完善等专项工程，农网简陋落后的面貌基本得到改变。“十二五”期间按照国家统一部署，全力组织实施新一轮农网改造升级工程，着力满足农村经济社会发展和农民生活改善的用电需求，农网供电能力和装备水平大幅提升。先后解决 31 个“孤网运行”（含西藏 14 个）、112 个与主网联系薄弱的县域电网问题，综合治理农村“低电压”2407 万户，农网 10kV 线路平均供电半径缩短至 10.2km，户均配电变压器容量提高至 1.32kVA 安，有载调压主变压器比例达到 85%，高损耗配电变压器比例降至 8.7%，用户年均停电时间由 2010 年的 31.9h 减少到 2014 年的 10.7h，综合电压合格率由 97.48%提高到 98.81%。

配电网供电可靠性和电压质量情况如图 1-2 所示。

“十二五”期间，公司各级骨干通信网、10kV 通信接入网发展建设成效显著，技术装备水平迈上了新台阶，通信网可靠性和支撑服务能力得到大幅提升。光纤覆盖站点范围进一步扩大。110kV 及以上变电站光纤覆盖率达到 100%，为保护、安控、调度自动化等电网生产运行业务提供了高质量、高可靠的传输通道；重点城市核心供电区域 10kV 站点以光纤通信方式为主，有效支撑了区域内配电自动化“三遥”终端的可靠通信需求。骨干通信网传输容量大幅提高。优化完善省际、省级骨干光传输网拓扑结构，建成省际和部分省级大容量骨干光传输网重点工程，省际骨干传输网和 17 个省级骨干传输网的传输容量提升至 400G 以上；完成通信数据网骨干层的带宽升级，网络带宽提升至万兆，充分满足了电网运营管理等方面的通信业务需求。

“十二五”期间，国家在电网智能化理论研究、技术标准、试验体系、工程实践等方面开展了大量工作，取得了阶段性的成果。大规模新能源发电并网、电动汽车充换电设施布局、用电信息采集建设、智能调控技术应用等方面处于国际先进水平。建成世界上端数最多的浙江舟山五端柔性直流工程和世界上规模最大的张北风光储输联合示范工程，全面推广建

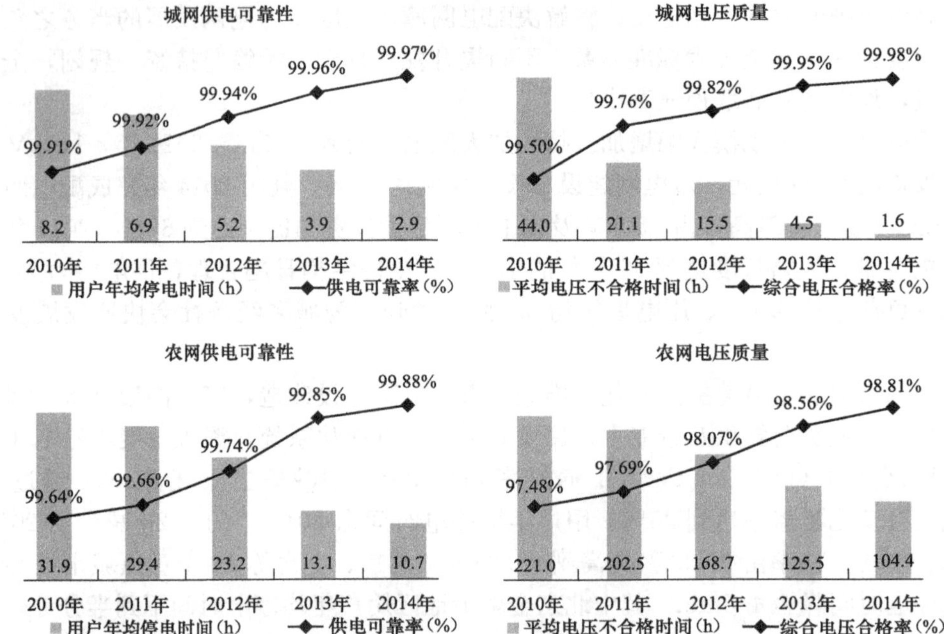

图 1-2 配电网供电可靠性和电压质量情况

设大规模风电功率预测及运行控制系统。截至 2014 年底，建成 1488 座智能变电站，6 座新一代智能变电站，正在建设 50 座；各省级公司均开展了配电自动化建设，配电自动化系统覆盖了 2.7 万条 10kV 线路，覆盖率达到 12.6%；累计建成 618 座充换电站、2.4 万台充电桩；累计安装智能电表 2.48 亿只，实现 2.56 亿户用电信息自动采集，覆盖率达到 67.6%；建成 26 个省级及以上、57 个地区级智能调度控制系统。

我国积极落实国家能源战略和节能减排部署，建成节能服务体系，全面加强新能源接入服务全过程管理，服务清洁能源发展。截至 2014 年底，公司投资 795 亿元，建成专用风电送出汇集站容量 2688 万 kVA、并网线路 3.7 万 km，建成太阳能汇集站容量 991 万 kVA、并网线路 2625km。国家电网风电和光伏发电并网装机分别达到 8790 万 kW 和 2445 万 kW，发电量分别达到 1452 亿 kWh 和 227 亿 kWh。我国取代美国成为世界第一风电大国，风电消纳水平国际领先，国家电网成为全球接入风电规模最大、风电和太阳能发展最快的电网。

国家调度范围内风电、光伏发电并网容量如图 1-3 所示。

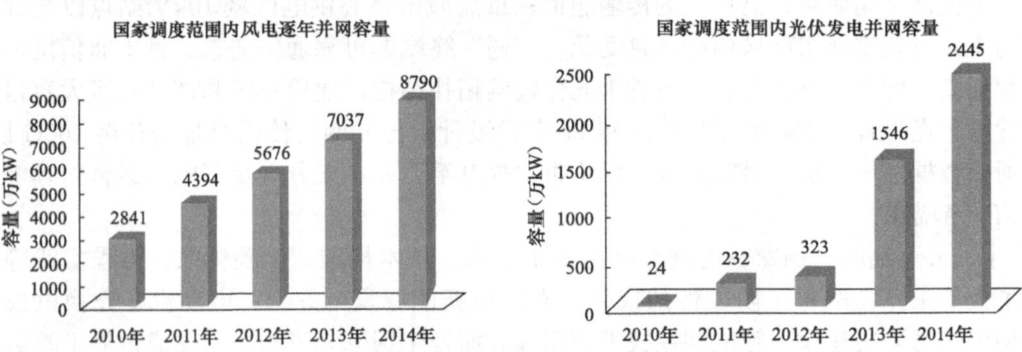

图 1-3 国家调度范围内风电、光伏发电并网容量

二、配电网发展概况

由于配电网相关数据统计工作繁琐，且耗资巨大，故而我们借助电力系统网络的发展概况来估计配电网的发展概况。那么，我们再具体地梳理配电网的发展历史，并根据现状对未来作一个粗略的预测。

在最早的配电网里，受电器是在线路中串联着的。这种配电系统缺点很多，切断任一受电器就切断了整个线路，从而引起其他受电器工作停顿；同时配电网的故障往往引起线路的开路，因而也会造成大批受电器供电中断。正由于此，后来就发展到将受电器并联到配电网上，这样就不会因为某一受电器的切断或接入而中断配电网的工作，因此，这种并联的配电系统作为一种理想的模式得到了迅速发展并一直沿用至今。早期我国的配电网电压等级零乱而复杂。20 世纪 50～60 年代，随着我国配电网的发展，低压网和中压网的电压等级逐步统一改造为 380/220V 及 6～10kV。又由于城市负荷密度的提高和大型电力用户的出现，现代配电网的最高电压等级已发展到 35～110kV；有的负荷密度极高的大城市，采用 220kV 电压等级作为配电网电压等级。

到 1995 年底，全国电网建成 35～110kV 的线路 45.1 万 km、变电容量 3.95 亿 kV·A，10kV 线路约 260 万 km，380/220V 线路约 660 万 km。全国电网总装机容量 2.17 亿 kW，发电量 10069 亿 kWh，其中，约 80%的电量由城网送到用户或转供给大企业，约 50%的售电量由配电网直接分送到用户。农村电网已形成了以大电网供电为主，以小水电、小火电、风能、太阳能等多种能源发电互补的农村供电电源结构，农村电网覆盖了 96%的农村。全国共建成农村电气化县 533 个，其中农村水电初级电气化县 318 个。

随着新理论、新方法、新技术在配电网中的应用，迫使现代配电网向下列趋势发展。

1. 配电装备向无油化、免维修、小型化、紧凑型方面发展

新的配电装备的开发主要要达到三个目的。第一是适应日趋严格的环境约束；第二是满足用户对供电可靠性越来越高的需要；第三是降低供电成本，包括安装、运行和维修费等。

就线路而言，正在开发和推广应用的有：①高压紧凑架空线路。与传统架空线比较，其高度可减少 40%，线路走廊用地可节约 50%。②中、低压架空集束绝缘线路。它与架空裸线比较，年事故率只有原来的 1/7～1/2，线路走廊节约 1/3～1/2，电压损失可减少 40%，有利于城市绿化、城市环境美化等。它已在国外广泛使用，国内近十多年来，也在城网中推广应用。

对变压器来说，为适应高层建筑、地下商场、地铁、矿井等防火要求高的地区的供电需要，国内外已广泛推广使用绝缘变压器和树脂浇注干式变压器，这些变压器与传统油浸变压器比较，具有可靠性高、体积小、损耗低、噪声小、难燃等特点。

在开关设备方面，国内外已广泛采用断路器、真空断路器、固态断路器等，它们与常规电器设备比较，尽管其设备费用高一些，但由于可靠性高、动作灵敏、占地费用减少、安装简便、保护控制用电缆费用低、维护检修工作量小等，抵偿了很大一部分设备差价，因而在人口和交通密集的城市电网中迅速得到推广应用。

2. 配电自动化向多功能纵深方向发展

配电自动化是包括变电站、配电网和用户在内的运行、监控、维修、用户管理的具有自动化功能的综合一体化系统，而配电管理系统是包括配电自动化在内的符合配电系统现代管理要求的综合技术管理系统，需要说明的是，两者是既有联系又有不同的管理系统。在研究

单纯的技术措施时称为配电自动化的内容，而在研究技术和组织的综合措施时称为配电管理系统的内容，二者实质上是综合在一起的。因此，从某种意义上说，配电管理系统是广义的配电自动化系统。

因受新形势下用户对配电网供电可靠性和供电质量要求越来越高的影响，在国外，配电自动化近十多年来发展较快，由于各国的具体情况不同，开发的功能也差异较大。为了更好地推进此项工作，在1993年的12届国际供电会议（CIRED）上，成立了专门特设小组，对配电自动化在各国的进展情况进行了调研。机构起草的工作报告，反映了当前的现状，明确了若干基本概念，提出了全面、完整、内容具体、层次分明、关系明确的数十项配电自动化标准功能，这将推动配电自动化向多功能的纵深方向发展。

尽管我国在配电网实时数据采集与监控（SCADA）方面取得了一定成绩，但在全面开发配电自动化功能方面还处于探索起步阶段。由于此项工作涉及面广、耗资巨大，各地正在因地制宜，制订分步实施计划，通过投入和效益评估，进行具体功能的开发，力争把我国配电自动化程度提高到一个新水平。

第二节 电力系统的规划与设计原则

电力系统是由发电厂、输电、配电、用电等设备及其辅助系统（继电保护、安全自动装置、调度自动化和通信等装置）按规定的技术要求连接在一起，将一次能源转换为电能并输送和分配到用户使用的系统的总称。电力系统的根本任务是向用户提供充足、可靠、合格和价格合理的电能。

电力工业既是国民经济的基础产业，又是关系国计民生的公用事业，电力系统的建设与发展事关经济发展、社会稳定和国家安全大局。电力工业属于资金和技术密集型产业，行业关联度高，并具有建设周期长，电能产供销同时完成，电力传输具有网络性以及受到建设条件、资源、环境制约等特点。电力工业发展必须采纳国民经济和社会发展规划，电力供求关系必须保持大体平衡，电力一旦短缺对国民经济和社会会带来巨大影响，其调控具有很大的“滞后性”，电力过剩也会造成社会资金的巨大积压和资源的浪费，电力系统一旦发生严重事故会造成生产力的严重破坏。电力工业在国民经济和社会发展中的地位和作用及其本质特征客观上要求电力发展必须要长期规划、科学决策、合理布局、安全可靠、平稳发展、适度超前。

电力系统规划设计是国民经济发展规划的重要组成部分，它是根据规划期内国民经济和社会发展的需要，以动力资源和其他经济资源为条件，从满足用电需求的角度出发，正确处理近期及远景需要，研究规划期内电源、电网分阶段发展规划，分析各阶段电网网架方案，提出各阶段发电、输电、配电及二次系统发展规模、方案及具体项目，协调其建设进度，优化其设计方案。其目的是保证发电、输电、配电各环节协调发展，保证电力系统运行的灵活性、可靠性及经济性，满足国民经济和社会可持续发展战略的要求。

一、电力系统规划设计的主要内容

电力系统规划设计的主要内容包括负荷预测、动力资源开发、电源发展规划、输电网发展规划、配电网发展规划、二次系统规划。

负荷预测是电力规划的基础，它研究国民经济和社会发展各相关因素与电力需求之间的关系，预测未来的需电量和电力负荷，预测负荷曲线。

动力资源规划是电源规划的基础，根据负荷需求预测结果，在国家能源和产业政策指导下，研究地区间一次能源平衡及地区内外可能开发的动力资源条件，提出今后发电所需动力资源来源及输送方式。

电源发展规划与输电网发展规划是不可分割的整体。电源发展规划根据动力资源及负荷分布条件，研究合理的电源构成、布局及规模；输电网发展规划结合电源送出及电网送电需要，研究输电网主网架电压等级、送电方式及电网结构。电网规划以电源规划方案为基础，但反过来又对电源规划产生一定的影响。电源规划与电网规划应进行协调，使整个系统规划达到最优。

配电网发展规划主要是研究城市电力网和农村电力网用户负荷密度及分布，提出保证供用电的网络方案。

二次系统规划包括继电保护、安全自动装置、调度自动化、通信规划，为电力系统安全稳定运行创造条件。

在进行电源规划及电网规划的同时，还应进行环境及社会影响分析。应对规划期内环境容量进行研究，分析电力环保“质量空间”，从节能、节水、节地和合理控制污染物排放量的角度分析规划方案的可行性及合理性，提出有关建议。从移民、淹没面积、宗教、生态环境等方面，确定各规划方案对社会影响的程度和范围，避免规划方案对社会发展产生重大负面影响。

1. 电力系统规划设计按规划时段划分

电力系统规划设计按规划时段一般分为电力系统五年发展规划（简称五年规划）、电力系统发展中期规划（简称中期规划，时间为5～15年）和电力系统发展长期规划（简称长期规划，时间为15年以上）。电力系统规划应与国家国民经济和社会发展规划相一致。

长期规划应以五年规划和中期规划为基础，主要研究电力发展规划的战略问题；中期规划应以五年规划为基础，在长期规划的指导下编制，是长期规划战略性问题的深化，同时对长期规划进行补充和修订；五年规划应以现状为基础，在中期、长期规划的指导下编制，是中期规划的深化及具体体现，同时对中期、长期规划进行补充修订。

电力系统五年发展规划应根据规划地区国民经济和社会发展五年规划安排，研究国民经济和社会发展五年规划及经济结构调整方案对电力工业发展的要求，找出电力工业与国民经济发展中不相适应的主要问题，按照中期规划所推荐的规划方案，深入研究电力需求水平及负荷特性、电力电量平衡、对环境及社会影响等，提出五年内电源、电网结构调整和建设原则，以及需调整和建设的项目、进度及顺序，进行逐年投融资、设备、燃料及运输平衡，测算逐年电价、环境指标等，开展相应的二次系统规划工作。五年规划是编制项目可行性研究报告、项目立项的依据，是电力发展规划工作的重点。

电力系统中期发展规划研究5～15年内的电力系统发展和建设方案。电力系统中期发展规划在我国也称为电力系统设计，其任务是根据规划地区的国民经济及社会发展目标、电力需求水平及负荷特性、电力流向、发电能源资源开发条件、节能分析、环境及社会影响等，提出规划水平年电源和电网布局、结构和建设项目，宜对建设资金、电价水平、设备、燃料及运输等进行测算和分析。中期规划是电力项目开展初步可行性研究工作的依据。

电力系统长期发展规划研究15年以上的电力系统发展的规划，主要是研究电力发展的战略性问题，其任务是根据规划地区的国民经济和社会发展长期规划、经济布局和能源资源开发与分布情况，宏观分析电力市场需求，进行煤、水、电、运和环境等综合分析，提出电力可持续发展的基本原则和方向，电源的总体规模、基本布局、基本结构，电网主网架，能源构成，必要时提出更高一级电压的选择意见、电气设备制造能力开发要求以及电力科学技术发展方向等。

2. 电力系统规划设计按地区划分

电力系统规划设计按地区可分为全国电力系统规划、区域电力系统规划、省级或地区电力系统规划。

电力系统规划应实行统一规划、分级管理。各级电力系统规划应具有不同的工作重点，充分体现下级规划是上级规划的基础、上级规划对下级规划的指导作用。

省级或地区电力系统规划，应以本省国民经济发展为基础，以动力资源和其他经济资源为条件，在考虑区域电网（包括周边国家）资源优化配置的基础上，做好本省或地区的资源优化配置方案，分析本省电源建设方案、本省主网架方案及本省与周边电网联网方案；区域电力系统规划，应在考虑跨区域范围资源优化配置的基础上，做好本区域资源优化配置，分析电源建设方案、主网架方案及本区域与周边电网联网方案；全国电力系统规划，应充分考虑我国能源分布及经济发展的特点，在满足分省、分区域用电负荷电源建设的基础上，研究跨区域大型电源的建设及送出方案，优化区域间电网建设方案，努力实现最大范围内的资源优化配置。

3. 电力系统规划设计按具体工作内容划分

电力系统规划设计按具体工作内容可分为电力规划（包括能源与资源、电源、电网规划）、电源规划、电网规划、系统设计、联网规划、大型电厂输电系统规划设计、电源接入系统设计、电网输变电工程可行性研究、城农网规划、二次系统规划、系统专题等。根据规划任务的要求，可进行单项或多项规划工作。

其中，电力系统专题设计，为解决设计年限内系统中出现的专门技术问题，需要进行专题设计，其范围主要有系统扩大联网设计；系统高一级电压等级论证，交、直流输电方式选择；电源开发方案优化论证；输煤、输电方案比较；串补工程所涉及的发电机次同步谐振问题研究；交、直流系统并列运行系统稳定研究；多直流落点稳定研究等。

二、电力系统规划设计的主要原则

1. 电力系统规划设计必须严格执行国家各相关法规、政策

电力系统规划设计必须执行《中华人民共和国电力法》等有关法律、法规和国家有关能源政策、产业政策及环境政策等各项方针政策，满足合理利用能源、节能降耗、环境保护的有关要求。

2. 电力系统规划设计要符合国家国民经济与社会发展战略需求

电力系统规划设计要符合国家制定的国民经济和社会发展战略，满足国民经济和社会发展对电力的需求，确保与国民经济协调发展并适当超前；要坚持以市场为导向，做好电力需求分析预测，发挥市场对资源优化配置的基础作用；电源、电网要统一规划，合理布局，促进电源电网协调发展，实现更大范围内的资源优化配置；注重电力结构调整，提高电力工业的总体质量和效益坚持开发与节约并重，把节能放在首位；高度重视环保，实现电力工业可持续发展；依靠科技进步，积极采用新技术，促进产业升级。

3. 电力系统规划设计应满足供电可靠性、灵活性和经济性的要求

可靠性主要包括两方面内容：对用户供电的充足性和对用户供电的安全性。供电的充足

性是指系统满足一定数量负荷用电的不间断性；供电的安全性是指系统保持向用户安全稳定供电时，能够承受故障扰动的严重程度，通常是指规程中规定的故障事件。

灵活性是指电力系统能适应近、远期的发展，便于过渡。由于在规划设计阶段会遇到很多不确定的因素，从规划设计到项目建成投产，系统中的电源、负荷、网架等情况可能会发生某些变化，设计系统应能满足系统安全稳定、经济运行的需要。

经济性要求在规划设计阶段应进行多方案综合评价，优化电源及电网建设方案，以最少的投资及运行成本向用户提供充足、可靠、合格、低价的电能。

这三项要求往往受到许多客观条件（如资源、财力、技术及技术装备等）的限制，在某些情况下，三者之间相互制约并会发生矛盾，因此必须研究它们之间综合最优的问题。

4. 电力系统规划设计应实行动态管理

五年规划应每年修订一次，中期规划应每三年修订一次，长期规划应每五年修订一次，有重大变化应及时修改、调整。

三、配电网络建设

配电系统作为电力系统的一部分，也必须满足上述规划设计原则，但是配电网络建设是保证经济发展的一项重要基础设施内容，因此配网规划建设必须紧密结合地方总体发展规划方向，以满足、服务地方经济发展需要为首要任务。配电网络规划的重点，是研究和制定配电网络的整体和长远发展目标，确定配电网络的远景目标网架、中期目标网架及过渡方案和近期建设改造规划。

配电网络规划的编制，应从调查分析现有电网入手，解决配电网的薄弱环节，优化电网结构，提高电网的供电能力和适应性；做到近期与远景相衔接，新建和改造相结合以及实现电网接线规范化和设施标准化；在电网运行安全可靠及保证电能质量的前提下，达到电网发展、技术领先、装备先进和经济合理的目标。

配电网络规划除高、中压主网架的规划外，还应包括无功规划和二次系统规划（含继电保护、通信、自动化）等，使有功和无功、一次和二次系统协调发展，提高配电网自动化、信息化水平。

四、配电网电压等级的合理配置

城市配电网作为城市发展的一项重要基础设施，其电压等级的合理选择配置对配电网未来的发展、经济运行等具有深远的影响。我国规定的标称电压为750、500、330、220、110、66、35、20、10、6、0.4kV。

五、我国配电网电压等级的划分

我国配电网包括110、66、35kV的高压配电网，20、10、6kV的中压配电网以及0.4kV的低压配电网。在某些特大型城市中220kV电网有时也归入高压配电网。

此后，我们将分别讨论高压配电网、中压配电网以及低压配电网的规划与设计。

第三节　高压配电网规划

一、高压配电网规划问题描述

高压配电网是指由高压配电线路和高压配电变电站组成的向中压配电网和用户提供电能的配电网，电压等级通常为35～110kV，部分特大型城市的220kV也纳入高压配电网的范畴。高压配电网的电源点通常是高压 220kV 变电站，其负荷通常是 35～110kV 变电站所带负荷。高压配电网规划是在 220kV 变电站和 35～110kV 变电站的站址、容量和供电范围确定的情况下，确定待规划年份高压配电线路的数量、规格、走廊和接线模式。

高压配电网规划问题在数学上可以表示为一个多目标、带约束、非线性、混合整型组合优化问题。高压配电网与高压输电网相比，其明显的特点是网络结构上是环网结构，但运行中往往采取以每一个 220kV 变电站为中心的开环运行方式，而且高压配电变电站还可能因变电站主接线的接线形式与运行方式不同而使一个变电站分成两个负荷点，从而使该问题进一步复杂化。

目前，实际规划人员通常的规划方法是：根据待规划区可能的线路走廊，220kV 变电站的位置，35、110kV 变电站主变压器的台数和容量，研究高压配电网典型的接线模式，然后根据典型的接线模式再由规划人员人工提出高压配电网的网架方案，在城市电网规划计算机辅助决策系统图形界面的地理背景图上规划具体的线路走廊，并利用系统的各种计算工具进行技术经济分析。若有不同的变电站布点及规划方案时，规划人员会提出不同的高压配电网方案进行经济技术比较，最终确定优化的高压配电网规划方案。

二、高压配电网接线模式分析

一个实际的高压配电网往往不是由一种接线模式构成的，而是由若干种接线模式组成的。因此在进行高压配电网规划时要对各种高压配电网接线模式进行分析，从而确定适合规划区特点的高压配电网接线模式，构造规划区高压配电网。

高压配电网的基本接线模式较多，现对其常用部分介绍如下。

1. 三 T 接线

在这种接线模式中，35～110kV 变电站通常可布置三台主变压器，高压侧通常采用线路变压器组的形式。当某一条线路发生故障时，该条线路所带的变压器必须停电，变压器所带的负荷只能通过变电站低压侧提供备用，如图 1-4 所示。

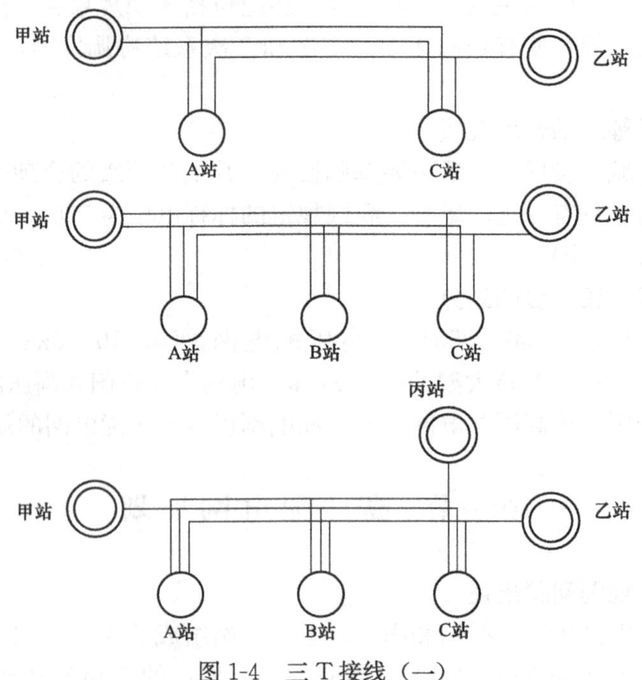

图 1-4 三 T 接线（一）

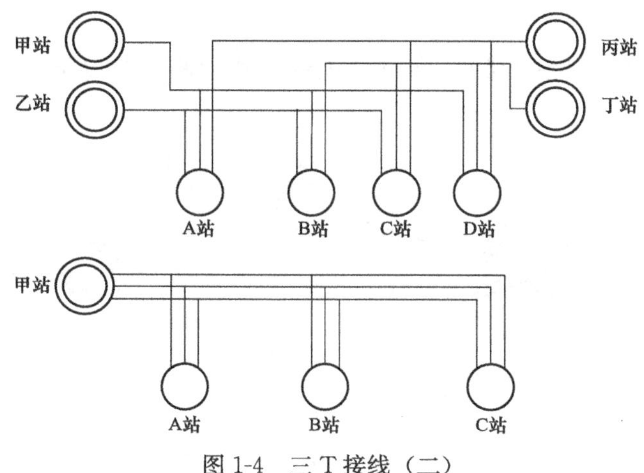

图 1-4　三 T 接线（二）

2. 双 T 接线

在这种接线模式中，35～110kV 变电站可布置两台或三台主变压器。当某一条线路发生故障时，变压器所带的负荷可通过变电站高压侧联络提供备用或通过低压侧提供备用，如图 1-5 所示。

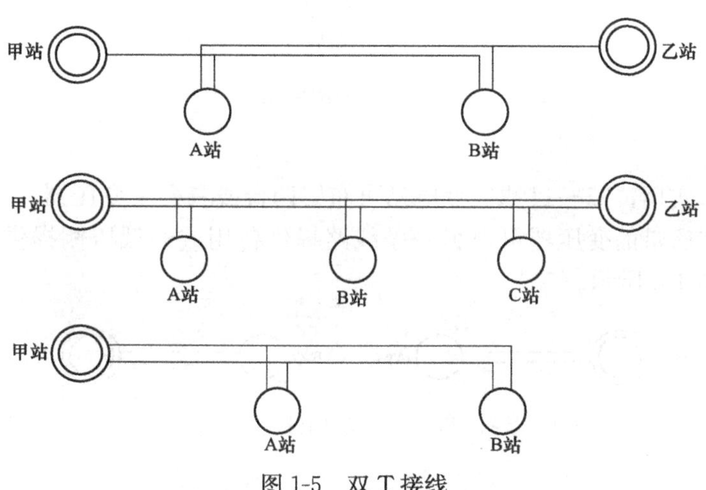

图 1-5　双 T 接线

3. 三回链式接线

这种模式接线稍显复杂，设备投资较大。当某一条线路发生故障时，该条线路所带的变压器可由另一侧的线路提供备用，灵活性好、可靠性较高，如图 1-6 所示。

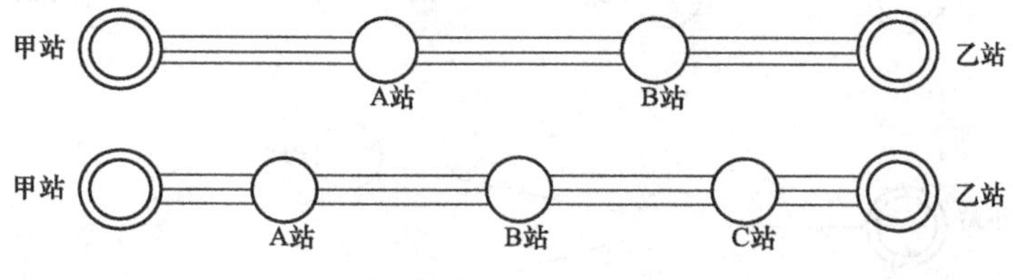

图 1-6　三回链式接线

4. 双回链式接线

这种接线模式与三回链式接线的特点相同。

5. 环网接线

在这种接线模式中，35～110kV 变电站主变压器为两台及以下，可靠性及灵活性均较低，如图 1-7 所示。

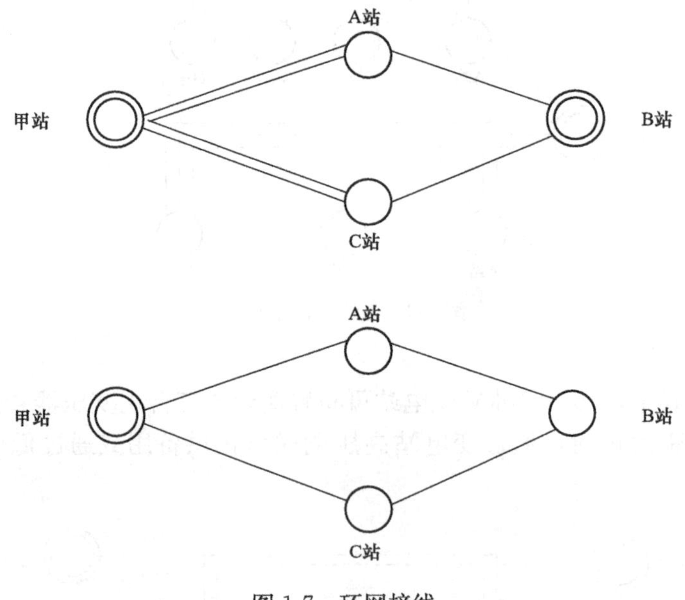

图 1-7 环网接线

6. 双辐射接线

这种接线简单实用，35～110kV 变电站可布置两台或三台主变压器，当某一条线路发生故障时，该条线路所带的变压器可由另一条线路提供备用或经低压侧提供备用，灵活性好、可靠性较高，如图 1-8 所示。

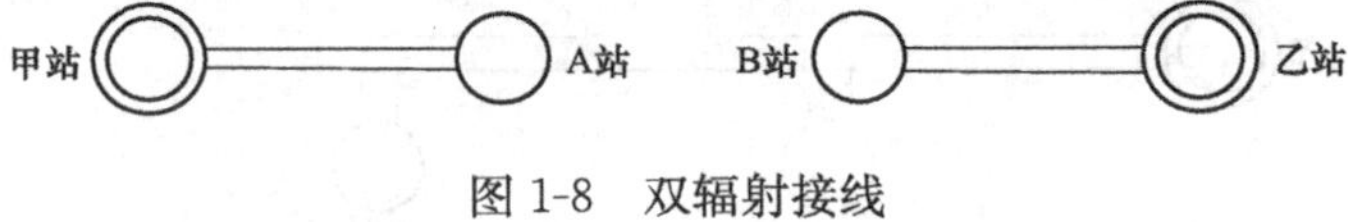

图 1-8 双辐射接线

7. 单辐射接线

在这种接线模式中，35～110kV 变电站主变压器为两台及以下，可靠性及灵活性均较低，如图 1-9 所示。

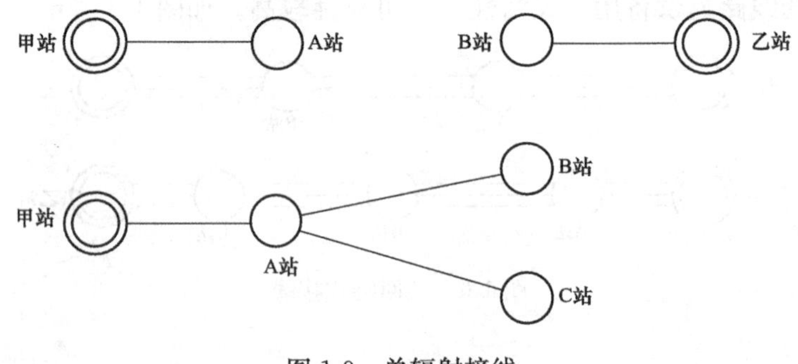

图 1-9 单辐射接线

第四节　中压配电网规划

一、中压配电网规划问题描述

中压配电网是指由中压配电线路和中压配电站（配电变压器）组成的向低压配电网或用户提供电能的配电网，在我国通常是指 10kV 或 20kV 等级的配电网。中压配电网的电源通常是 35～110kV 变电站的低压侧母线，有时也可能是 220kV 变电站的低压侧母线，其负荷为 10kV 或 20kV 配电站（配电变压器）所带的负荷。

中压配电网的规划问题是在高压配电变电站站址、容量及供电范围规划的基础上确定各高压变电站出 10kV 线路的数量、规格、走廊、接线模式（站间联络及站内联络方式）以及 10kV 开闭所的设置等，以满足负荷的需求。

中压配电网规划问题在数学上也可以表示为一个多目标、带约束、非线性、混合整型组合优化问题，其目标函数通常由投资费用和运行费用两部分组成。其中投资费用一般包括配电网络的设备投资费用和建设安装费用；运行费用通常包括配电网的网损费用、折旧维护费等。为了方便比较，投资费用和运行费用通常按照设备使用寿命折算为年费用。故目标函数可以表示为

$$\min\{C_1 + C_2\} \tag{1-1}$$

式中：C_1 为投资费用；C_2 为运行费用。

需要满足的约束条件包括：①潮流约束。②设备容量约束。③电压降落约束。④辐射状网络约束。⑤逻辑约束。⑥其他技术指标约束。

由于供电可靠性问题给用户造成的经济损失必将成为制定电价时要考虑的重要因素。因此，在进行配电网络规划时，电网供电总成本不仅应包括电网扩展建设的投资成本、运行成本，还应包括由于电网电力供给不足或中断造成的用户缺电损失，即需求侧的缺电成本。随着我国电力市场的发展，从供需两个角度考虑的可靠性模型有着良好的研究价值和应用前景。

我国的中压配电网络根据其接线模式的不同，在结构上有不同的环网联络方式。但在运行时，均是以出 10kV 线路的高压配电变电站为电源点的辐射型（树干型）网络。目前专门针对中压配电网的特点研究中压配电网规划方法的文献还很少，大多都还是针对辐射型网络进行优化，学者们提出的求解方法包括各种启发式方法、传统解析类优化方法、随机优化方法、智能优化方法等。但一个优化的辐射型网络与考虑不同接线模式（站间联络及站内联络方式）情况下的实际配电网络规划还有较大差异，故在配电网的规划方面，各种优化方法离实用还有一定的距离。

目前，中压配电网规划方案的提出，仍然依赖具有丰富规划经验的专业规划人员，其规划方法如下：

（1）根据远景负荷分布预测结果和变电站规划方案，依据规划目标和技术原则，按照理想的供电模式和网架结构规划出远景的目标网架。远景配电网架规划着眼于未来，侧重于整体，是城市配电网络网架结构的发展方向，主要关注 10kV 主干网架，较少考虑现状的细节情况。规划过程中要根据 110kV 变电站的供电范围计算结果，将中压配电网按供电范围分区，对 10kV 配电网络按分区进行规划。根据配电网可靠性指标的要求和采用的主要接线模式，考虑不同 35～110kV 变电站之间 10kV 的联络，以及同站不同母线的联络。规划方案需

满足各种系统约束条件（如短路容量限制、电压水平限制、线路过负荷限制及“N-1”安全准则等）。

（2）以现状网络为基础，根据中间年负荷预测的结果进行中间年的网络规划，重点解决现状网络存在的问题，考虑中长期网络到远景年目标网架的过渡问题，并以近期规划年规划方案为基础，安排出改造和建设的工程项目，逐步克服现状网络的问题。近期配电网络规划过程中，应尽量同时考虑远景年变电站的分布位置、配电网架规划方案，做到远、近期方案的统一。同时，针对现状配网存在的主要问题，如线路供电半径过长、迂回供电、供电范围不清晰以及网架结构薄弱等方面问题重点提出解决方案。

二、中压配电网规划原则

中压配电网规划应遵循的一般性原则如下：

（1）中压配电网规划的基本原则是以现有电网为基础，满足未来负荷从质到量的全方位需求，同时要使中压配电网的规划方案既满足一定的安全可靠性标准，又能够经济合理。

（2）中压配电网规划应具有充分的供电能力和较强的适应性。规划应以待规划区社会总体发展规划为依据，满足待规划区社会总体发展的需要；注重规划的整体和长期合理性段适应性；满足多部门、多方面利益的要求。

（3）规划首先要设定合理的规划年份（阶段）。设定规划年份不宜过多，一般远景 1 个年份，中期 1～2 个年份，近期 3～5 年可以分年度列出建设项目，这样做到远景、中期和近期规划相结合，每个阶段有其关注的重点。

（4）中压配电网目标网架的规划是中压配电网规划的核心，网架规划需要分期确定远景目标网架、中期网架及过渡方案和近期建设改造规划。目标网架的规划要遵循分层分区原则进行。目标网架规划的重点是按照可靠性及电网供电安全准则的要求，优化最终网架的结构，确定中压线路的最终接线模式，明确中期网架及过渡方案。

（5）参考《城市电网规划设计导则》及各省市电力公司的相关技术导则来详细制定配电网络的技术原则，例如：电网供电安全准则，高、中压网络接线模式，变电站的变压器台址及台数，站内主接线，导线的种类（电缆、裸导线或绝缘线），线径规格，配电变压器的规格型号，10kV 系统中性点的接地方式等。这些技术原则非常重要，因配电网规划由于负荷分布的不确定性而导致其规划方案与实际建设方案可能存在较大的变化，这些变化必须由每年的规划滚动修编来解决，而这些基本的技术原则是长期指导配电网建设朝着规划目标和远景目标网架科学发展建设的重要依据。

（6）设备可靠先进，与社会环境协调一致，采用标准化、规范化的设计原则。

配电网规划应明确，通过远期规划实施后应达到的目标及水平：

（1）配电网供电可靠性指标。

（2）A 类电压合格率，综合电压合格率。

（3）各级配电网理论线损率。

（4）规划实现配电自动化的程度，规划实现包括负荷控制系统、用电管理系统、集中抄表系统、企业综合信息管理等系统的程度。

（5）随着城市发展的需要，中压配电网应明确绝缘化和电缆化水平的发展趋势。

（6）明确配电网各规划年份采用的主要接线模式和应达到的网架水平，实现本站 N-1 和站间 7N-1 的百分率。

（7）明确目标网架和中间过渡的接线原则。

（8）明确配电网建设与社会协调发展，与周围环境协调一致，满足国家有关技术规范和标准。

三、中压配电网接线模式分析

一般中压配电网由架空线和电缆线混合组成。在研究一个特定供电区域内的10kV配电网的网络结构时，采取架空线路和电缆线路分开进行分析研究的方法，这样也不失一般性。

1. 架空线路

（1）单电源辐射接线。单电源辐射接线又叫树干式接线，如图1-10所示。干线可以分段，其原则是：一般主干线分为2～3段，负荷较密集地区1km分1段，远郊区和农村地区按所接配电变压器容量每2～3MVA分1段，以缩小事故和检修停电范围。

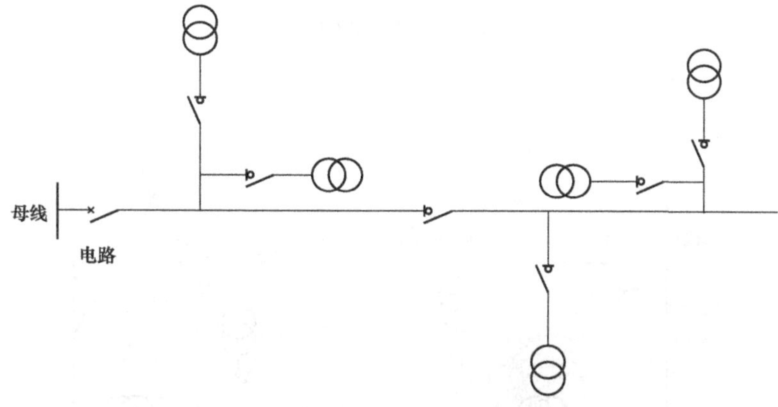

图1-10　单电源辐射接线

单电源线辐射接线的优点是高压开关数量较少，比较经济，新增负荷也比较方便。但其缺点也很明显，主要是故障影响范围较大，供电可靠性较差。当线路故障时，部分线路段或全线将停电；当电源故障时，将导致整条线路停电。

对于这种简单的接线模式，由于不存在线路故障后的负荷转移，可以不考虑线路的备用容量，即每条出线（主干线）均可以满载运行。该模式主要适用于郊区和农村地区。

（2）单环网接线。单环网接线又叫手拉手接线，如图1-11所示。这种模式中的两个电源可以取自同一变电站的不同母线段或不同变电站。这种接线的最大优点是可靠性比单电源辐射接线大大提高，接线清晰，运行比较灵活。主干线通常可分为2～3段，线路故障或电源故障时，通过开关切换操作可以使非故障段恢复供电。在这种接线模式中，线路的备用容量为50%，每条线路最大负荷只能达到该线路允许载流量的50%。它适用于负荷密度较大且供电可靠性要求高的城区供电。

在实际应用中，还有一种三条线的环式接线模式，如图1-12所示。三个电源可以取自不同变电站，正常运行时联络开关都是断开的，当线路1出现故障时，相应联络开关闭合，由线路2供电；当线路2出现故障时，相应联络开关闭合，由线路1或线路3供电；当线路3出现故障时，相应联络开关闭合，由线路2供电。可见，在正常运行时，每条线路均应留有50%的裕量。

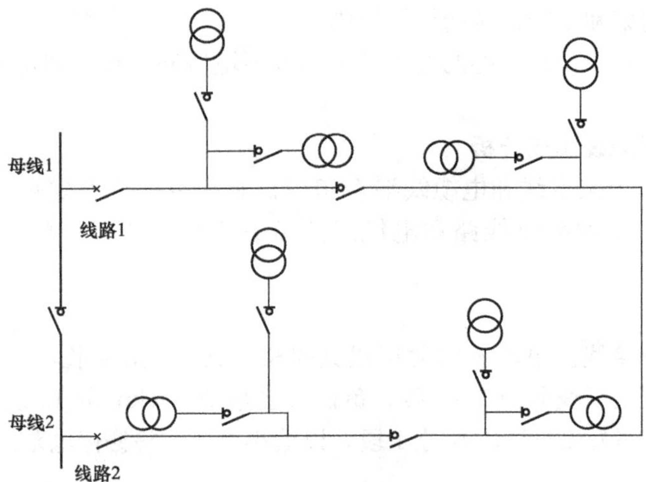

图 1-11 单环网接线

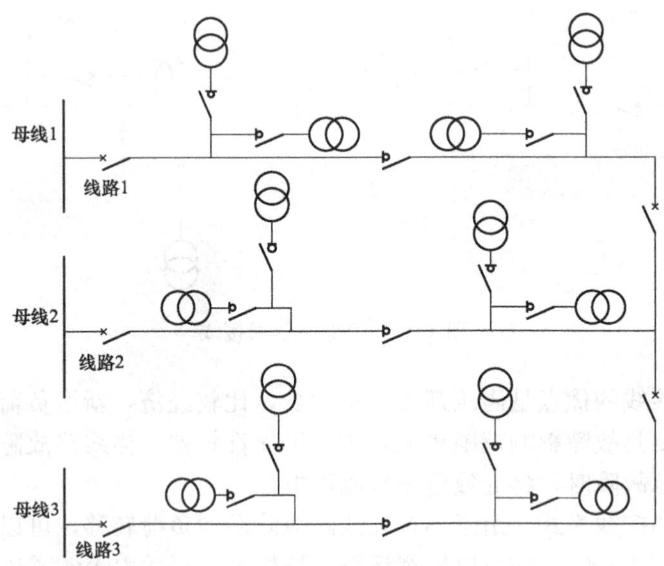

图 1-12 三条线的环式接线

该模式适用于电网建设初期较为重要的负荷区域，能保证一定的供电可靠性，并且随着电网的发展，在不同回路之间通过建立联络，就可以发展为更为复杂的接线模式，线路利用率进一步提高，供电可靠性也相应地有所加强。

(3) 分段联络接线。分段联络接线可分为两分段两联络接线（见图 1-13）和三分段三联络接线（见图 1-14）。

这种接线模式，通过在干线上加装分段开关把每条线路进行分段，并且每一分段都有联络线与其他线路相连接，当任何一段出现故障时，均不影响另一段正常供电，这样使每条线路的故障范围缩小，提高了供电可靠性。

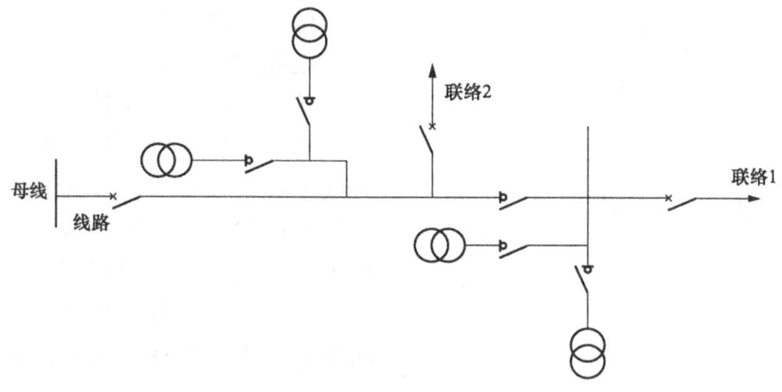

图 1-13 两分段两联络接线

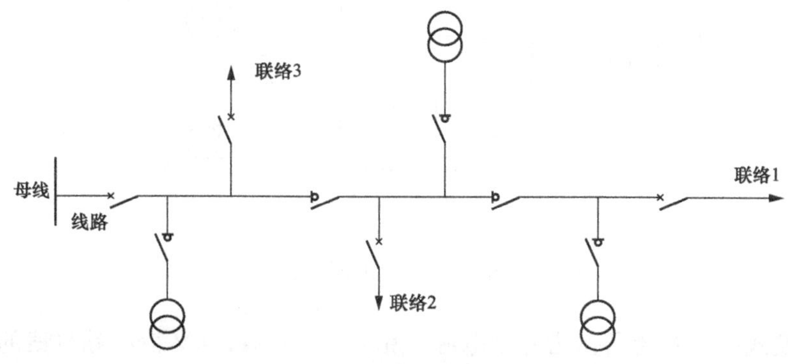

图 1-14 三分段三联络接线

这种接线最大的优点是可以有效地提高线路的负载率，降低不必要的备用容量。例如：手拉手接线模式中干线正常运行负载率可以达到 50%，两分段两联络模式中干线正常运行负载率可以达到 67%，三分段三联络模式中干线正常运行负载率可以达到 75%。

该模式适用于负荷密度较高、对供电可靠性要求较高的区域，及允许架空线路供电的区域。对于这些区域，可以在规划中预先设计好分段联络的网络模式及线路走径。在实施过程中，先形成单环网接线，注意尽量保证线路上的负荷能够均匀分布。随着负荷水平的提高，再按照规划逐步形成分段联络的配电网络，这样既提高了供电可靠性，又满足了供电的要求。

2. 电缆线路

(1) 单环网接线。如图 1-15 所示，与架空线的单环网接线一样，两个电源可以取自同一变电站的两段母线或不同变电站。电缆单环网的环网点一般为环网柜、箱式站或环网配电站，与单环网的架空线路相比它具有明显的优势，由于各个环网点都有两个负荷开关，可以隔离任意一段线路的故障，客户的停电时间大为缩短，只有在终端变压器（单台配置）故障的时候，客户的停电时间是故障的处理时间。在实际应用中，正常运行时，每条线路应留有 50%的裕量。如果两个单环网向同一地区供电，该地区众多的重要用户同时从两个单环网上取得电源，这种接线有时又叫双环网。它适用于负荷密度较大且供电可靠性要求高的城区供电。

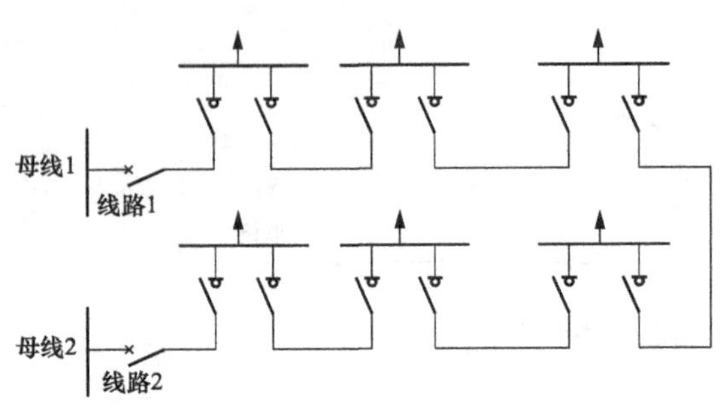

图 1-15 单环网接线（电缆）

（2）开闭所接线。如图 1-16 所示，从同一变电站的不同母线或不同变电站引出主干线连接至开闭所，再从开闭所引出电缆线路带负荷（一般从开闭所出线的电缆型号比主干线电缆型号小一些）。在这里每个开闭所具有两回进线，开闭所出线可以采用辐射状接线方式供电，也可以形成小环网，进一步提高可靠性。在实际应用中，正常运行时，开闭所每条进线负载率应控制在 50%以内。

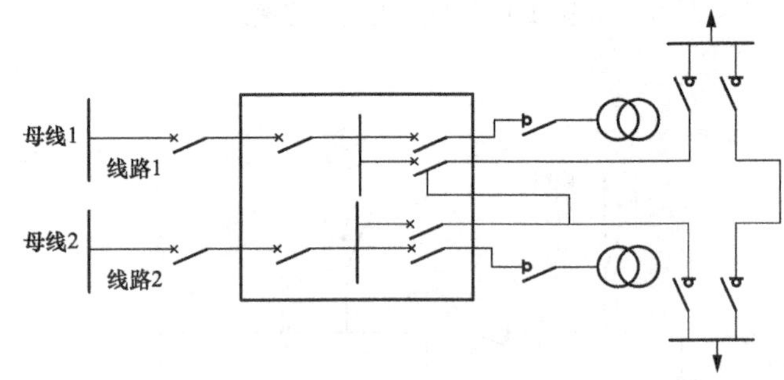

图 1-16 开闭所接线

这种接线模式中，开闭所作为一个电源，相当于 35～110kV 变电站母线的延伸。它适用于负荷比较集中、距离变电站较远的区域，如负荷密集的城市核心区、工业区等。

（3）两联络两 Π 接线。如图 1-17 所示，类似于架空线路的两分段两联络接线，这种接线当其中一条线路故障时，整条线路可以划分为若干部分被其余线路转供，供电可靠性较高，运行较为灵活。这种接线模式最高运行负载率为 67%。

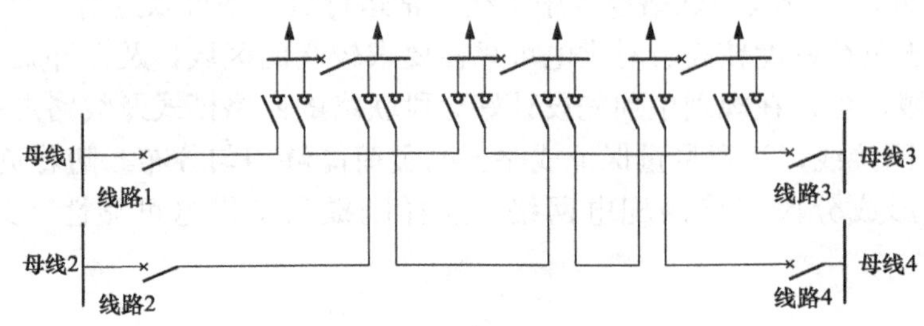

图 1-17 两联络两 Π 接线

该模式适用于城市核心区、繁华地区，负荷密度发展到相对较高水平，而且存在大规模公用网的情况下。

（4）N 供一备接线。N 供一备接线又叫 N-1 接线，就是指条电缆线路连成电缆环网，其中有 1 条线路作为公共的备用线路空载备用，N 条全供线路满载运行。两供一备接线和三供一备接线如图 1-18 和图 1-19 所示。若有某一条运行线路出现故障，则可以通过线路开关切换把备用线路投入运行。该种模式随着 N 值的不同，其接线的运行灵活性、可靠性和线路的平均负载率均有所不同。一般以两供一备和三供一备模式比较常用，总的线路利用率分别为 67%和 75%。$N\geqslant4$ 的模式接线比较复杂，操作也比较烦琐，同时联络线的长度较长、投资较大，线路载流量的提高已不明显。

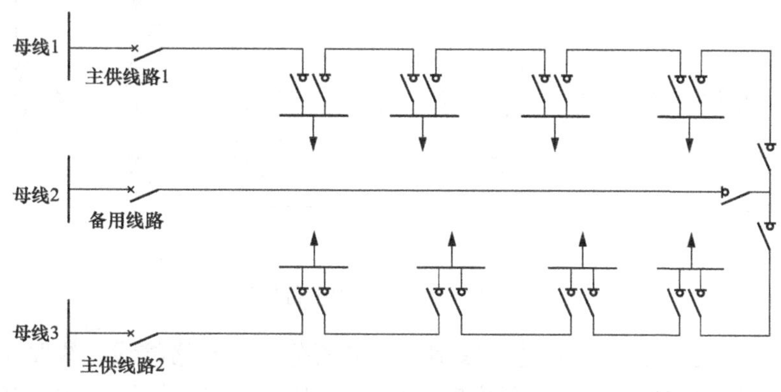

图 1-18　两供一备接线

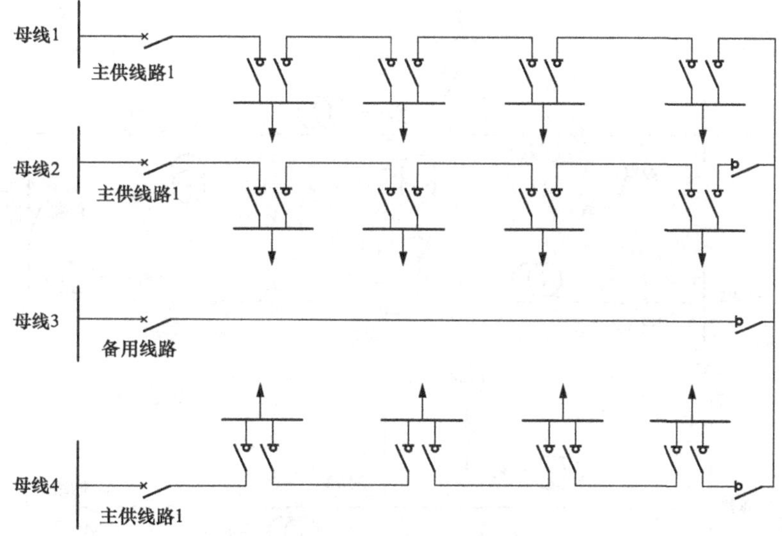

图 1-19　三供一备接线

该模式适用于城市核心区、繁华地区，负荷密度发展到相对较高水平，而且存在大规模公用网的情况下。

(5) 互为备用的主备接线。如图 1-20 所示，在该模式中，每一条馈线都在线路中间以及末端装设开关互相连接。正常情况下，每条馈线的最高负载率为 67%。该模式相当于电缆线路的分段联络接线模式，比较适合于架空线路逐渐发展成电缆网的情况。

3. 典型供电模式过渡形式

(1) 架空线路典型的过渡形式如图 1-21 所示。在负荷发展的初期，负荷较小，可先形成单辐射供电模式；随着该区域负荷的发展，对可靠性要求的提高，可先形成站内联络的单环网接线方式，此时两条线路的负载率都不应超过 50%；但区域负荷发展到超出两条线 50%

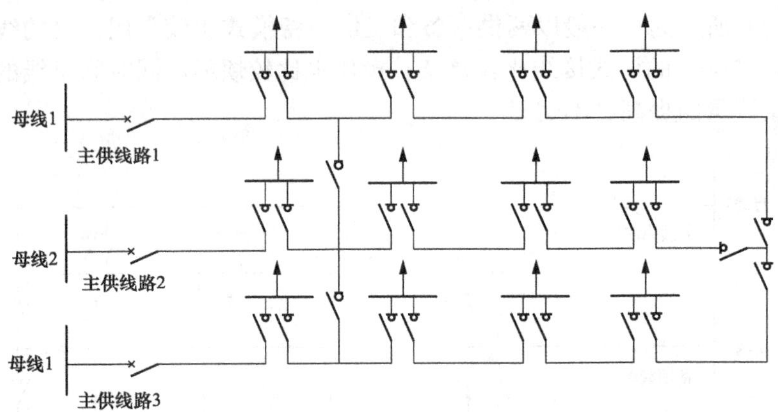

图 1-20 互为备用的主备接线

负载率时，就可以考虑和其他线路建立联络，形成两分段两联络接线，线路正常负载率可达到 67%；负荷继续发展超出 67%负载率时，就可以考虑再和其他线路建立联络，形成三分段三联络的最终接线，线路正常负载率可达到 75%。

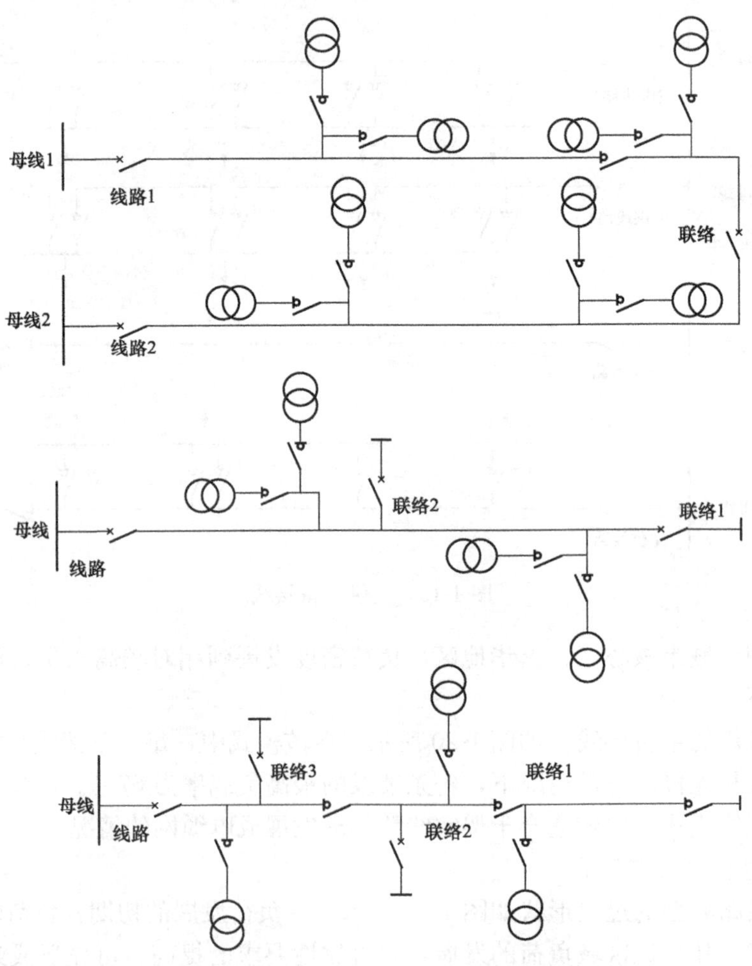

图 1-21 架空线路典型过渡方式

(2) 电缆线路典型的过渡形式如图 1-22 所示。首先根据该区域现有线路的情况形成线路单环网接线方式，此时两条线路的负荷率都不应该超过 50％；负荷发展到超出两条线 50％负载率时，建立第二个单环网；随着负荷继续发展，最终形成环网接线，线路正常负载率可达到 67％。

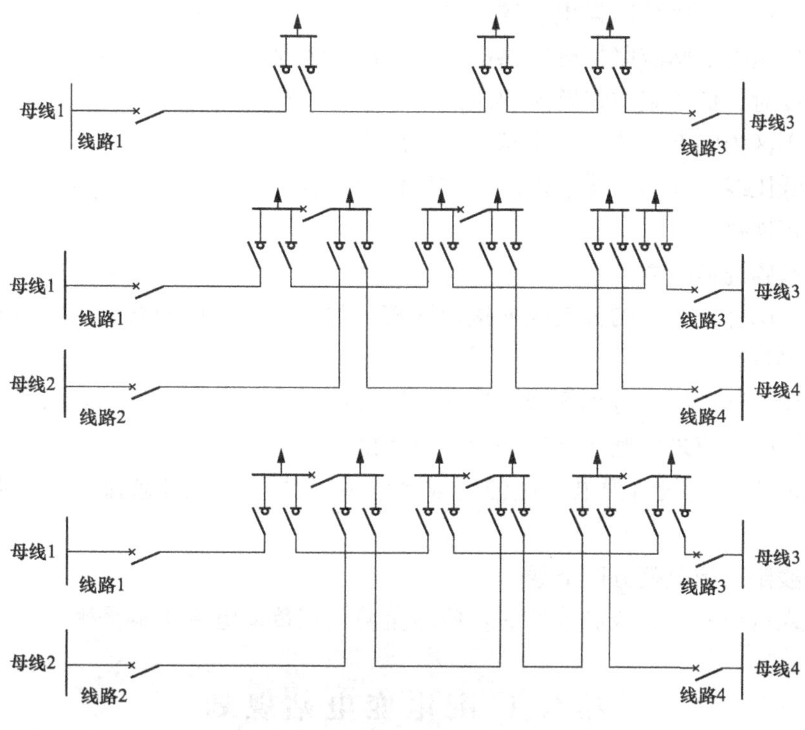

图 1-22　电缆线路典型过渡形式

第五节　低压配电网规划

一、导线截面选择

(1) 城市低压配电线路新建、改造应全部采用绝缘线路，线路改造时应根据具体情况分别采用分相式绝缘导线、集束绝缘导线和电缆，新建小区应采用电缆线路。

(2) 在城市配网建设时，低压线路导线截面选择应考虑发展需要和设施标准化，应按最终容量一次建成，避免重复投资。

(3) 在供电半径小于 200m 的情况下，采用绝缘导线时，按发热条件选择导线截面即可。当在某些区域因变压器位置比较紧张，必须采用容量较大的箱式变电站或配电室，造成供电半径大于 200m 时，应适当增大导线截面，以满足电压质量及线损指标的要求。

(4) 在三相四线制供电系统中，中性线截面应与相线截面相同。

二、导线敷设要求

(1) 集束导线敷设。在小区、街道内应取消电杆，沿建筑物敷设，敷设时采用钢绞线吊装，支撑点应不大于 5m。集束导线在钢绞线上吊装时，吊卡距离不大于 0.5m。

(2) 电缆敷设。可采用直埋、穿管或电缆沟敷设。电缆应尽量不留接头，如有接头时在接头处应设检查井。采用穿管、电缆沟应每 50m 至少留一个查井。在电缆转弯处及电缆引上、引下敷设时应增设检查井。

(3) 分相式架空绝缘线敷设。采用电杆敷设或沿建筑物敷设，采用电杆架设时电杆间距应不大于 40m，沿建筑物敷设时支撑物间距不大于 5m。

三、公用低压配电网分区供电、接线原则

(1) 公用低压配电网应坚持分区供电原则，低压线路应有明确的供电范围。当与中压架空线路同杆架设时，低压架空线路不得越过中压架空线路的分段开关。

(2) 一个小区内的低压线路不得越过主、次干道向另一个小区供电。

(3) 小区低压线路采用电缆供电时，应优化接线方式，尽可能地减少接头。在连接处宜采用低压分接箱连接。

四、低压线路连接要求

(1) 从同一电杆上引下的分支线或接户线较多时，可将主接户线引入分接箱，再从分接箱向客户引出接户线。

(2) 分支线、下户线与电源侧线路连接，以及进出线与设备连接时，必须采用相应的铜铝接续金具，同时还应采取绝缘导线的密封防水措施。

(3) 70mm^2 及以上截面积电缆应使用成套电缆附件，禁止用绝缘带人工缠包式制作电缆头。

五、低压线路三相负荷分配要求

在负荷接入低压三相四线制线路时，应尽量使三相负荷电流基本平衡。

第六节 配电变电站规划

配电系统中的变电站可分为高压配电站（35、66、110kV）和中压配电站（6、10、20kV）。配电变电站规划是在负荷分布预测的基础上确定各变电站的位置、容量及其供电范围，规划结果将直接影响配电系统供电的经济性与可靠性。

一、配电变电站规划原则

1. 总体原则

配电变电站规划需遵循以下总体原则：

(1) 协调发展并适度超前原则。规划工作应与地区社会、经济、环境等发展水平相协调，并具有适度超前性。

(2) 可持续发展原则。规划方案应具有较高的灵活性，能适应未来地区系统及供电需求的变化。

(3) 保证安全供电原则。规划方案应具有较高的供电可靠性和安全性。

(4) 经济性原则。在满足运行工作要求前提下，规划方案应做到经济合理，能节约投资、占地及运行维护费用。

(5) 环保节能和规范统一原则。在同等条件下应优先采用环保节能设备，并且在一个地区内，同一电压等级、同种类型的变配电设备不宜使用过多规格，应尽量做到规范。

(6) 按照地区负荷密度差异实施分区供电的原则。

2. 技术原则

配电变电站规划工作还应参照以下技术原则：

(1) 变电站站址。

1) 根据负荷分布、网络状况、分层分区的原则进行统一规划。

2) 符合电网规划要求，尽量靠近负荷中心，交通便利、进出线方便，并便于与其他变电站联络。

3) 变电站之间的距离应综合考虑中压线路的供电半径与地区的负荷密度情况。

4) 当已建变电站主变压器台数达到 2 台且需要扩建时，应优先考虑增加变电站布点。

(2) 变电站布置。

1) 占地面积应满足最终规模要求。

2) 符合城市总体规划用地布局要求，在满足建站条件前提下，应根据节约土地、降低工程造价原则合理选择建设用地，其中市区变电站的建设用地面积可参考表 1-1。

表 1-1　市区户内型 35～110kV 变电站占地面积参考表

变电站电压等级（kV）	110/35/10	110/10	66/10	35/10
占地面积（m^2）	4000	2500	1000	300

3) 对周围环境的干扰和影响应符合有关规定。

4) 避开地质、地形、环境、人文条件等不适建站地区，并满足防洪、排涝要求。

(3) 变电站容量。

1) 一个变电站的主变压器台数（三相）一般不宜少于 2 台或多于 4 台，单台变压器（三相）容量不宜大于下列数值：

220kV	240MVA	110kV	63MVA
66kV	63MVA	35kV	31.5MVA

网络中同一电压等级的主变压器单台容量规格一般不超过 3 种，在同一变电站中同一电压等级的主变压器一般采用相同规格。变电站规模配置可参考表 1-2。

表 1-2　变电站规模配置参考表

供电区负荷特征	110kV 站规模配置	66kV 站规模配置
中远期用电负荷密度超过 30MW/km^2	采用 3 台主变压器，单台容量为 50、63MVA	采用 3 台主变压器，单台容量为 50、63MVA
中远期用电负荷密度为 10～30MW/km^2	采用 3 台主变压器，单台容量为 40、50MVA	采用 2 台主变压器，单台容量为 50MVA；或采用 3 台主变压器，单台容量为 31.5MVA
中远期用电负荷密度小于 10MW/km^2	采用 2～3 台主变压器，单台容量为 31.5、40MVA	采用 2 台主变压器，单台容量为 20、31.5MVA

注　对于 35kV 变电站，一般采用 2～3 台主变压器，单台容量为 20、31.5MVA。

2) 变电站首期投产主变压器台数应尽量满足 2～3 年内不需扩建主变压器，在负荷密度较高区域，变电站首期投产主变压器台数不宜少于 2 台。

3) 实际工程中为保证供电可靠性要求，当一个变电站中配置 2 台主变压器时，正常情况下主变压器平均负载率一般不超过 65%，主变压器低压侧系统接线方式要求能在一台主变压器停运时由另一台主变压器转带全部负荷；当一个变电站中配置 3 台主变压器时，正常情况下主变压器平均负载率一般不超过 86MVA，主变压器低压侧系统接线方式要求能在一台主变压器停运时由另两台主变压器转带全部负荷。

4）从宏观角度要求通过容载比来判断系统变配电能力大小，系统变电容载比可计算如下

$$R_S = \frac{S_T}{L} \tag{1-2}$$

式中：S_T 为电容载比；L 为同一电压等级系统所供总负荷，MW、kW。

变电容载比是宏观控制变电总容量的指标，也是规划设计时安排变电容量的依据。系统变电容载比应按电压等级分级分层计算，对于负荷发展水平差异较大的地区，还可分区分级计算（注意计算各电压等级容载比时，该电压等级发电厂的升压变电器容量不应计入，该电压等级用户专用变电的变压器容量和负荷也应扣除）。

（4）变电站最终出线规模。

1）110kV 变电站。

a. 110kV 出线：一般 2～4 回，有电厂接入的变电站可根据需要增加到 6 回。

b. 10kV 出线：一般每台 50、63MVA 主变压器配 12～15 回出线，每台 31.5、40MVA 主变压器配 10～12 回出线。

2）66kV 变电站。

a. 66kV 出线：一般 2～4 回。

b. 10kV 出线：一般每台 50、63MVA 主变压器配 10～15 回出线，每台 31.5MVA 主变压器配 8～10 回出线，每台 20MVA 主变压器配 6～8 回出线。

3）35kV 变电站。

35kV 出线：一般 2～4 回。

10kV 出线：一般每台 20MVA 主变压器配 6～8 回出线，每台 10MVA 主变压器配 4～5 回出线。

（5）变电站主接线方式。高压配电变电站的电气主接线，应根据变电站在电网中的地位、高压配电网络接线模式及变电站接入网络方式、出线回路数、设备特点及负荷性质等条件综合确定，并要满足供电可靠、运行灵活、操作检修方便、节约投资和便于扩建等要求。

二、配电变电站规划原则

在满足变电站规划指导性原则前提下，常见的变电站规划方法可总结为：

（1）方案比较法：根据未来负荷的预测发展情况，在满足一定的地区变电容载比前提下，由有关专家给出配电变电站的若干可行规划方案（包括变电站的规划位置与容量等），通过对这些方案进行技术经济比较来做出决策。但是，由于参加比较的方案一般是由规划人员凭经验提出的，不可避免地包含着很多主观因素，因而可能漏掉一些更好的方案。

（2）数学优化法：通过建立相关数学模型对变电站的容量配置、投建地点及供电范围等进行整体性优化，根据优化结果决定未来变电站的建设规划方案。这是当今变电站规划研究与应用的主流，具有较高的智能化程度，可自行给出变电站规划优化方案，辅助运行人员决策。

概括地说，变电站数学优化规划可按如下方式进行分类：

（1）按照规划考虑阶段数的不同，可分为单阶段优化和多阶段优化。单阶段优化是针对未来某个特定年份（规划目标年）所进行的规划；多阶段优化则不仅要确定规划目标年的建设方案，还要合理安排中间各阶段年度的建设步骤，以使整个过程总体经济性最好。

（2）按照对经济性和可靠性的不同处理方法，可分为单一经济性指标规划和综合规划两种。单一经济性指标规划是仅从节省供电方成本的角度出发，只考虑供电方的经济性指标（如投资、设备维修费用和电能损耗费用等）；综合规划则除需考虑供电方成本外，也计及用户方停电损失等。

（3）按照对不确定因素的不同处理方法，可分为确定性规划和不确定性规划。确定性规划是以确定的环境因素为基础，其数学模型中的变量都具有确定的数值；不确定性规划则计及各种不确定因素，并采用随机数、模糊数和区间数等方式来表示这些因素，以使规划方案能适应未来环境的变化。

三、中压配电站优化规划

1. 中压配电站优化特点

中压配电站（配电变压器）在系统中的作用与高压变电站类似，因而其优化规划过程可以参照高压变电站来进行。这里需要注意的是，中压配电站在实际工作中具有如下的与高压变电站不同的特点：

（1）数量庞大。一个中等规模的城市常有多达数千台的中压配电变压器，而且其分布范围一般也较为广泛。

（2）受负荷影响较大。这是由于中压配电站的单元容量不大（一般 250～800V），因而同高压变电站相比更易受负荷不确定性的影响。

（3）在目标函数中配电站投资同其低压侧网络投资相比并不占绝对比重。这是由于当前中压配电站的造价一般在几万元到几十万元之间，而随着城网线路电缆化率的提高，其高压侧与低压侧网络的每公里建设费用也基本达到或接近相同的数量级，这一点与高压变电站相比有较大差别。

由于上述特点，在中压配电站的规划过程中，优化方法要做出适当的调整。

2. 中压配电站优化常用处理办法

在常见的中压配电站规划中，首先要对整个规划范围进行分区，然后分别在每个分区内部独立进行中压配电站的优化规划。这是为了减小同时参与优化计算的中压配电站数目，以降低问题规模。

由于中压配电站易受负荷变化的影响，因而在进行规划（特别是中、长期规划）时，对中压配电站容量的关注程度要高于对其具体位置的关注，这是与高压变电站规划不同的。在工作中一般只是根据规划结果确定一个中压配电站预期安置的大致范围，待做短期规划设计时再根据负荷的实际发展状况确定中压配电站的具体安装位置。

由于低压侧网络对中压配电站优化结果影响较大，因而优化过程中需要更精确地计算低压网的相关费用，在工程实践中通常采用“小容量、多布点”的原则配置中压配电站（配电变压器）以降低低压侧系统投资，或者通过人工干预及启发式方法对中压配电站的优化结果进行修正，以使其能尽量靠近可行的配电走廊。

第二章 配电系统负荷预测

第一节 各种不同性质的负荷

一、单相负荷、三相负荷

电力负荷分单相负荷及三相负荷。例如三相电动机为三相负荷；照明、家用电器为相电压220V的单相负荷；电焊机为线电压380V的单相负荷。当将单相负荷接入三相配电系统时，应尽量使系统的三相负荷平衡化。尤其是因为现在的配电变压器绝大部分是Yyn0接线，这点就更重要。规程规定Yyn0接线配电变压器的不平衡负荷应限制在额定单相设备容量的25%以下，运行经验说明，最好限制在15%以下。

二、冲击性负荷

除电动机的启动电流外，电弧炉、感应电炉、滚轧机、大型卷扬机、各种弧焊机以及较大型试验用电都能引起电压骤降，电流、电压波形畸变，电压偏移增大。目前我国对电压骤降尚未制定具体标准，一般在负荷侧加装串联电抗器或晶闸管控制的并联电容器，同时也可在电源侧加大配电变压器的容量，敷设专用线路，装设专用配电变压器，增加串联电容器或提高三相短路容量来限制或防止电压骤降。

三、畸变性负荷

整流设备如老式的汞弧整流器、新式的晶闸管整流器、晶闸管调压器、晶闸管调速器，非线性用电设备如电弧炉、感应电炉、交流弧焊机、饱和电抗器等都是高次谐波源，都能引起电流、电压正弦波形的畸变，加大电压偏移。谐波能引起静电电容器在某一特定频率发生调谐而过负荷，系统电容与变压器等的电抗发生共振等。零序谐波电流的存在对通信线路、广播、电视会产生干扰。三倍频谐波或过量励磁电流会引起变压器绕组过负荷。波形畸变会引起控制设备的误动作、计量设备的不正确等。电网相电压正弦波形畸变率的极限值和用户注入电网的谐波电流允许值见表2-1、表2-2。

表2-1　电网相电压正弦波形畸变率极限值

用户供电电压（kV）	总电压正弦波形畸变率极限值（%）	各奇、偶次谐波电压正弦波形畸变率极限值（%）	
		奇次	偶次
0.38	5	4	2
6或10	4	3	1.75
35或63	3	2	1
110	1.5	2	0.5

表2-2　用户注入电网的谐波电流允许值

用户供电电压（kV）	谐波次数及谐波电流允许值（有效值，A）								
	2	3	4	5	6	7	8	9	10
0.38	53.0	38.0	27.0	61.0	13.0	43.0	9.5	8.4	7.6
6或10	14.0	10.0	7.2	12.0	4.8	8.2	3.6	3.2	4.3

续表

用户供电电压（kV）	谐波次数及谐波电流允许值（有效值，A）								
	2	3	4	5	6	7	8	9	10
35 或 63	5.4	3.6	2.7	4.3	2.1	3.1	1.6	1.2	1.1
110 以上	4.9	3.9	3.0	4.0	2.0	2.8	1.2	1.1	1

四、不能停电的负荷

如果停电将造成人身伤亡、经济上造成重大损失、政治上造成重大影响，或引起环境严重污染的负荷，应供给备用保安电源。在系统大面积停电时仍需不间断用电，或自备电源比从电网供给第二电源更为经济合理的负荷，可自行准备发电机等设备作为保安电源。

第二节　负荷预测方法

一、负荷预测间关系

原则上讲，分类负荷预测和总量预测从方法上没有本质的区别，二者只是所依据的原始数据不同。同时，二者预测结果间的相互校核可以大大增加最终预测结果的合理性。图 2-1 所示为不同预测项间的关联关系，按照不同路径获得的预测结果一般是不一样的，这就需要预测者不断地分析和调整，以便最终获得相对合理的结果。

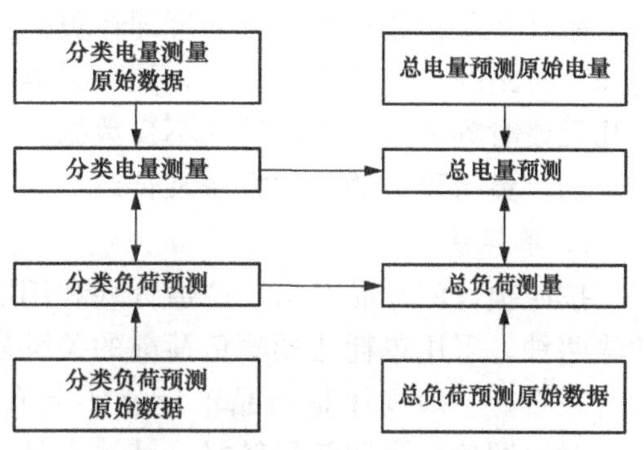

图 2-1　不同预测项间的关联关系

用于分类电量、分类负荷、总电量、总负荷预测的方法很多，其中也包括在其他行业经常用到的一些预测方法。最典型的预测方法是时间序列预测方法。

在时间序列预测方法中，利用已知的历史数据拟合一条曲线，使得这条曲线能反映电量或负荷本身的增长趋势。然后，按照这个增长趋势曲线，对于要求的未来某预测年份，从曲线上估计出预测值。在已知历史数据的基础上，只有在恰当的曲线匹配基础上，通过参数拟合，才能得到合理的预测结果。典型的趋势预测曲线见表 2-3。在曲线拟合过程中，需要决定某些系数和指数，最常用的拟合方法是最小二乘法，即让估计值与实际值之间偏差的平方和最小。其中由于修正指数曲线、S 形曲线可以考虑到未来电量或负荷饱和值的影响而具有特别的重要性；二次曲线可以采用指数平滑法，对时间序列数据的重要性加以人为的调整，增加了预测的灵活性；三次曲线也得到了广泛的应用。

表 2-3　典型的趋势预测曲线

曲线名称	数学描述
二次曲线	$y=a+bx+cx^2$
三次曲线	$y=a+bx+cx^2+ex^3$
指数曲线	$y=ab^x$
S形曲线	$y=\frac{1}{c+ae^{-x}}$

二、负荷预测的基本过程

负荷预测工作的关键在于收集大量的历史数据，建立科学有效的预测模型，采用有效的算法，以历史数据为基础，进行大量试验性研究，总结经验，不断修正模型和算法，以真正反映负荷变化规律。负荷预测的基本过程如下：

（1）调查和选择历史负荷数据资料。多方面调查收集资料，包括电力企业内部资料和外部资料，并把资料浓缩到最小量。挑选资料时的标准是直接、可靠、全面。资料收集和选择的好坏，直接影响负荷预测的质量。

（2）历史资料的整理。一般来说，由于预测的质量不会超过所用资料的质量，因此要对所收集的与负荷有关的统计资料进行审核和必要的加工整理，保证资料完整无缺，数字准确无误，能反映正常状态下的水平。

（3）对负荷数据的预处理。数据分析预处理，就是对历史资料中的异常值的平稳化以及缺失数据的补遗，针对异常数据，主要采用水平处理、垂直处理方法。

数据的水平处理即在进行分析数据时，将前后两个时间的负荷数据作为基准，设定待处理数据的最大变动范围，当待处理数据超过这个范围时，就视为不良数据，采用平均值的方法平稳其变化；数据的垂直处理即在负荷数据预处理时，考虑其 24h 的小周期，认为不同日期同一时刻的负荷具有相似性，同一时刻的负荷值应维持在一定的范围内，用待处理数据最近几天该时刻负荷平均值替代不良数据。

三、负荷预测的基本方法及特点

1. 单耗法

按照预计的产品产量、产值计划和用电单耗确定需电量。单耗法分产品单耗法和产值单耗法两种。采用单耗法预测负荷前的关键是确定适当的产品单耗或产值单耗。从我国的实际情况来看，一般规律是产品单耗逐年上升，产值单耗逐年下降。单耗法的优点是：方法简单，对短期负荷预测效果较好。其缺点是：需做大量细致的调研工作，很难反映经济、气候等条件的影响。

2. 趋势外推法

当电力负荷依时间变化呈现出某种上升或下降的趋势，并且无明显的季节波动，又能找到一条合适的函数曲线反映这种变化趋势时，就可以用时间 t 为自变址，时序数值 y 为因变量，建立趋势模型 $y=f(t)$。当有理由相信这种趋势能够延伸到未来时，赋予变量 t 所需要的值，可以得到相应时刻的时间序列未来值。趋势外推法的优点是：只需要历史数据，所需的数据量较少。其缺点是：如果负荷出现变动，会引起较大的误差。

3. 弹性系数法

弹性系数是电量平均增长率与国内生产总值之间的比值。根据国内生产总值的增长速度和弹性系数，便能得到规划期末的总用电量。弹性系数法是从宏观上确定电力发展同国民经济发展的相对速度，它是衡量国民经济发展和用电需求的重要参数。该方法的优点是：方法简单，易于计算。其缺点是：需做大量细致的调研工作。

4. 回归分析法

回归预测是根据负荷过去的历史资料，建立可以进行数学分析的数学模型。用数理统计中的回归分析方法对变量的观测数据进行统计分析，从而实现对未来的负荷进行预测。回归模型有一元线性回归、多元线性回归、非线性回归等回归预测模型。该方法的优点是：预测精度较高，适用于中、短期负荷预测。其缺点是：规划水平年的工农业总产值很难详细统计；只能测算出综合用电负荷的发展水平，无法测算出各供电区的负荷发展水平，也就无法进行具体的电网建设规划。

5. 时间序列法

根据负荷的历史资料建立数学模型，该模型一方面用来描述电力负荷这个随机变量变化过程的统计规律；另一方面在该数学模型的基础上再确立负荷预测的数学表达式，对未来的负荷进行预测。时间序列法主要有自回归、滑动平均和自回归与滑动平均等。其优点是：所需历史数据少，工作量少。其缺点是：没有考虑负荷变化的因素，只致力于数据的拟合，对规律性的处理不足，只适用于负荷变化比较均匀的短期预测的情况。

6. 灰色模型法

灰色预测是一种对含有不确定因素的系统进行预测的方法。以灰色系统理论为基础的灰色预测技术，可在数据不多的情况下找出某个时期内起作用的规律，建立负荷预测的模型。此方法分为普通灰色系统模型和最优化灰色模型两种。灰色预测的优点是：要求负荷数据少，不考虑分布规律，不考虑变化趋势，运算方便，短期预测精度高，易于检验。其缺点是：数据离散程度越大，预测精度越差；不适合长期负荷预测。

7. 德尔菲法

德尔菲法是根据有专门知识的人的直接经验，对研究的问题进行判断、预测的一种方法，也称专家调查法。德尔菲法具有反馈性、匿名性和统计性的特点。德尔菲法的优点是：可以加快预测速度和节约预测费用；可以获得各种不同但有价值的观点和意见；适用于长期负荷预测，在历史资料不足或不可预测因素较多时尤为适用。其缺点是：对于分地区的负荷预测则可能不可靠；专家的意见有时可能不完整。

8. 专家系统法

专家系统法是对数据库里存放的过去几年的、几十年的、每小时的负荷和天气数据进行分析，汇集有经验的负荷预测人员的知识，提取有关规则，按照一定的规则进行负荷预测。专家系统法是对人类的不可量化的经验进行转化的一种较好的方法。但专家系统分析本身就是一个耗时的过程，并且某些复杂的因素（如天气因素），即使知道其对负荷的影响，但要准确定量地确定这些因素对负荷地区的影响也是很难的。专家系统法适用于中、长期负荷预测。此法的优点是：能汇集多个专家的知识和经验，最大限度地利用专家的能力；占有的资料、信息多，考虑的因素也比较全面，有利于得出较为正确的结论。其缺点是：不具有自学习能力，受数据库里存放的知识总量的限制；对突发性事件和不断变化的条件适应性差。

9. 神经网络法

神经网络预测技术，可以模仿人脑做智能化处理，对大量非结构性、非确定性规律具有自适应功能。神经网络预测技术更适合于短期负荷预测。神经网络法的优点是：可以模仿人脑的智能化处理；对大量非结构性、非精确性规律具有自适应功能；具有信息记忆、自主学习、知识推理和优化计算的特点。其缺点是：初始值的确定无法利用已有的系统信息，易陷于局部极小的状态；神经网络的学习过程通常较慢，对突发事件的适应性差。

负荷预测的方法很多，除上述列出的以外，还有小波分析法、优选组合法、增长率法、负荷密度法、横向比较法、人均用电量指标法等适合不同用途的预测方法。

第三节 负荷预测与计算

一、电量预测方法

1. 年平均增长率法

$$E_t = E_0(1+i)^{t-t_0} \tag{2-1}$$

式中：i 为基期到末期年电量平均增长率；E_t 为预测年份年电量预测值；E_0 为所取期限内基期年电量；t 为预测年份；t_0 为基期年份。

2. 电力弹性系数法

$$E_t = E_0\ (1+K_w P_{t-t_0})^{t-t_0} \tag{2-2}$$

$$K_w = \frac{\Delta A\%}{\Delta B\%} \tag{2-3}$$

式中：P_{t-t_0} 为基期到预测年份工农业总产值年平均增长率；$\Delta A\%$为年平均电量总消耗增长率（一般采用发电量）；$\Delta B\%$为年平均国民生产总值增长率（以采用工农业总产值为宜）；K_w 为电力弹性系数。

3. 综合单耗法

$$E_t = NT_i \tag{2-4}$$

$$N = \frac{\sum N_i}{n} \tag{2-5}$$

式中：N 为综合单耗；$\sum N_i$ 为各年综合单耗；n 为所取年数；T_i 为预测年份年产量（或年产值）预测值。

二、负荷预测

1. 根据年需电量求最大负荷

最大负荷 P_{max} 等于年需电量除以年最大负荷利用小时 T_{max}。

各类电力用户的年最大负荷利用小时 T_{max} 见表 2-4。

表 2-4 各类电力用户的年最大负荷利用小时 T_{max}

企业种类	T_{max}（h）	企业种类	T_{max}（h）
煤炭工业	4000～5500	食品工业	4000～4500
石油工业	6500～7000	其他工业	4000
黑色金属采选	4000～6500	交通运输	3000
钢铁联合企业	4500～7000	电气化铁道	6000
有色、化工采选	5000～6500	城市生活用电	2500
有色金属冶炼	7500	上下水道	5500
电解铝工业	8000	农村工业	3500
机械、电器制造	2000～5000	农村照明	1500
化学工业	6000～7000	农副加工	2000
建材工业	4000～6500	电灌	1300～1500
造纸工业	6000～6500	农村综合	1800～2500
纺织工业	5000～6000		

2. 综合需用系数法

最大负荷 P_{max} 等于综合需用系数乘以总装机容量。综合需用系数一般取 0.16～0.3。

3. 负荷密度法

以各负荷区或负荷小区目前负荷密度已经达到的每平方公里千瓦数，参考城市规划中有关的经济发展、人口、居民收入水平等分区规划，再与类似城市对比，推算出各负荷区或负荷小区的负荷密度预测值，乘以各自的面积，就可得负荷的预测值。

三、负荷计算

1. 排灌负荷

某县属平丘区，排渍不多，主要是电灌（排灌用电量占农用电量的40%）。就某处电灌站而言，电灌负荷为

$$P = 9.18\frac{QH}{\eta} \tag{2-6}$$

式中：P为电灌负荷，kW；Q为水的流量，m^3/s；H为总扬程，m；η为水泵、电动机和机械传动装置的总效率，对水泵取0.6～0.7。

求得P的数值后，选择标准型号的水泵并配用电动机，此电动机的容量就是设备容量P。就某一地区而言，总电灌负荷为

$$P_{\Sigma} = KK'P \tag{2-7}$$

式中：K为负载率，取0.8；K'为同时率，取0.6～0.8。

电排负荷一般与电灌负荷错开使用，不另计算。

例如，根据某乡调查，有耕地13352亩，安装电灌设备容量992kW，负载率$K=0.8$，同时率$K'=0.8$，则需要电灌负荷为

$$P_{\Sigma} = KK'P = 0.8\times0.8\times992 = 635(\text{kW})$$

平均每千瓦灌田为

$$13352/635 = 21(\text{亩})$$

2. 农副产品加工负荷

某县农副产品加工主要有碾米、粉碎、磨面、榨糖、榨油、磨粉、磨豆、制茶等，全县共有装机容量4648kW，占农用容量的34%。一般农副产品加工厂同时率为0.4～0.6，负载率为0.8，试计算该县农副加工负荷。

$$P_{\Sigma} = KK'P = 0.8\times0.6\times4648 = 2231.04(\text{kW})$$

3. 县乡工业负荷

县乡工业负荷，一般采用需用系数法和产品单耗电量法计算。

（1）需用系数法。将各类设备的需用系数乘以设备总容量得计算负荷。各类设备的需用系数及功率因数见表2-5。

表2-5　各类设备的需用系数及功率因数

用电设备名称	K_{Zx}	$\cos\varphi$	用电设备名称	K_{Zx}	$\cos\varphi$
造纸机	0.4	0.7	农副产品加工照明	0.3～0.48	0.65
机床	0.2	0.65	大米厂机械	0.8	
泵、鼓风机、压缩机、破碎机、筛选机、电阻炉	0.8	0.8	卷扬机	0.7	0.75
			球磨机	0.5	0.8
纺织机械	0.35	0.35	农机修配	0.72	0.8
化肥生产设备	0.5	0.7			

(2) 产品单耗电量法。根据产品单耗和年产量求出年耗电量，再除以年最大负荷利用小时得计算负荷。电力用户电量单耗统计表见表 2-6。

$$P=\frac{年耗电量}{T_{max}}=\frac{产量单耗电量\times 年产量}{T_{max}} \tag{2-8}$$

表 2-6　电力用户电量单耗统计表

用电负荷名称	电量单耗	用电负荷名称	电量单耗
电解铝	2000kWh/t	机制纸	790kWh/t
冶金电炉钢	700kWh/t	大米	20.2kWh/t
原煤	40.63kWh/t	面粉	48kWh/t
电石	3650kWh/t	自来水	296kWh/t
合成氨（小型）	1600kWh/t	水泥（立窑）	82.11kWh/t
日用瓷	1369kWh/万件	原油加工	55.117kWh/t
棉纱	1586kWh/t	矽铁	950kWh/t
棉布	14kWh/t	耐火砖	147kWh/t
烧碱	2450kWh/t	刨花板	$240kWh/t^2$
氯酸钾	7835kWh/t	糖	364kWh/t
锰粉	185kWh/t	啤酒	920kWh/t

4. 日常生活用电

某县有照明负荷装机容量为 1179kW，照明负荷的负载率 $K=1$，同时率 $K'=0.8$，试求计算负荷。

$$P=KK'\times 1179=1\times 0.8\times 1179=943.2(\mathrm{kW})$$

随着农村生活水平的提高，收音、电视、广播用电日益增多，空调、电炊等家电也越来越被广泛使用，其计算负荷按设备额定容量乘以同时率（$K'=0.8$）即可得出。

农村乡村工业往往采取一班制生产，因而照明用电负荷与工业负荷是错开的。

5. 农村电力网有功负荷计算

(1) 同时率与网损率。各类设备的同时率见表 2-7。各级农用电力网网损率见表 2-8。

表 2-7　各类设备的同时率

名　　称	同　时　率	名　　称	同　时　率
排渍	0.9	生活照明	0.8
灌溉	0.6～0.8	35kW 变电站	0.8～0.9
农副产品加工	0.4～0.6	6～10kV 农用线路	0.3～0.4
6～10kV 配电变电站	0.3～0.9	6～10kV 工业线路	0.5～0.6

表 2-8　各级农用电力网网损率

名　　称	网损率（%）	备　　注
0.38kV 线路	1～4	配电房装总表只有 1%
6～10kV 线路及变压器	6～12	
35kV 线路及主变压器	6～10	
110kV 线路及主变压器	5～10	

注　以各级电网最大负荷作基准的百分数表示。

(2) 供电负荷计算。供电负荷是指一个变电站或某一电力网的综合最大负荷，考虑了有功功率损失和负荷错开情况。计算公式如下

$$P=\sum_{i=1}^{n}P_iK'(1+K'') \tag{2-9}$$

式中：$\sum_{i=1}^{n}P_i$ 为 n 个用户（或变电站）各自最大负荷的计算和，kW；K'为同时率；K''为网损率。

【例 2-1】 某 35kV 变电站配出 10kV 线 4 条，各线最大负荷分别为 1100、500、1500、600kW，同时率为 0.8，网损率为 0.12。试问该变电站应配多大主变压器合适？

解

$$\sum_{i=1}^{n}P_i=1100+500+1500+600=3700(\text{kW})$$

$$P=\sum_{i=1}^{n}K'(1+K'')=3700\times0.8\times(1+0.12)=3315.2(\text{kW})$$

主变压器视在功率为

$$S=\frac{P}{\cos\varphi} \tag{2-10}$$

当 $\cos\varphi=0.8$ 时

$$S=\frac{3315.2}{0.8}=4144(\text{kVA})$$

一般 35kV 变电站按 2 台同容量或一大一小考虑，以便轻载时停运 1 台。配置设备容量应考虑 5 年内的发展情况，因而该变电站选择 2 台 2500kVA 的主变压器较为合适。

第三章　配电网供电可靠性与电压合格率

第一节　配电网的可靠性统计评价

一、概述

供电可靠性实际上就是用户能以多大的可靠程度得到电力系统供给的电能问题，这里所说的可靠程度，对于用户来说，可以理解为希望电力系统不管在什么运行条件下都不会发生故障，连续而充足地供给具有正常的电压和频率的电力。也就是说，要求电力系统保持适当的电压、规定的频率并不停电，而其中有关电压的变化和频率的波动，从现阶段电力发展的水平来看，由于发电机反应特性的改善及无功补偿电压调整装置的采用，虽然在我国一些地区还存在着无功不足的现象，但是就大多数情况来说，已基本上能够满足诸如电子计算机、各种自动控制装置和家庭中的电视机之类的用电设备需要，其他工业发展较快国家的情况则更好；而与此相反，停电问题却给予社会更大的影响，因此，通常电力系统供电可靠性，往往就只以用户最关心而又敏感的停电程度来评价，特别是对于供电系统末端的配电系统更具有现实的意义。

从上述的观点出发，供电可靠性，其定义就是在电力系统设备发生故障时，衡量能使由该故障设备供电的用户供电故障尽量减少，使电力系统本身保持稳定运行（包括运行人员的运行操作）的能力的程度。

这个定义，基本上反映了供电可靠性的实质，已广为人们所接受。这里所说的"使由该故障设备供电的用户供电故障尽量减少"，不仅包含了电力系统在发生设备故障之后减小故障的影响，保持系统稳定的问题；同时也包含了为防止故障发生和万一发生故障后，为减少故障影响而进行的倒闸操作及维护、检修的效果，以及操作、维护、检修本身作业停电对用户造成的影响等问题。因此，电力系统供电可靠性的实质，就是电力系统对用户连续供电能力程度的量度。具体到配电系统来说，配电网供电可靠性，就是量度配电网在某一定期间内，能够保持对用户连续充足供电的能力的程度。

系统可靠性是量度电力企业为了保证满足用户供电可靠性，保持电力系统最佳状况的能力。它取决于设备状况和运行情况。量度设备状况的可靠性叫做设备可靠性，其研究的问题是用什么可靠的设备（包括备用设备），在电气上如何加以组合构成的系统为最佳；量度运行状况的可靠性叫运行可靠性，其研究的问题是怎样运行和维护才能使系统的运行状况最好。由于在运行上包含有维护和运行两方面，因此运行可靠性在某种程度上能够弥补设备可靠性的不足。

总括起来，系统可靠性研究和考虑的问题大体有以下四个方面：

（1）设备本身的可靠性。要使构成系统的各种设备经常处于健全完好的运行状态，能够充分发挥其功能，具有较高的可靠性。

（2）整个系统的设备可靠性。必须考虑把具有相当可靠性水平的各种设备组合起来，并与其他系统相联系，构成容易实现一元化运行和维护的最佳系统。

（3）系统运行的可靠性。必须把各种设备有机地结合起来，使之成为具有安全校核、系统保护和系统恢复能力，对任何事态都有自己处理能力的有生命的系统（Living System）。所谓系统安全校核（System Security Check），就是对系统运行进行监视和控制，判断能否继续安全无故障运行，对整个系统运行情况进行全面的监视，以校核运行的安全性；而且，当有威胁系统运行安全的危险时，通过发出警报等方式促使系统采取适当的预防措施。此外，还可对系统的经济运行等进行校核。所谓系统保护（System Protection），就是在系统运行发生异常的情况时，一边采取必要的保护措施，使系统安全运行，不扩大事故，一边谋求继续正常送电。所谓系统恢复（System Restoration），就是电力系统一部分或全部停电时，在考虑系统运行安全的同时，采取适当措施，使系统尽快恢复到故障前的正常供电状态。

（4）系统可靠性与用户供电可靠性的配合。由于停电对用户的影响大小因用户不同而异，因此必须对每个用户研究相应的可靠性指标。

根据上述有关配电网供电可靠性和系统可靠性的分析可以得出，配电网可靠性，实质上就是研究直接向用户供给电能和分配电能的配电网本身及其对用户供电能力的可靠性。

二、配电网可靠性统计与可靠性预测

配电网可靠性工作，可以分为两个基本方面，即量度过去的性能和预测未来的行为。也就是说，一方面对现有已运行的配电网进行历史的可靠性的统计、分析及评价，它是整个配电系统可靠性评价中极为重要的部分；另一方面，为了设计、规划和建立新的系统，或者扩大、改造和发展现有系统供电能力而进行可靠性预测评估。它可以评价和预测各种设备及其对系统的影响，以及整个系统的可靠性。可靠性统计、分析及评价是可靠性预测评估的基础。只有了解现有配电系统及其设备、元件可靠性的特性数据，才有可能进行配电网可靠性的预测评估；反之，可靠性的预测评估则是可靠性统计、分析及评价的深化和发展。只有通过可靠性的预测评估，并以此进行设计、规划和改造，才有可能从根本上改善配电网的可靠性。两者密切相关，相辅相成，是配电系统可靠性不可缺少的两个重要方面。

因此，配电网可靠性研究，用通俗的话来说，就是要通过对配电网可靠性进行历史的统计计算、分析和评价，来确定现有系统问题的所在，并通过对过去的计算预测未来，然后以预测来对运行情况进行比较，从而把可靠性推进到更高的阶段。在整个过程中，还涉及如何合理地使用费用的问题。因此，配电网可靠性的评价实际上就是对整个配电网及其设备进行历史和未来的技术和经济的综合评价。为了对配电网能够进行这种综合的可靠性评价，就必须建立各种可靠性评价的指标，作为整个分析评价的基础和基本的出发点。

（一）配电网可靠性指标建立的基本原则

由于配电网可靠性指标是配电网可靠性进行历史和未来的评价的基础和基本出发点，因此配电网可靠性指标必须具有如下的特点：

（1）配电网可靠性指标必须能够反映配电系统及其设备的结构、特征、运行状况以及对用户的影响，并能作为衡量各有关因素的尺度。

（2）配电网可靠性指标应该并可以从配电网运行的历史数据中计算出来。

（3）配电网可靠性指标应该并可以应用配电网可靠性计算技术，从元件数据中计算出来。

以上三点也是建立配电网可靠性指标的基本原则。

（二）建立配电网可靠性指标考虑的因素及分析方法

由于配电网可靠性工作包含了量度过去和预测未来两个方面，而且两个方面所研究的对象和方法又有所不同，因此其所建立的指标表示的侧重点也略有不同。但是由于前者是彼此密切相关和统一的，其基本出发点也是一致的，因此其考虑的因素虽然不尽相同，但却是一致的。

1. 建立配电网可靠性统计指标考虑的因素及方法

（1）可靠性统计评价的目的。配电网可靠性统计、分析及评价，是配电网可靠性管理的基础，也是电力工业可靠性管理的一个重要组成部分，其目的在于以下几点：

1）收集配电网运行方面的可靠性资料，建立供电可靠性的数据系统和指标。

2）为编制配电网运行方式、维护检修计划、备品备件计划提供可靠的数据及资料。

3）为配电网可靠性预测提供必要的数据和依据。

4）为配电网的设计和规划提供必要的可靠性数据。

5）制定统一的、明确的供电可靠性标准和准则。

6）为提高配电网对用户的连续供电能力提供最佳可靠性的决策依据。

（2）配电网和设备的状态及对用户的影响。

1）配电网的状态。从对用户的影响来看，配电网的状态有供电状态和停电状态两种。供电状态是指配电网处于对用户供给预定供应电能的状态。停电状态是指配电网不能对用户供应电能的状态。任何时候配电网都必须处于这两种状态中的一种。

2）配电设备的状态。就每一台单一的配电设备来说，配电设备的状态可分为运行状态和停运状态。运行状态是指配电设备处于与配电系统相连接，带电并可以带负荷的状态。停运状态是指配电设备由于故障、缺陷或检修、维护、试验与配电系统断开，而不带电的状态。

设备的运行状态一般与系统的供电状态是一致的。设备的停运状态却存在着两种情况，一种是对用户停电的停运状态，一般单回路供电系统中串联的设备停运时，都将引起对用户的停电，这与系统的停电状态是一致的；另一种是不造成对用户停电的停运状态，有多台设备并联运行并有足够的冗余容量的情况即属此类，如果从系统对用户影响的角度来看，可以说它是停电用户为零的一种停电状态。

建立配电网可靠性统计评价指标，必须同时考虑配电网的状态和设备的状态。因为配电网的状态既反映了系统整体的状况，又反映了系统对用户的影响。建立了考虑配电网状态的指标，就能够收集面向用户或负荷点的数据，提供有关系统充裕度的历史数据和资料；而配电设备的状态则反映了设备的功能和特性及其对配电网供电能力的影响。建立了考虑配电设备状态的指标，就能够收集面向元件的数据，包括设备停运造成用户停电或不停电的数据；能够提供设备停运或修理期间的连续数据和资料，为制定设计、运行和维修策略提供依据。此两者缺一不可。

从理论上讲，由于配电系统状态反映的是配电系统对用户的连续供电能力。为了表示这种连续供电的能力，配电网的状态无论采用供电状态或停电状态两者中的哪一种，其结果都是一样的。但实际上，由于供电状态是经常性的，是正常的状态，在此状态下系统内在的各种问题都很难表现出来，用户一般也不会做出任何反应；而停电状态则是不经常的、个别的，甚至可以说是不正常的状态，它往往是系统内部存在的某种问题的客观表现，而且将直接给用户带来影响。因此，配电网的连续供电能力通常以停电状态发生的概率作为指标来表示。

与此相类似，由于配电设备的状态反映的是配电设备的功能、特征及供电的可靠程度，简而言之，就是配电网的供电可靠性。因此其供电可靠性的表示同样也只有在设备停运状态下才能表现出来，所以它通常也总是以停运状态发生的概率作为指标来表示。

（3）配电网停电和设备停运的性质。一般认为，配电网停电所表现出的对用户连续供电能力的大小及配电设备停运所表现出的系统自身供电可靠性的程度，除了分别受到用户用电的目的、生活水平、社会环境的不同和配电设备自身功能、特性的差异的影响之外，还主要取决于如下几种因素：停电和停运的原因，停电和停运的季节，停电和停运的时刻，停电和停运的频率，停电和停运的持续时间，停电和停运的规模等。

这些因素影响和决定了配电网停电和设备停运的性质。其中，发生停电和停运的原因、季节和时刻，包含着若干自然现象和环境的影响，虽然它们（特别是停电和停运的原因）也影响和决定了停电和停运的性质，但是要定量地加以表示是很困难的。因此，一般仅作定性的分析。与此相反，停电和停运的频率、持续时间和规模，则是可以用定量的方式来加以表示的因素，而且在某种程度上，它们还直接和间接地反映了停电和停运的原因、季节和时刻等因素的影响及其所带来的后果的严重程度。因此，人们总是在对停电和停运原因、季节和时刻等因素进行定性分析的基础上，通过停电和停运的频率持续时间和规模等建立指标来对配电网的可靠性加以描述。

在这里，首先从停电和停运的性质来讨论一下有关因素的考虑方法。为了便于描述，仅以配电网停电的性质来加以分析。

如上所述，配电网的连续供电能力，一般总是以停电状态发生的概率来表示的，而对造成配电网停止供电的可能性来说，一般有故障停电和作业停电两种情况。故障停电是指配电线路或设备由于不正常的运行状况，使继电保护动作直接跳闸，或者为了防止某种不正常运行的状态继续扩大，而不能在规定的时间（通常取 6h）以前向调度提出申请，并通知用户的停电。故障停电通常又称为强迫停电。作业停电则是在事前按规定的时间（一般为 6h）向调度提出申请，并使用户得到通知而后实施的停电。作业停电通常又称为预安排停电，它包括计划停电和临时停电两种情况。两者以其事先是否有正式的计划来加以区别。计划停电通常包括有计划的检修、施工、用户申请停电及计划限电（拉闸或非拉闸的限电）等。临时停电则指事前没有正式计划安排的检修、施工、调电倒闸操作停电、用户临时申请停电及临时拉闸或非拉闸限电等。配电网停电性质分类如图 3-1 所示。

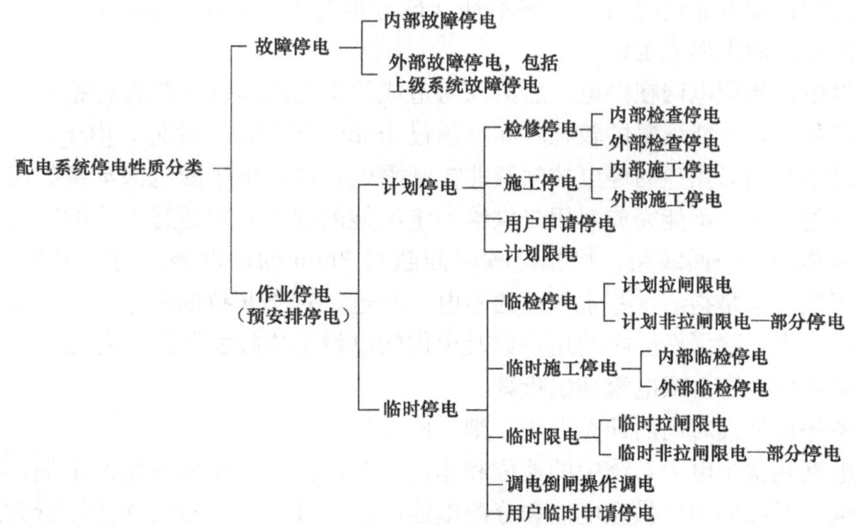

图 3-1　配电网停电性质分类

故障停电反映了配电网内在特性的好坏，作业停电则反映了配电网在发生故障或缺陷时系统恢复供电的能力。两种停电又因发生地点的不同而有配电网内部或外部之分。但是无论是外部或内部，也不论故障停电或作业停电，都将对用户产生影响，表现为对用户的供电服务质量。因此，在建立配电网可靠性指标时，既要考虑和建立分别反映故障停电和作业停电的指标，又要考虑和建立反映其综合情况的指标。

至于配电设备停运的性质，也与配电网停电的性质相类似，可以划分为故障（或强迫）停运和作业（或预安排）停运两种情况。故障停运是由于发生了与配电设备直接有关的危急状态，如设备故障等而要求元件立即退出运行的停运，或由于人为的误操作和其他原因未能在规定的时间（一般为 6h）向调度提出申请而退出运行的停运。作业停运则是指事前有计划地安排对设备进行检修、施工、试验等而退出运行的停运，或在规定的时间的停运可能造成对用户的停电，也可能不会造成用户的停电，因此它主要反映了设备本身的功能和特性。建立有关配电设备的停运指标，就有可能获得有关设备可靠性连续的历史数据。这是分析、预测及处理配电设备问题的基础。

（4）配电网停电和设备停运的频率、持续时间及规模。如前所述，配电网停电和设备停运的频率、持续时间及规模三因素，是衡量系统和设备自身的功能、特性及故障后的恢复能力，以及对用户影响程度大小的可定量的因素。其中，频率及规模（包括停电和停运的容量、影响的范围及用户数等）可以从数据统计计算中直接得到，但对于持续时间的计算，则随着运行方式及其对系统和用户的影响不同而异。关于配电网的停电持续时间，一般以其时间段长短的不同而分为瞬时性的停电和永久性的停电。瞬时性停电是指当配电网线路由于故障或者进行回路检查而被断路器断开后，能够通过已被断开的断路器在极短暂的时间内重新投入的停电。比如，装有自动重合闸装置的回路，在自动重合闸动作的时间内断路器自动重合成功；虽然断路器自动重合不成功，但在 3min 的容许时间内（此时间各国有不同的规定，我国规定为 3min，而英国则为 1min）强送成功；装有自动重合闸装置的回路，经批准停用自动重合闸时，在跳闸后 3min 内试送成功；在 3min 内完成的调电刀闸操作停电及查找故障停电等短暂的停电。这种瞬时性的停电，由于其对系统及设备以及用户的影响极小，一般在考虑供电的持续性和可靠性时可以忽略不计（最近也有人主张小于 3min 的瞬时停电也应该加以统计，但目前尚未形成定论）。

永久性停电是指配电网在停电以后必须对造成停电的故障或缺陷进行检查试验、检修或者器材更换等处理，才能恢复的较长时间（超过 3min）的停电。此外，由于电力系统设备故障或设备容量不足而对用户的停电拉闸及非拉闸限电，以及由于配电网本身的设备容量不足或系统和设备的异常，不能完成对用户供给预定电能的限电，因运行方式的需要，用电负荷由一回线路转移到另一回线路，操作过程时间超过 3min 的停电等，均应视为永久性停电。通常所说的停电，就是指的这些永久性的停电。不过，对于非拉闸限电，由于系统处于不完全的部分停电状态，除了所影响的用户数及少供的电量仍应按实际加以考虑外，其停电时间应以限电前实际供电容量或电流加以折算。

至于设备停运持续时间的计算方法，则与此类似。

（5）配电网在整个电力系统中的地位和作用。配电网处于供电系统的末端，直接与用户相连接，是电力系统向用户供应电能和分配电能的重要环节，具有特殊的运行方式。一旦配电网或设备发生故障或进行检修、试验，往往会同时造成对用户供电的中断，直到故障排除或修复，系统和设备恢复到原来的完好状态再继续供电。因此，在研究配电网可靠性时，不仅要考虑设备和器材的可靠性，而且必须考虑系统排除故障的方式和恢复供电的能力。

此外，由于电力生产存在着发、供、用电同时性的特点，电力系统内除配电网外的各个主要环节，包括发电、输电、变电及用户的任何故障或运行方式的改变，都可能对配电网的可靠性产生直接或间接的影响。因此，在建立配电网可靠性指标时必须加以考虑。

（6）配电网的结构特点及管理方式。配电网不仅具有供电面广，设备种类、形式和接线方式复杂而多样，负荷大小、分布和性质各异，运行操作、检修、更换和扩展频繁的特点，而且对故障及设备缺陷往往采取了就地处理与更换设备后集中进行检修相结合的方式。因此，在处理可靠性问题时，要探求每一个具体用户或每一台设备的具体状况是非常困难的，必须考虑和建立一种对每一种设备、每一用户都相对合理的指标。但是，随着电力工业现代化的不断发展，为了保证某些个别的重要用户和设备的可靠性，还必须从管理的实际需要出发，考虑和建立针对某一用户或设备的个别的特殊的可靠性指标。

2. 建立配电系统可靠性预测指标考虑的因素及方法

关于配电网可靠性预测评估指标的建立，除了必须考虑和应用上述统计评价指标建立的因素外，还必须根据预测评估方法的不同而着重考虑系统和设备的性能、系统的结构特点、传输能力、电量的充裕度以及气候环境等对系统和用户产生的影响等因素。比如，以元件组合关系为基础的故障模式后果分析法的指标，不仅以串并联接线中各元件的故障率、故障平均停电时间为基础来计算，而且在其对复杂网络扩展的评估计算中，还考虑了正常天气和坏天气的影响；而在以裕度概念为基础的预测分析法中，则考虑了配电线路各区段与相邻线路的联络关系及负荷的切换能力等。

上述有关建立配电网可靠性指标的基本原则、考虑因素及方法，反映了配电网可靠性评价的基本要求和规律，是普遍使用的。

第二节 配电网可靠性的统计、分析与计算

一、配电网可靠性统计范围

如前所述，配电网可靠性，就是研究直接向用户供给电能和分配电能的配电网本身及其对用户供电的可靠性。它反映的是电力企业运行管理的配电网及其设备的结构、特性、运行状态以及对系统和设备运行管理的能力。因此，配电网可靠性的统计范围应该是电力企业产权所有，或者产权虽属用户所有，但已根据协议委托供电企业运行、维护和管理的配电网。就当前我国的管理水平来说，主要应包括 10（6）、35、110、220kV 等各中电压等级的供电（电业）局直属城区及市郊配电网络。至于 380/220V 的低压配电网络，在 1990 年制定的《供电系统用户供电可靠性统计办法》中虽然已列为开展试点统计，但是因条件不成熟，至今尚未进行。不过，从长远的发展考虑，仍有研究、发展和扩大的必要。

因此，关于配电网可靠性的具体统计范围一般规定为：由城市市区周围各中心变电站、地区变电站或发电厂升压变电站直接向用户供电或者通过市区内的中间配电变电站开关站、配电室向用户供电的配电系统，自市区周围的变电站出线母线侧隔离开关开始，至：

（1）10（6）kV 公用配电变压器二次侧出线套管为止。

（2）10（6）35、110kV 及更高电压的企业专用配电变压器二次侧出线套管为止。

(3) 10 (6) 35、110kV及更高电压的高压用户的高压设备与供电企业的产权分界点为止。

(4) 包含市区内各种电压等级的中间配电变电站（或变压器）、配电室、开关站以及它们之间的联络线路构成的网络。

这就是说，市区周围各中心变电站、地区变电站及发电厂升压变电站出现母线侧隔离开关以上（包括母线）的所有电源侧的线路、设备及系统，以及配电变压器二次侧出线套管以下的用电设备，或高压用户的高压设备与供电部门的产权分界点以外的系统均为外部系统，不在配电网可靠性统计范围之内。

对于同时具有中压和高压等多级电压的配电系统来说，由于其每一级电压均可自成系统并单独进行计算。因此，对于每一级电压系统来说，其上下级电压系统（不论是否为配电系统）均可视为该电压配电系统的外部系统。

但是就整个多级电压配电系统的综合系统来说，为了对供电企业所有运行、维护和管理的设备（包括输变电设备）及其管理水平进行综合评价和考核，一般在计算其供电可靠率、用户平均停电次数和用户平均停电时间等主要指标时，采取了多层次的计算方式并按不同层次计算的指标数据分别进行分析考核。其计算层次有：

(1) 计及所有影响，包括电源、用户及相邻系统的影响。

(2) 不计及电源容量不足、用户以及非供电部门所造成的外部影响。

(3) 不计及电源容量不足面产生的影响。

严格来说，通常所说的可靠性计算，是指第（1）种方式的计算，它又包括综合系统的计算及各电压等级独立的计算，而第（2）、（3）两种方式则是为了考核的需要而进行的计算。

二、配电网可靠性统计表格设计的原则

配电网可靠性的统计表格，是实现配电网系统可靠性数据的收集、整理、统计计算、分析和应用的工具和依据。其设计的基本原则如下：

(1) 简明清晰，目的明确。每一种表格都是为一定的可靠性统计分析的目的服务的。对于无论是否从事可靠性专业的工作人员或者领导干部，只要阅读简要的说明，均可一目了然地看清表格各栏的含义及数据的来龙去脉，而且可为数据处理、编制程序提供必要的信息。

(2) 层次分明，便于分析比较。不仅应符合配电系统可靠性分析、运算过程的需要，而且可以通过表格内数据的比较，实现用文字说明难以表达的作用和功能。

(3) 具有综合压缩性和可分解性。不但能尽可能地将各种目的和功能综合地集中于尽可能少的表格内，而且也可以根据需要，分为几种单一的可供分解比较的表格。

(4) 制作容易，填写方便。表格填写应尽可能地使用数字、符号或代码，避免使用冗长的文字说明。

三、配电网可靠性统计表格的基本形式和作用

配电网可靠性统计表格的形式，取决于配电网可靠性统计分析的目的、范围、内容及数据处理的过程和方法。其基本形式有以下几种：

(1) 反映配电网基本参数、特性数据的基本数据统计表。这是衡量配电网及其设备在发生停电或停运事件后各种基本参数、特性数据是否发生改变及如何改变的依据，也是计算各种可靠性数据指标的基础。其基本内容一般应包括配电网所属各配电线路和线段的名称，线

路的回路数（架空线路和电缆线路）、长度、区段数，各区段所连接的配电变压器的容量、台数，断路器、电容器的台数及是否双电源等。为了便于用计算机或手工进行各种数据的分类处理，一般线路和线路段均应用信息编码加以定义和表示。此种基本数据统计表，可以按电压等级的不同而分别设置不同的表格，也可以综合统计在同一个表格内，但是基本形式是大体一致的。

（2）反映配电网及其设备运行情况的记录表。此表是配电网按时间顺序对每一次停电和停运时间实际情况的记录。其基本内容应包括每一次停电和停运事件发生的起止时间、持续时间，停电或停运的范围，停电用户数，停电容量，停电损失电量，导致停电或停运的原因，设备、故障点的部件、部位及故障的状况，事件的处理过程及恢复供电的方式等。为了简化表格的填写及进行数据信息分类和处理，一般也应尽可能的编码化、数字化。它是各类可靠性信息分类统计和数据指标计算的依据。为了便于每一次事件的记录和整理，也可先对每一次事件建立统计记录卡片，然后加以汇总。

（3）反映配电网及设备停电事件和停运时间的各类原因及其影响分类统计表。该表可由反映配电网供电及运行情况的记录表按可靠性事件原因信息分类（以编码的形式）整理（检索）而得，是分析造成配电网停电或设备停运的原因，以采取相应技术措施和对策，改善系统和设备的健康水平，提高运行管理能力和水平的重要依据。其基本内容应包括按故障和预安排（作业）分别统计的由各种原因造成的停电和停运事件次数、小时数及损失电量数。

（4）反映配电网导致系统停电或设备停运的设备分类统计表。该表也可由反映配电网供电及运行情况的记录表按可靠性的设备信息分类（以编码的形式）整理（检索）而得。它既是分析导致系统停电和设备停运的设备特性，并采取相应的技术措施和对策的重要依据，也是评价各类配电设备的性能、质量、维护、检修及管理水平，编制设备备品配件用料计划，提高制造、施工和检修质量的重要依据。其基本内容应包括按故障和预安排（作业）分别统计的由各类设备导致的系统停电和设备停运的事件次数、小时数、用户数和损失电量数。此表也可按导致停电的设备和停运的设备分别建立。

（5）反映配电网可靠性指标统计计算结果的汇总表。此表可直接由反映配电网基本参数、特性数据的基本数据统计表与反映配电网及其设备运行情况的记录表根据可靠性指标的计算公式计算而得，也可由原因分类统计表和设备分类统计表根据可靠性指标的计算公式计算而得。它既是配电网可靠性管理情况的综合反映，也是分析评价配电网对用户的连续供电能力，系统和设备自身的功能和特性，制定切合实际的供电标准，规划、设计、扩建、改造配电网络的依据。其基本内容应包括各类可靠性主要指标、参考指标及系统基本参数统计计算的结果。

以上五种表格形式是配电网可靠性统计分析的基础，也是最基本的表格形式。它们可以根据数据处理过程和方式、电压等级、分析对比的需要，分解、细化或扩展、伸延成为其他各种各样的形式。

四、原始数据的收集和处理

1. 配电网可靠性基本数据的收集和处理

配电网可靠性统计的原始数据有两类：一类是配电网的基本数据，即上述第（1）类表格中要求填报的数据；另一类是配电网及设备实际运行情况的记录，即上述第（2）类表格中要求填报的数据。此两类数据是形成其他各类表格的基础。有了此两类数据，只要经过一定的程序加以整理（检索和排索等）、统计、计算，即可获得其他各类数据指标。因此，这两类数据通常被称为配电网可靠性的基础数据。

配电网可靠性基本数据，一般根据统计期间（年）配电网实际使用的电气接线图和固定资产清册收集整理而得。

由于配电网的结构（设备型式及接线方式）、运行方式等是复杂而多变的，它受系统或设备（元件）承载能力、城市的规划和建设、系统的扩建和改造、系统线路的长度和回路数、供电的范围及用户的多少、各类设备的形式和数量、负荷的大小、系统和线路的传输容量，以及自然环境和条件等因素的影响而随时间变化，是一系列不断变化的数据。但是，为了使配电网可靠性信息的分类、统计和指标的计算具有可变性，在一个相当长的统计期间内（通常为 1 年或 5 年），这些基本数据必须具有一定的稳定性，以便使可靠性数据指标的计算能够建立在统一的基础上。为此，SD137—1985《配电系统供电可靠性统计办法（试行）》规定配电网的基本数据每年年终统计一次，作为下一年全年所有事件统计计算的基础。《供电系统用户供电可靠性统计办法》虽曾一度规定以年初和年末统计的平均值计算，但因季度指标与全年指标统计计算的基础不一致，不便汇总和比较，所以调整为一年统计一次。

2. 配电网及设备运行情况记录数据的收集和处理

配电网及设备运行情况数据是配电网可靠性统计计算的又一类基础数据，它一般由运行值班记录、调度日志、计划停电申请表、负荷记录表及事故报告表等资料整理汇总而得。

由于配电网及设备的运行情况实际上是配电网及设备在运行过程中发生的一系列的停电事件，都是随机的和偶然的，而且每一次事件发生的时间、影响的范围、持续时间的长短、事件的原因、处理的过程和恢复的方式等均各不相同，其统计计算也是复杂而多变的。为了反映配电网及设备连续运行的状况，便于数据的收集和处理，一般应遵守以下几点规定：

（1）同时进行停电事件和停运事件的统计。根据配电网运行状态的分类，停电事件是对配电网而言的，是反映配电网状况的事件。停电事件一般将导致用户的停电，对用户产生影响，而停运时间是对配电设备而言的，是反映配电网中设备的状况的事件。但是设备在发生停运事件时存在着造成用户停电和不会造成用户停电的两种情况，前一种情况是与停电事件一致的，后一种情况则不同。为了便于停电事件和停运事件原始数据的收集，两者均按时间顺序整理记录在同一个运行情况统计表格内，只是把未造成用户停电的设备停运事件视为停电用户为零的停电时间来加以处理。换句话说，在该统计表中所统计的时间数据，只要停电用户数据为零的事件，即为未造成用户停电的设备停运事件，在计算设备的可靠性指标时应将此部分数据计入，并以此作为分别处理停电事件和停运事件数据的依据。

不过，在《供电系统用户供电可靠性统计办法》中虽然也定义了停电时间和停运事件，但由于只要求统计影响用户停电的事件，不统计未造成用户停电的停运事件，因此在统计中不存在停电事件与停运事件的区分问题，有关设备状况的记录也是不连续的。

（2）停电持续时间的统计和计算方法。停电时间的统计和计算方法随停电事件的处理过程、操作过程及恢复供电的方式不同而异。一般有以下几种情况：

1）当单回线路停电，一次处理完成，全线同时恢复送电时；或者多回路停电，其中各回线路的停电操作和恢复送电的操作均系同时完成时，停电持续时间即为线路由停电开始至终结所经历的全部时间。具体地说，就是终止时间减去起始时间所得到的时间段。

2）当单回线路停电，分阶段处理，逐步恢复送电时；或者多回路停电，各回线路的停电或复电操作不能同时完成时，或者以非拉闸限电的方式对用户部分停电时，其停电持续时间均不再等于终止时间与起始时间之差，而必须进行“等效”折算。对单回线路停电，分阶段处理，逐步恢复送电及多回线路停电，停电操作或恢复供电操作不能同时完成时的等效停电持续时间 T_1，按下式计算

$$\begin{aligned} T_1 &= \frac{\sum \text{各个阶段或各回线路停电持续时间} \times \text{停电用户数}}{\text{受停电影响的用户总数}} \\ &= \frac{\sum \text{各个阶段或各回线路停电的时户数}}{\text{受停电影响的用户总数}} \\ &= \frac{\text{总停电时户数}}{\text{受停电影响的用户总数}} \end{aligned} \tag{3-1}$$

式中：受停电影响的总用户数系指停电全过程中受停电影响的用户总数，每一受影响的用户只能统计一次。

对非拉闸限电的等效停电持续时间 T_2，按下式计算

$$\begin{aligned} T_2 &= \text{限电时间} \times \frac{\text{少供容量或电流}}{\text{限电前实际供电的容量或电流}} \\ &= \text{限电时间} \times \frac{\text{限电前实际供电的容量或电流} - \text{限电后允许供电的容量或电流}}{\text{限电前实际供电的容量或电流}} \\ &= \text{限电时间} \times \left(1 - \frac{\text{限电后允许供电的容量或电流}}{\text{限电前实际供电的容量或电流}}\right) \end{aligned} \tag{3-2}$$

(3) 线路熔断器（或跌落式熔断器）熔丝熔断时各统计量的计算方法。线路熔断器熔丝熔断有以下三种情况：

1) 当线路以动力负荷为主时，无论熔断器一相、两相或三相熔丝熔断，均按全线路停电处理。

2) 当线路动力负荷与非动力负荷所占比例大体相当，线路熔断器熔丝一相熔断时，停电持续时间及停电用户数按实际统计，停电容量按 1/2 计。

3) 当线路以照明等非动力负荷为主，线路熔断器一相熔断时，停电持续时间按实际统计，停电用户数及容量均按 1/3 计。

(4) 用户申请停电的统计。当该用户申请停电仅限于用户本身停电，不影响其他用户时，可不视为一次停电，不加以统计。但是，当该用户申请停电影响其他用户，造成多用户停电时，则应计为一次停电加以统计，所统计的停电用户数不包括申请停电的用户本身，只统计受其影响的用户数及其停电的容量。

(5) 关于配电网联络线路的统计。对于没有具体连接用户的配电网联络线路的统计，可按以下两种方式处理：

1) 当联络线路停止运行时，被联络的两个地区中的任一地区负荷均不发生改变，即不会造成对用户的停电或限电时，可按设备停运方式处理。

2) 当联络线路停止运行时，将使被联络的两个地区中的任一地区负荷发生改变，即造成部分用户或全部用户停电或限电时，可根据实际停电或减少供电的负荷及用户数进行统计，也可根据调度预计减少的负荷及用户数加以统计。

(6) 对城郊共季节性负荷的配电线路的统计。可按以下两种方式处理：

1）当该线路在有负荷期间因故障或检修而停电时应予统计。

2）当该线路在无负荷期间，因无负荷而断开，可作停运事件处理。

（7）新建配电线路及设备在试运行期间故障的统计。可按以下两种方式处理：

1）当故障仅造成新建线路或本身跳闸，不影响原系统内线路和设备运行时，不予统计。

2）当故障已引起原系统正常运行的线路或设备跳闸，并导致原系统连接用户停电时，应按故障停电加以统计，但由于该线路或设备尚未移交验收，其故障停电应视为外部影响处理。

（8）对于因运行方式需要或负荷分布改变而暂时停运的配电线路的统计。在该线路暂时停运期间不予统计。

（9）对于有用户自备电源的配电线路的统计。当供给用户的专用配电线路具有自备电源，线路因故障或检修停电时有以下两种情况：

1）自备电源自启动，并供给用户全部负荷时，要记为一次停运。

2）自备电源自启动后，不能供给用户全部负荷时，应记为一次停电，其停电容量及停电损失电量按实际统计。

（10）停电后对用户少供电量（即停电损失电量）的计算。当配电线路全线路同时停电时，可参照《电业生产事故调查规程》中“事故少送电量和少送热量的计算方法”一条中的规定计算其停电损失电量。即对规定每小时作负荷记录的发电厂升压站和变压站出线：若停电不超过 1h，按停电前最后记录的负荷乘以停电时间计算；若停电超过 1h，按先一日（休息日除外）同一时间的平均负荷乘以停电时间计算；若配电线路非拉闸限电时，按所限负荷乘以限电时间计算；若休息日（星期日、节假日或轮休日）停电，按上一个休息日的负荷曲线或者调度员的预计负荷曲线计算。对未按每小时作负荷记录的发电厂升压站和变电站出线，应根据恢复供电 1h 后电流表的指示值计算。

停电损失电量的通用计算公式为

$$Q=\sqrt{3}IUt\cos\varphi \tag{3-3}$$

式中：Q 为停电损失电量，kWh；I 为规定的计算负荷电流，A；U 为配电网电压，kV；$\cos\varphi$ 为功率因数，取上一年该出线所在变电站同级电压功率因数的平均值，或全系统同级电压的功率因数平均值；t 为发生停电事件过程中线路的实际停电持续时间，h。

当配电线路全线同时停电时，由于分支线路或其中某一线路段在正常运行时无负荷记录，停电后也难于从主干线负荷记录中直接反映出来，故必须通过适当的办法加以计算。对此，各地区曾推荐了一系列不同的方法，如“负荷系数法”“波动系数法”“同时系数法”“算法”“分支容量分配法”及“载容比系数法”……由于考虑到各地区情况不同，SD137—1985《配电系统供电可靠性统计办法（试行）》中仅推荐了“分支容量分配法”，而未作统一规定。1991 年修订的《供电系统用户供电可靠性统计办法》中，为了统一并简化停电损失电量的计算，重新规定了“载容比系数法”。在此，仅将“分支容量分配法”及“载容比系数法”介绍于下，以供参考。

1）分支容量分配法。分支容量分配法就是以停电分支或分段所属的线路全线停电方式确定的全线路应有的负荷为基础，先根据该停电分支或分段线路所连接的用电变压器额定总容量（S_i）占全线路连接的所有用电变压器额定总容量（$\sum S_i$）的比例来进行负荷分配，然

后计算其停电损失。其负荷分配的关系如下

$$I_i = I_a \frac{S_i}{\sum S_i} \tag{3-4}$$

式中：I_i 为停电分支线路的负荷电流，A；I_a 为按线路全停计算所决定的全线路的负荷电流，A；S_i 为停电分支线路连接的用电变压器额定总容量，kVA；$\sum S_i$ 为全线路连接的用电变压器额定总容量，kVA。

这是一种比较理想化的负荷分配法。实际上，由于线路上各台用电变压器因工作条件不同所带负荷并不一定按额定容量成比例地分配，因此式（3-4）计算的结果仅是一个理想的近似值。

2）载容比系数法。载容比系数法是以整个配电网上年度的平均日售电量与用户容量总和为基础，计算出全网总的载容比系数，然后按此系数对停止供电的各用户（变压器额定）容量之和进行折算，求出停电损失电量。其计算方法如下

$$K = \frac{P}{S} \tag{3-5}$$

$$P = P'/8760$$

式中：K 为载容比系数（每年初修改一次）；P 为供电系统或某条线路（实际上，按部电力可靠性管理中颁发的统计计算程序，P 为整个供电系统的）上年度的年平均负荷，kW；P' 为上年度售电量，kWh；8760 为年的统计期间小时数，h；S 为供电系统或某条线路上年度的用户容量总和，kVA。

注意，式（3-5）中的 P 和 S 系指某一电压等级的配电系统或某一具体线路的年平均负荷及其用户总容量。

停电损失电量为

$$Q = KS_1T \tag{3-6}$$

式中：Q 为停电损失电量，kWh；S_1 为（事件）停电容量，即停止供电的各用户容量之和，kVA；T 为停电持续时间，或等效停电时间之和；K 为载容比系数。

不过，在《供电系统用户供电可靠性统计计算程序》的内务处理功能中，为便于处理，对载容比系数 K 规定为部分电压等级及线路，每年只调整一次，而且供计算载容比系数 K 所统计的上年度的售电量和总用户数也是整个系统的总量，即 P 和 S 都是整个系统各电压等级所有线路的综合值，所以实际上参与计算的所有各电压等级、各条线路的载容比系数均相同。显然，以此作为当年度内任一时刻、任一用户实际负荷的分配系数是一种完全理想化的分配方式。其所计算的停电损失电量并非实际的停电损失电量，也不能说明配电网或设备所发生事件实际造成的经济影响，因此在应用分析时要切实加以注意。

五、停电、停运事件按原因和设备分类的统计及指标数据的处理

这是在配电网收集的两类可靠性基础数据的基础上所作的进一步处理，其处理的方式根据分析及企业考核的需要来决定。

1. 配电网停电及设备停运事件原因分类统计数据的处理

此数据应按气候与环境、非电业原因、系统及设备自身缺陷、运行管理、故障及预安排（作业）、上下级系统影响、用户影响、系统内及系统外对系统造成的扩大性故障以及其他原因等各项分别汇总统计，并计算各分项在总事件数种所占的比例。其中，应特别注意上下级

系统内外的划分，以及多种原因事件的处理。

上级系统是指作为该电压级系统的电源系统，包括该电压级以上的各级电压配电系统、输变电系统及发电系统。下级系统是指该电压级变压器二次侧电压及以下的各级电压系统（包括低压系统）。

对于具有多级电压的综合配电网来说，其上级系统系指该综合配电系统中最高级电压以上的输变电系统及发电系统，其下级系统一般指目前暂时尚未列入统计的低压配电系统。因此，有关系统内外的划分也可由此确定，即对于某一电压系统或综合系统来说，其上级和下级系统均属外部系统。但是，由于考核的需要，《供电系统用户供电可靠性统计办法》对系统内外的划分，是以一个地区的供电局（或电业局）的关系范围来确定的。凡属该地区供电局（或电业局）及其下设的供电分局或管理所运行、维护和管理的电力网络（含输变电系统，基至该局运行、维护和管理的发电厂），均应视为系统的内部；反之则为系统的外部。换句话说，在该办法及其相应的计算程序中的系统内部和外部，指的是供电局（电业局）管区的内部和外部，而不是配电网的内部和外部，在概念上应分清，并严格加以区分。

关于多种原因引起的事件，虽然各种原因都应在运行统计表中列出，但是在具体归类和分析时，应以最主要的原因为依据，其他原因仅作分析的参考。

2. 配电网停电及设备停运事件设备分类数据的处理

此数据一般应按变电站设备、线路设备、开关站及配电室设备、用户设备、非统计范围内的其他设备等加以归类处理。此外，为了与事件原因分类统计的总事件数一致，还应统计非设备原因或记录不清的原因造成的停电和停运事件。对于事件按设备分类统计，同样也存在着上下级系统、系统内外及管区内外划分的问题，必须明确区分并正确地加以处理。

另外，在事件的设备分类统计中，还有“多重设备”的问题，即同一事件系由多种设备或多台设备引起，特别是在计划检修中较常见。为了便于事件的统计，虽然设置了“多重设备”的项目及相应的编码，把它视为一次事件加以处理。但是，对于所处理的每一种和每一台具体的设备来说，为了反映设备本身的特性及情况，在统计计算设备的可靠性指标，如设备故障率、设备停运持续时间时，均应各自分别统计一次。

3. 配电网可靠性指标数据的处理

配电网可靠性，可以由配电网基本数据及运行记录数据经过整理分类，应用可靠性指标计算公式计算而得，也可由事件原因和设备分类统计数据计算而得。其所获得的指标以统计期间的不同，一般有季度指标和年度指标。此外，还可根据各级管理的需要，作出供电局、省局、网局的指标的汇总表、比较表等。

为了满足考核的需要，《供电系统用户供电可靠性统计办法》还把供电可靠率、用户平均停电时间、用户平均停电次数等主要指标分别作出以下三种计算和处理：

（1）计入所有停电事件。

（2）不计入系统容量不足造成的限电事件及系统外（即管区外）的原因造成的停电事件。

（3）不计入系统容量不足而造成的限电事件。

目前在全国推行的供电企业安全文明生产达标工作中，供电可靠率的考核指标，1992 年以前选用了 RS-2，即第（2）种情况计算的结果。1993 年以后改用 RS-3，即第（3）种情况计算的结果。

必须注意，配电网可靠性指标的计算，由于配电网的基本数据（参数）一年只统计一次，是以年初的统计为准来进行的，而实际上配电网网络结构及设备数量几乎每天都有可能发生变化，特别是一年之初与一年之末的差别相当大，而运行数据却是按实际发生的结果进行统计的。因此，通过计算所获得的指标在应用时必须结合实际加以分析和调整。

六、配电网可靠性数据指标分析评价方法

配电网可靠性的分析评价，是以数据信息的统计计算为基础来进行的，其分析的方向包括两个部分，即配电网对用户的连续供电能力和配电网及其设备自身的可靠性。

配电网可靠性的分析评价一般可以从以下几方面来进行：

（1）配电网的供电服务质量。主要通过对配电网可靠率、用户平均停电时间、用户平均停电次数、用户平均损失电量等指标纵向和横向的对比来评价配电系统对用户的连续供电能力，配电网由于停电对用户造成的影响。

（2）配电网的故障分析。一般包括故障指标分析、故障原因分析、故障性质分析、故障设备状况的分析、系统和设备的安全性分析以及故障后恢复供电能力和速度的分析等几个方面。

1）故障指标分析。其主要指标为用户平均故障停电时间、用户平均故障停电次数、用户平均故障停电损失电量、系统故障停电率以及每次故障平均停电时间、用户数及损失量等。这些指标既反映了系统防止故障停电的能力，也反映了系统因故障而对用户产生的影响。

2）故障原因分析。它包括配电网网络的结构及设备在设计、制造、安装、调试等方面存在的固有缺陷及抗拒自然灾害的能力，运行管理部门运行、维护、管理的水平，以及对用户的用电教育等，以便采取有针对性的反事故措施。

3）故障性质分析。它既可根据故障的范围分析故障后果的严重程度，又可根据发生故障地点的不同，明确发生故障的责任。

4）设备故障状况的分析。它既可通过设备故障的状况分析比较各类设备的性能，可能发生故障的部件、部位以及是否损坏等，以便评价制造质量和检修水平，也可为制定备品配件计划等提供依据。

5）系统和设备安全性分析。它通过系统及设备的故障率［次/(100km・年)］或［次/(100 台・年)］及每 100 个用户一年内的断电次数等系统内在的特性与对用户供电连续性的相对关系来评价和衡量整个配电系统的安全性。

6）系统故障后恢复供电的能力和速度分析。它主要通过故障停电持续时间的分析来衡量故障点的监测能力、检修和处理能力、检修人员到达现场的能力、通信联络能力、备品配件的储备情况以及系统结构和运行的灵活性等。

（3）预安排（作业）停电及停运分析。预安排（作业）停电及停运是反映系统和设备特性的重要组成部分，系统和设备存在的大故障缺陷和问题，是在尚未发生故障的情况下，通过预安排（作业）停电和停运中进行处理和消除的。预安排停电及停运的分析，既可分析和探讨计划检修、临修、用户申请停电、扩建改造施工、专项检查试验、运行方式的改变以及维护保养工作安排的合理性，评价检修、试验处理的能力，也是评价系统和设备特性和质量的一个重要环节。但是，由于停运事件中存在着造成用户停电和不造成用户停电的两种情况，因此在统计分析时切不可忘记了后者。

（4）系统容量及外部系统的影响分析。系统容量的影响，主要指系统容量不足而造成的拉闸限电；外部系统的影响，则包括上级系统故障、检修、施工以及下级系统和用户故障的扩大等而造成的影响。这些影响可以通过“外部影响停电率”的指标及拉闸和非拉闸限电分类统计的数据来进行分析，是分析评价配电网抗外部干扰能力和改善整个电力网络结构的重要依据。

第三节　配电系统可靠性准则及规定

一、电力系统可靠性准则的一般概念

电力系统可靠性准则，就是在电力系统规划、设计或运行中，为使发电和输配电系统达到所要求的可靠度满足的指标、条件或规定。它是电力系统进行可靠性评估所依据的行为原则和标准。

电力系统可靠性准则的应用范围为发电系统、输电系统、发输电合成系统和配电系统的规划、设计、运行和维修工作。

电力系统可靠性准则考虑的因素一般有：①电力系统发、输、变、配设备容量的大小；②承担突然失去设备元件的能力和预想系统故障的能力；③对系统的控制、运行及维护；④系统各元件的可靠运行；⑤用户对供电质量和连续性的要求；⑥能源的充足程度，包括燃料的供应和水库的调度；⑦天气对系统、设备和用户电能需求的影响等。其中①、②、⑥等因素可由规划、设计来控制，其余各因素则反映在生产运行过程之中。

电力系统可靠性准则按其所要求的可靠度获取的方法、考虑的系统状态过程及研究问题的性质不同，有以下几种不同的分类方法：

1. 概率性准则和确定性准则

电力系统可靠性准则按其要求的可靠度获取的方法，分为概率性准则和确定性准则。

（1）概率性准则。它以概率法求得数字或参量来表示提供或规定可靠度的目标水平或不可靠度的上限值，如电力（电量）不足期望值或事故次数期望值。因此，概率性准则又称为指标或参数准则。

（2）确定性准则。它采取一组系统应能承受的事件如发电或输电系统的某些事故情况为考核条件，采用的考核或检验条件往往选择运行中最严重的情况。考虑的前提是如果电力系统能承受这些情况并保证可靠运行，则在其余较不严重的情况下也能够保证系统的可靠运行。因此，确定性准则又称为性质或性能的检验准则。此类准则是构成确定性偶发事件评价的基础。

概率性准则较之确定性准则考虑更为广泛，用概率法求得的可靠性指标可以得出对事故风险度的较佳估计。

2. 静态准则和暂态准则

电力系统可靠性准则按电力系统的动态过程和静态过程的不同，可分为静态准则和暂态准则。

（1）静态准则。它仅考虑在相当长时间的各种不同电力系统静态情况下和系统无扰动的情况下，系统供电能力的所有各种可能情况的可靠性指标。因此，静态准则又称为充裕度准则。

（2）暂态准则。它仅考虑在电力系统发生事故的很短暂的暂态过程中，包括运行人员的反应能力在内的电力系统维持安全稳定运行的能力，例如机组的无功响应能力、机组的带负荷能力等。因此，暂态准则又称为安全性准则。

3. 技术性准则和经济性准则

电力系统可靠性准则按研究问题的性质不同，可分为技术性准则和经济性准则。

（1）技术性准则。它考虑的是为保证供电质量和可靠性，系统必须承受的考核和检验条件。

（2）经济性准则。它考虑的是经济问题，包括事故停电损失值与固定和运行费用值总费用的优化。

此外，电力系统可靠性准则还可以根据所应用的范围，按电力系统各主要环节分为发电系统准则、输电系统准则和配电系统准则；按生产工作过程分为规划准则、设计准则和运行准则等。

由于现代社会对电力系统供电可靠性和停电后迅速恢复供电提出了很高的要求，因此各国对电力系统都制定了各种可靠性准则。根据国际大电网会议的调查报告，目前已有20多个国家在发电、输电和配电方面制定了有关规划、设计或运行的可靠性准则。其中比较著名的有北美电力可靠性协会及所属9个地区协会建立的电力系统规划设计可靠性准则；英国电力委员会建立的《供电安全导则》；英国中央发电局建立的《发电厂接入系统计划安全标准》及《超高压输电网计划安全标准》；美国邦维尔电力局（BPA）建立的可靠性准则；北美电力系统互联委员会（NAPSIC）建立的运行可靠性最低准则；美国东北区联网协调委员会（NPCC）1967年9月建立的互联电力系统设计和运行基本原则，1969年4月建立的继电保护及有关装置的最少维修导则，1970年8月建立的大电力系统保护原则，1979年1月建立的大电力系统重合导则；苏联电力和电气化部建立和批准的电力系统稳定导则等。

我国在1981年颁发的《电力系统安全稳定导则》和1984年颁发的《电力系统技术导则》中也制定了相应的准则。

二、配电系统可靠性准则的概念

配电系统可靠性准则就是在配电系统规划、设计或运行中，为使配电系统达到要求的可靠度必须满足的指标、条件或规定，也是配电系统可靠性评估所依据的行为原则和标准。

配电系统可靠性准则必须与用户的需要及系统对供电充裕度的需求相一致，其基本内容包括供电质量和供电连续性两个方面。供电质量一般以允许的电压和频率水平来表示；而供电连续性则表示成规定连续性满足用户供电质量要求的项目，通常以停电及停运的频率、停电及停运的平均持续时间以及年停电、停运时间的期望值等作为评价供电连续性的参数。采用什么标准最为合理，应视各国的具体情况而定。一般把它与经济性联系起来加以优化，求出最佳的可靠度。经济性则主要反映在供电成本和停电造成的损失两个方面，可靠度越高，供电成本费用越多，停电损失费用越少，反之亦然。

研究结果表明，供电成本费用和可靠度呈递增关系，可近似地用指数函数来表示。其特征系数与全系统的状况、设备费用及性能指标有关；而停电损失费用则与可靠度呈递减函数关系。停电损失费用系指因停电影响用户生产给国民经济造成的减少和国民收入的减少、供电部分因停电造成的电费收入的减少，以及其他全部经济损失。此外还包括了由于大规模停电而给社会生活造成的恶劣影响等。最佳可靠度可以由供电成本费用和停电损失费用与可靠度关系曲线叠加后的总费用的最低值来决定。因此，各国电力系统有关配电系统可靠性准则的具体规定也是各不相同的。

三、我国城市电力网可靠性的规定

城市电力网（简称城网）是城市范围内为城市供电的各级电压网络的总称，它既是电力系统的主要负荷中心，又是城市现代化建设的一项重要基础设施。对城市电力网的可靠性规定，是搞好城市电力网规划、设计，加强城市电力网改造和建设的重要依据。

在我国，有关城市电力网的可靠性规定，主要体现在《城市电力网规划设计导则》（以下简称《导则》）和《全国供用电规则》（以下简称《规则》）中。

1985 年 5 月，水利电力部为了适应城市电力网规划和建设的需要，在总结 1981 年由水利电力部和国家城建总局联合编制并颁发的《关于城市电力网规划设计若干原则（试行）》的执行情况及全国电力网改造工作经验的基础上，由水电部同城市建设环境保护部组织有关单位讨论并制定了《城市电力网规划设计导则（试行）》。1993 年 3 月，能源部和建设部又委托中国电机工程学会城市供电专业委员会在原有试行本的基础上进一步修改、补充，正式颁发。

新的《导则》从技术经济和可靠性两个方面对城市电力网的规划编制和要求，负荷预测、规划设计的技术原则，供电设施、调度、通信、自动化、特种用户的供电技术要求等作了详细而具体的规定，既总结了近几年来我国各地执行《城市电力网规划设计导则（试行）》以来的实践经验，又吸取了国外的先进技术，并贯彻了国家城市规划法的有关规定，是我国在编制和审查城市电力网规划设计、进行城市电力网改造和建设的依据和指导文件。

1983 年 8 月，水利电力部为了适应国家经济发展的需要，更好地协调供电与用电关系，确立正常的供电秩序，以实现安全、经济、合理地使用电力，在 1972 年 7 月颁发的《供用电规划（试行本）》的基础上，总结供用电工作中存在的问题，广泛征求各地区和各有关部门的意见，修改而成《规则》。它是供用电系统改造、建设和运行管理的依据和指导性文件。

上述两个文件从供电质量、安全及供电连续性等方面对城市电力网的可靠性作了规定，这些规定在事实上构成了我国有关城市电力网的可靠性准则。

《导则》规定，城网布局、负荷分布、供电能力、供电可靠性、电压和电能的损失、负荷预测、电网结构及电网的经济效益等是编制城市电力网规划的主要内容。城市电力网规划应着重研究电网的整体，从分析现有城网的状况、根据需要和可能改造和加强现有城网入手，研究负荷增长规律，解决城网的结构布局和设施标准化，提高安全可靠性，做到远近结合、新建和改造相结合、技术经济合理。

在实施城网远期规划后，应使城网具有充分的供电能力，能满足各类用电负荷增长的需要、供电质量、可靠性达到规划目标的要求。在经济分析中，供电能力、供电质量、供电可靠性、建设工期能同等程度地满足同地区城网发展需要，是规划、设计方案比较的可比条件之一。方案比较可用优化供电可靠性的原则以取得供电部门和全社会最大的经济效益。

作为可靠性重要内容的负荷预测，是城网规划设计的基础。为使城网结构的规划设计更为合理，负荷预测应从用电性质、地理区域或功能区分、电压等级分层三个方面分别进行。

城网的标准电压应符合国家标准：送电电压为 220kV，高压配电电压为 110、63、35kV，低压配电电压为 380/220V。

《规则》规定，供电局和用户都应加强供电和用电设备的运行管理，切实执行国家、电力部制定的有关安全供用电的规章制度，以保证供电的可靠性和供电的连续性，努力提高服务质量，更好地为用户服务。供电局对用户的供电电压，应从供电的安全、经济出发，根据电网规划、用电性质、用电容量、供电方式及供电条件等因素进行技术经济比较，然后加以确定。

四、城市电力网的可靠性标准

城市电力网可靠性标准，实际上就是在城市配电系统（配电网络）的可靠性准则。供电质量主要表现在以下几个方面。

1. 供电频率的允许偏差

《规则》中规定，电网容量在300万kW及其以上者，供电频率偏差为±0.2Hz；电网容量在300万kW以下者，供电频率偏差为±0.5Hz。

2. 用户的受电电压质量

《导则》中规定，35kV及其以上供电电压正负偏差的绝对值之和不超过规定电压的10%，如供电电压上下偏差为同符号（均为正或负）时，按较大的偏差或绝对值作为衡量依据；10kV以下三相供电电压允许偏差为额定电压的±7%；220V单相供电电压允许偏差为额定电压的±7%和−10%。《规则》对用户受电端的电压变动幅度也作了类似的规定。

3. 电压损失

《导则》中规定了城市配电网络各级电压的允许电压损失的范围。

4. 对特殊用户供电的质量

对特殊用户供电的质量要求为：

(1) 各类工矿企业和运输等用电部门中可能引起电网电压及电流发生畸变的非线形负荷。《导则》中规定，该类用户注入电网的谐波电流及电压畸变率必须符合相关要求。

(2) 冲击负荷及波动负荷（如短路试验负荷、电气化铁道、电弧炉、电焊机、轧钢机等）引起电网电压的波动及闪变。《导则》引述了相关规定。

(3) 不对称负荷。由于不对称负荷引起负序电流，电网中通常以负序电压 U_2 与所加电压 U_N 之比（U_2/U_N）来计算不平衡度。《导则》中规定，低压电网中95%的情况下，不平衡度必须不超过2%，在中压电网中必须不超过1.5%，在高压电网中不超过1%。

第四节　配电系统可靠性的措施

配电网可靠性的主要指标是用户年平均停电时间和用户年平均停电次数，根据前面几章的分析，它们都是故障率、系统裕度（联络状况或联络率）及故障修复时间的函数。因此，对于配电网来说，要改善和提高可靠性，所采取的措施有三个方面：防止故障的措施；改善系统可靠度的措施；加速故障探测及故障修复，缩短停电时间，尽早恢复送电的措施。

一、防止故障的措施

由于配电网使用的设备面广而分散，容易受到自然现象和周围环境的影响，故障所涉及的原因是多种多样的。因此，根据其故障的现象，分析产生故障的根本原因，实施必要的对策措施，防止故障于未然，是提高配电网可靠性最基本的方法。

一种配电设备应采取哪一种防止故障的措施，则因各种设备、故障原因和达到的目的不同而异，且有的措施可达到多种目的，一种措施可以防止多种设备、多种故障的产生。因此，对于配电网及其设备防止故障的措施，很难单一地根据故障的原因或采取措施达到的目的来加以分类。但是，为了叙述的方便，在此仅根据故障原因，针对不同的具体设备，提供各种可能和可供选择的防止故障措施，结合实际加以适当地分析以供参考。

1. 防止他物接触故障的措施

(1) 防止支持物因外力冲击而损坏或折断，一般可使用加强型的杆塔。

(2) 防止导线接触故障，可使用绝缘导线，或安装导线防护管。据日本电力公司统计，高压导线由于实现了绝缘化（即采用绝缘护套的被覆导线），故障率明显减少。

(3) 为了防止导线振荡而造成接触事故，可使用实心棒式绝缘子代替悬式绝缘子串。

(4) 为了防止他物接触电气设备，可以安装密封型设备，或采用户内式设备。

(5) 对于连接点等带电的裸露部分，可根据具体设备的情况，采用鸟兽防护罩、孔洞密封、加装 H 型混凝土盖板等措施。

2. 防止雷击故障的措施

(1) 为了防止雷电损坏，对于支持物可采用预应力混凝土架构，避免使用木结构。对于导线可安装保护环，使用大片长间隙的绝缘子，提高绝缘水平。

(2) 安装避雷器和架空地线等防雷的效果因各地区雷击危害程度的不同而不同，但是一般来说，雷击引起的故障率大体随着避雷器和架空地线安装率的增加而减少。

(3) 为了减轻雷击故障的影响，可安装必要的雷电观测装置。

3. 防止化学污染及盐尘的措施

这主要是针对化工厂、重工业区及沿海的化学尘埃及盐尘而采取的措施。其目的在于减少或消除化学污染和盐尘，防止泄漏电流的损害。比如，使用预应力混凝土杆，防止漏泄电流的烧伤；使用耐泄漏电流痕迹的绝缘导线；安装耐酸碱盐的线路护套；使用大型针式绝缘子或增装耐张绝缘子片数；采用封闭式元件或户内式设备；安装高压引线防水板；用硅化脂等防水性物质进行表面处理；安装耐酸碱盐的避雷器；配备带电冲洗线路绝缘子装置，防止线路绝缘子因污染在大雾情况下出现大面积污闪放电事故等。

4. 防止风雨、水灾、冰雪害的措施

为了减少或防止因风雨、水灾、冰雪等引起异常负荷的损害，可根据各地区风速、积雪、水情等气象环境条件的不同，采取以下措施：使用加强型杆塔、导线、大截面的导线；改螺接为压接；使用难以积雪的导线或导线防雪装置；使用实心棒式绝缘子；缩短档距；加大导线横担间距、导线间距；卸去变压器等设备的滚轮，将设备直接安装在基础上，以减少风压；对构架进行监测等。

5. 防止自然劣化故障的措施

虽然由于自然劣化而引起的配电设备器材的故障事件并不多见（一般在 10%左右），但是由于腐蚀、锈蚀、老化而导致强度和绝缘损伤的情况依然存在。为了防止此类自然劣化，一般除对于架构多采用预应力混凝土杆塔，导线采用交联聚乙烯护套的电线和电缆，油浸设备采用密封型或者无油型，金具采用油漆或电镀等措施外，目前还广泛采用设备劣化诊断技术。如应用光的敏感元件诊断断路器的操作特性；利用红外线敏感元件进行导线连接部分的过热诊断；通过局部放电测量对电缆进行劣化诊断；利用电晕、噪声进行无线电探伤等。

6. 减少用户多大性故障的措施

随着社会主义现代化建设事业的不断发展，城市用户用电的密度越来越高，来自城市高压用户的扩大性故障所占的比例也越来越高。据统计，有的地区高压用户的扩大性故障约占配电线路故障的一半。为了减少这类故障，供电企业必须与各有关方面协调一致，采取措施，要求用户对使用的设备进行适当和正确地维护管理。其具体措施如下：

(1) 广泛开展高压用户设备的诊断活动。对用户回访，调查是否存在造成扩大性故障的不良设备，对不良设备要求用户提前进行大修，并加强竣工验收检查及功率因数的测量。

(2) 防止来自用户保护装置范围内的扩大故障。据统计，一般用户的故障大多系接地故障。因此，必须加强对用户的用电管理，防止用户随意接入负荷或断开电源开关。

(3) 开发并推广具有防止扩大性故障功能的进线开关装置。此种装置应具有如下功能：如果用户过负荷或者发生接地故障，则装置就对过负荷或故障进行监测，并把信息储存起来；如果故障时用户的保护装置不动作，而是系统内的变电站断路器动作，则装置再检测出故障，并通过数字显示器显示无压的条件下自动断开；当变电站断路器再次接通时，如故障用户已从线路上切除，则变电站断路器重合成功，此时供电企业可通过巡回检查或电话询问等方式判明线路有无异常，然后进行适当处理；如果故障时用户保护装置动作，并在变电站断路器动作之前把故障点切除，则装置保持在接通状态，并通过一定时间后，清除故障信息，恢复到初始状态。

7. 防止因人为过失而造成故障的措施

随着城市建设的不断发展，建筑工程和土木工程日益增多。据统计，配电线路的接触损坏事故大多与施工机械设备的操作及地面开挖作业有关。这些都是因人为过失而造成的事故或故障，可采取以下的措施：

(1) 要求施工单位及施工现场定期提供防止事故的报告。

(2) 参与制定有关方合资建筑灾害事故的规定和条例，并根据有关供电安全的规定，对施工单位的用电安全及有关规定、条例的执行情况进行监督检查。

(3) 安装电缆保护管，并对地下及水下电缆管路建立“埋设位置”标示牌，对可能被车辆碰撞的杆塔支柱或电缆上架构的部位，采取防护措施。

(4) 加强线路的巡视和检查。

(5) 加强与有埋设作业的企业，如煤气公司、自来水公司等之间的相互协商与配合，并积极参与各种道路、城市建设的规划和施工调查。

(6) 要求施工单位在施工前通过图纸和实地调查，确认施工作业区是否接近或通过电缆地下埋设路线，施工机具是否会碰及架空线路，并做好施工前的处理。

二、改善系统可靠度的措施

广泛地说，上述种种防止故障的措施，以及故障的排除和修复，均直接关系到系统可靠度的改善。因此，都可以归属于改善系统可靠度的措施。不过，在此主要讨论提高系统及设备供电能力、提高运行操作及技术服务能力两个方面的措施。

1. 提高系统及设备供电能力的措施

(1) 改善电网结构。建立双回路供电、环形回路供电及多分割多联络的网格结构。对于重要用电设备实现双重化供电，如采用双回路、双电源、双设备、双重保护等。

(2) 确保设备裕度。加强配电线路之间的联络，增强切换能力，增大导线和设备短时间的容许电流，安装故障切换开关和备用线路，提高地区或网络间功率交换的能力。

(3) 提高对重要用户的供电能力。对有条件的重要用户，要求安装能够紧急启动的自备发电设备或恒压恒频装置。

2. 提高运行操作及技术服务能力的措施

(1) 采用合理的配电方式，如节电网络方式、备用线路自动切换方式等。

(2) 对配电线路实行程序控制，采用自动化技术，实现运行操作、情报信息等的综合自动化。

(3) 减少检修、施工作业停电。除合理安排检修、施工计划，减少重复停电外，尽可能地采用带电作业法及各种形式的临时送电工作法。

(4) 充实和加强对用户的技术服务，以及对用户的安全教育。提高用户的管理水平和人员素质，以加强用户设备的正常用电管理和用户用电设备的维护保养，减少由于用户用电设备故障或使用不当造成故障而带来的影响。

三、加速故障探测及故障修复，缩短停电时间，尽早恢复送电的措施

一旦配电网及其设备发生故障，为了能够尽早恢复送电，最重要的是尽可能地限制和缩小故障区段，使完好区段尽早送电，以减小停电的影响及尽早发现故障点，并加以修复。其可能采取的措施如下。

1. 限制和缩小故障区段，使完好区段尽早送电的措施

限制和缩小故障区段，主要是力求在发生故障后迅速切除故障区段，为向完好区段送电创造条件。其具体办法如下：

(1) 采用带时限的顺序式自动分段开关，通过配电变电站断路器的二次重合过程，使控制故障区段的分段开关在断开后经过无压检测而闭锁，从而达到自动切除故障区段、恢复送电的目的。其一般由顺序式控制器、具有失磁断开特性的自动分段开关和一个小型的电源检测变压器组成。顺序式控制器的功能是：在电源送电后，经过一定的时限（投入时限）再把分段开关投入；在投入后，如在一定时限（检测时限）内又再次停电，则分段开关断开并闭锁；如在一定时限内不停电，则维持复归原位的功能。

(2) 采用带时限的顺序式自动分段开关，实现环形配电方式。这种方式也可自动切除故障区段，恢复对完好区段的送电。

环形配电方式有两种：一种是在一回配电线路上形成环形的单回路环形配电方式；另一种是在两回配电线路之间形成环形的双回路环形配电方式。图 3-2 所示为后一种配电方式的接线原理图。

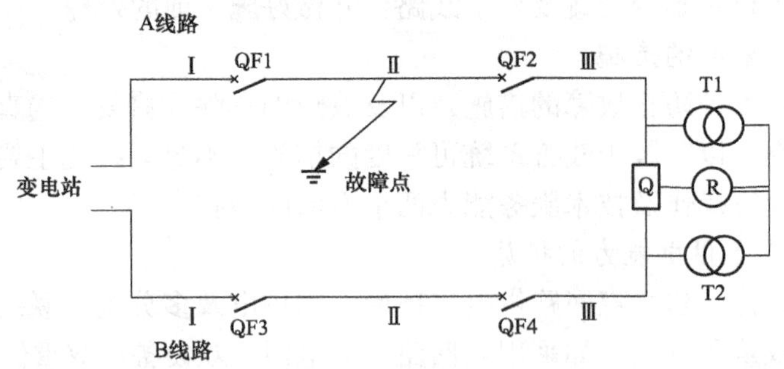

图 3-2 环形配电方式开关接线原理图

QF1～QF4—时限顺序式自动分段开关（带控制回路）；R—环形方式控制器；Q—环形链接开关（带控制回路）；T1、T2—电源检测变压器

图 3-2 所示环形回路，由环形方式控制器、分段开关和两台电源检测变压器组成。环形方式控制器在形成双电源的两条配电线路分别送电时保持断开状态；而在有双电源的情况下，经过二定时限后，开关即自动投入。如由双电源构成单侧电源（投入时限中的瞬时外加电源），则断开状态就形成了闭锁状态。闭锁状态中的继电器，经过有单侧电源变成双电源规定的时限，便自动地恢复正常状态。

（3）实现配电线路自动化。在配电线路的分段开关和联络开关上配置远方分控制器。

2. 尽快探测及修复故障点的措施

（1）探测故障点的方法。

1）一边用绝缘电阻表测量线路的绝缘电阻，一边操作手动开关，一次切除所划分的线路小区段，检测是否有故障点，直至查明故障点为止。

2）在线路上施加直流脉冲电压，根据电流在故障点两侧发生的变化，用故障探测器进行探测。

3）在手动分段开关附近的线路上，装设短路接地显示器，通过检测并显示发生故障时流过线路的短路电流或接地电流，根据故障电流由故障点流向电源侧的原理来判定故障点存在的区段。

4）使用携带式的小型检测器，利用故障时流过线路的短路电流或接地电流产生的电磁作用使指针发生偏转，来判定故障点存在的区段。

（2）尽快发现和修复故障的措施。

1）应用机动的车辆，扩充无线电设备。

2）配备多功能的作业车和高空作业车等工程车，或装有发电机和旁路电缆的临时送电车。

3）配备测定电缆故障的测量仪和地下电缆检查车等特殊设备。

4）装备移动式电话。

5）防止干扰，消除无线电话收听困难区域。

6）安装气象雷达装置和雷击警报装置，预测和通报大规模的雷击故障。

7）建立故障修复管理体制，采取相互支援等措施。

第五节　配电网的电压质量管理

电压是电能质量的重要指标之一。电压合格率是评价电网电压质量、生产调度管理工作、制订电网规划和技术改造计划的重要依据，也是考核系统运行管理水平的重要指标之一。因此，建立完善的能反映全貌的电压监测体系，并对其监测数据加强分析工作，对供电企业的调度运行管理和规划改造工作十分重要。目前传统的电压监测手段要求每一监测点需要人员现场实时跟踪、人工打印和统计处理。随着 110kV 无人值班变电站的增加，街区开关站、配电所的大量建立，电压监测点（尤其是用户端）也随之增加，监测点分散，范围更大，倘若仍采用目前的监测手段，需要增加人力定期到各监测点收集监测数据，由此造成的误抄率高、数据失电丢失、故障处理率低等现象，将大大影响监测数据的参考价值，对电压质量管理十分不利。因此如何摆脱目前电压监测管理中人工介入，实现电压监测自动化，是我们应当探讨的问题。

一、频率偏移

频率偏移是电力系统基波频率偏离额定频率的程度，大容量负荷或发电机的投切以及控制设备不完善都有可能导致频率偏移。我国电力法规规定，大容量电力系统的频率偏移不得超过±0.2Hz。

系统频率的过大变动对用户和发电厂的不利影响主要有如下几个方面：

(1) 频率变化引起异步电动机转速变化，导致纺织、造纸等机械的产品质量受到影响。

(2) 功率降低，导致传动机械效率降低。

(3) 系统频率降低引起异步电机和变压器励磁电流增加，所消耗的无功功率增加，恶化了电力系统的电压水平。

(4) 频率的变化还可能引起系统中滤波器的失谐和电容器组发出的无功功率变化。

二、电压偏差

电压偏差是指系统各处的电压偏离其额定值的百分比，它是由于电网中用户负荷的变化或电力系统运行方式的改变，使加到用电设备的电压偏离网络的额定电压。若偏差较大时，对用户的危害很大，不仅影响用电设备的安全、经济运行，而且影响生产的产品产量与质量。

对于配电网最广泛应用的电动机，当电压低于额定电压时，转矩减小，转速下降，导致工厂产生次品、废品；电流增加，电机温升增加，线圈发热，加剧绝缘老化，甚至烧坏。当电压高于额定电压时，转矩增加，使连接轴和从动设备上的加速力增加，引起设备的振动、损坏；启动电流增加，在供电线路上产生较大的电压降，影响其他电气设备的运行。

对于发电机而言，电压偏差会引起无功电流的增大，对发电机转子的去磁效应增加，电压降低，过度增大励磁电流会使转子绕组的温升超过容许范围，加速绝缘老化，降低电机寿命，直至烧坏。对照明灯具，电压对灯的光通量输出和寿命的影响很大，当加于灯泡的电压低于额定电压时，发光效率会降低，人的工作环境恶化，视力减弱；当高于额定电压时，灯泡会烧坏。

三、波形失真

波形失真即理想工频正弦波的稳态偏移，常用其频谱含量来描述。波形失真主要包括直流偏移、高次谐波、间谐波、陷波和噪声。交流电网中如果存在直流成分，则称为直流偏移。直流偏移是由于地磁波产生的电磁干扰和电网中半整流设备的存在，直流电流流过变压器会引起变压器的直流偏磁，产生附加损耗；直流电流还会导致接地体或其他连接器的电化学腐蚀。陷波是由于换流器换相而产生的周期性电压干扰，尽管可以利用傅里叶变换将陷波分解成一系列谐波，但一般将陷波单独处理。因为其谐波次数较高且幅值不大，用谐波测量设备很难表征。噪声是指叠加在每相电压或电流、中性线或信号线上的，频率超过200Hz的电气信号。电力电子设备、电弧装置和电器设备的投切都会产生电磁噪声，噪声会影响微机和PLC的正常工作。

谐波是供电系统中整数倍基波频率的正弦电压或电流。由于供电系统中大量采用非线性电气设备，例如晶闸管整流装置，电弧设备、电气化机车、变压器等都是高次谐波的电流源，它们接入电网后，将使系统母线电压畸变。高次谐波会使发电机端电压波形产生畸变，从而降低供电电压质量。谐波会引起供电线路损耗增加，损坏电气设备，降低供电可靠性，还会干扰和破坏控制、测量、保护、通信和家用电器的正常工作，同时还会加快旋转电机、变压器、电容器、电缆等电气元件中绝缘介质的电离过程，使其发热绝缘老化，寿命降低。

四、电压波动与闪变

电压波动是指电压快速变动时其电压最大值和最小值之差相对于额定电压的百分比，即电压均方根值一系列的变动或连续的改变。闪变即灯光照度不稳定造成的视感，是由波动负荷，如炼钢电弧炉、轧机、电弧焊机等引起的，对于启动电流大的笼型感应电动机和异步启动的同步电机也会引起供电母线的快速、短时的电压波动。它们启动或电网恢复电压时的自启动电流，流经网络及变压器，会使各元件产生附加的电压损失。急剧的电压波动会引起同步电动机的振动，影响产品的质量、产量，造成电子设备、测量仪器仪表无法准确、正常地工作。电压闪变超过限度值会使照明负荷无法正常工作，损害工作人员身体健康。

五、电压暂降与电压中断

电压暂降是因为电力系统故障或干扰造成用户电压短时间（10ms～1min）内下降到90%的额定值以下，然后又恢复到正常水平。电压暂降后有一定的残压。电压中断是由于系统故障跳闸后造成用户电压完全丧失。

雷击时造成的绝缘子闪络或对地放电、架空输配电线路的瞬时故障、大型异步电动机全电压启动等情况都会引起不同程度的电压暂降和电压中断。电压暂降与中断会造成用户生产停顿或次品率增加，会造成计算机数据丢失，引起欠压继电器误动，使交流接触器和中间继电器不能正常工作等不良影响。

六、电磁暂态

电磁暂态是指电力系统从一个稳定状态过渡至另一个稳定状态时，电压或电流数值的暂时性变化。产生电磁暂态的主要原因有雷电波冲击和电力系统故障等。电磁暂态可分为冲击暂态和振荡暂态两类。

（1）冲击暂态。电压或电流在稳态下的突然的非工频变化，其变化是单方向的，常用其上升和延迟时间来描述，主要原因是闪电。冲击暂态常常使设备因过电压而损坏，还有可能激发电力系统的固有振荡而导致振荡暂态。

（2）振荡暂态。电压或电流在稳态下的突然的非工频变化，其变化是双向的，常用频谱成分（主导频率）、持续时间和幅值进行描述。根据其频谱范围，振荡暂态可分为高频、中频和低频三种。高频振荡暂态的主导频率一般在0.5～5MHz之间，持续时间为几微秒，它往往是由于当地冲击暂态引起的。中频振荡暂态的主导频率在5～500kHz之间，持续时间为几十毫秒。背靠背电容器的充电会产生主导频率为几十千赫兹的振荡暂态，电缆的投切也会产生同样频率范围的振荡暂态，冲击暂态也会引起中频振荡暂态。主导频率低于5kHz、持续时间在0.3～50ms之间的暂态称为低频振荡暂态。低频振荡暂态在输电系统和配电系统中经常遇到，电容器组的充电会产生主导频率在300～900Hz之间、峰值约为2.0p.u.的低频振荡暂态。配电网中存在的主导频率低于300Hz的低频振荡暂态，主要与配电网中的铁磁谐振现象和变压器充电产生的励磁涌流有关。

七、三相不平衡

三相不平衡是由不平衡的相阻抗、不平衡的负荷或两者的组合引起的。由于导线分布的不对称，典型的非线性负载，如铁道电力机车、炼钢电弧炉都会产生严重的负序分量。负序和零序分量的存在会对电力设备的运行产生下列影响：

(1) 凸极式同步电机对负序分量存在很强的谐波变换效应，三相不平衡会导致同步电机产生电力谐波，污染电力系统的运行环境。

(2) 负序电流流入同步电机或异步电机，会使电机因产生附加损耗而过热，产生附加转矩而降低使用效率。

(3) 对直流输电的换流器来说，三相不对称不仅会增加控制的困难，还会导致非特征谐波的产生。

(4) 零序电流的存在会对邻近的通信线路产生很强的干扰。

八、变频调整装置

大功率晶闸管交流调整装置由于在技术经济上的优势，正在取代传统的直流调速装置。交流调速分为两大类，即交—直—交变频器和交—交变频器，交—直—交变频器由整流器、中间滤波环节及逆变器三部分组成。整流器为晶闸管三相桥式电路，它的作用是将交流电变换为可调直流电。逆变器也是晶闸管三相桥式电路，它的作用是将直流电变换调制为可调频率的交流电。中间滤波环节由电容器或电抗器组成，它的作用是对整流为直流后的电压或电流进行滤波。交—交变频器实质上是一套桥式无环流反并联的可逆整流装置。装置中工作晶闸管的关断通过电源交流电压的自然换相实现，输出电压波形和触发装置的控制信号波形是一样的，从而实现变频。

九、同步串级调速装置

低同步串级调速主要用于绕线式异步电动机，取代传统的转子回路中串电阻的调速方法，它是在转子回路中加一整流器，把转差功率变为直流功率，再用逆变器将其反馈电网，改变转差功率，即可实现调速。这种调速方式效率比较高、损耗小、调速范围宽、性能好，但会在逆变器和定子回路中产生谐波电流。

十、感应电动机

感应电动机的定子和转子中的线槽会由于铁芯饱和而产生不规则的磁化电流，从而在低压电网中产生间谐波。在电机正常转速下，其干扰频率在500～2000Hz范围内，但电机启动时干扰频率范围更宽。这种电动机当装载较长、低压架空线末端时会使电网受到干扰，间谐波电压可以达到1%，这么高的电压易引起脉动控制接收机的异常。

十一、间谐波及其抑制

间谐波的频率不是工频频率的整数倍。间谐波是指非整数倍基波频率的谐波，这类谐波可以是离散频谱或连续频谱，但其危害等同于整数次谐波电压，其抑制与消除却比整数次谐波困难得多。间谐波电压是由较大的波动或冲击性非线性负荷引起的。

间谐波电压必须限制到足够低的水平：

(1) 25Hz以下间谐波应限制到0.2%以下，以免引起灯光闪烁（闪变）。

(2) 对于音频脉冲控制的接收机，间谐波电压应限制到0.5%以下，否则会被干扰。

(3) 2.5kHz以下的间谐波电压应不超0.5%，否则会干扰电视机，且引起感应式电动机噪声和振动，以及低频继电器的异常运行。

(4) 2.5～5kHz的间谐波电压如超过0.3%，则会引起无线电收音机或其他音频设备的噪声。

(5) 当有非线性负载时，间谐波会产生频率旁频带成分，这些旁频的幅值可能和间谐波的幅值十分接近，则对于闪变频带的幅值而言相当于扩展到基波的4倍，对于音频控制频率的幅值而言也扩展到同样倍数，因此间谐波的影响将大为扩大。

所有非线性的波动负荷（电弧炉、电焊机、晶闸管供电的轧机等），各种变频调速装置，同步中级调速装置以及感应电动机等均为间谐波源，因此间谐波广泛存在于电力系统中。电力系统中的间谐波电压会引起灯光闪烁，使音频脉冲控制的接收机、电视机、无线电收音机产生噪声和振动，引起低频继电器的异常运行以及无源电力滤波器过流跳闸等问题。因此间谐波电压应制定相关国家标准，将其限制在足够低的水平（一般为0.2%以下）。

供配电系统中电压偏移、电压的波动与闪变、高次谐波与间谐波、电压暂降与中断、电磁暂态、波形失真等均是影响供电系统电能质量的重要因素，其具体的参数是衡量供配电系统电压质量的指标，在实际系统运行中，必须结合相关的国家标准规定的限值，采取切实可行而又经济合理的补偿抑制措施，以消除这些“污染”或“公害”，提高其电能质量，确保系统的安全、可靠和经济运行。

随着经济、技术的发展，企业和家庭对供电电压质量提出了更高的要求，电压中断与电压暂降、间谐波等问题日益为人们所关注，虽然电磁兼容标准中已有相应的限值规定，但电能质量标准是规定供用电双方共同遵守的管理和治理原则及数据，因此尽快制定包括电压暂降和间谐波的电能质量国家标准是非常必要的。

第六节　配电网电压波动的影响及原因

一、电压波动（偏移）对用户设备的影响

用电设备都是按照在额定电压的一定波动范围内运行的条件而制造的，当受端电压波动超过允许范围时，用电设备的运行条件就要恶化。实际受端电压与额定电压的差额叫作电压波动；电压波动与额定电压的比值叫做电压波动率。

以电气照明中的白炽灯为例，电压比额定电压降低5%，照度降低18%；电压降低10%，照度降低35%；电压升高5%，寿命将减少一半。电视机对电压质量有很高的要求。电压低于额定电压，屏幕上的影像就不稳定；而电压高于额定电压，电子显像管的寿命将大为缩短。

当作用于电动机的受端电压改变时，电动机的转矩、所取用的功率和绕组的寿命也都将发生变化。异步电动机的最大转矩与它的受端电压的平方成正比，受端电压降为额定电压的90%，转矩将降低到额定转矩的81%；受端电压降低过多时，电动机将不能启动或停止运转。如果满载的异步电动机的受端电压长期比额定电压低10%，由于绕组温度太高，绝缘损坏的速度约为额定电压时的2倍；反之，电压升高，铁芯又可能过热，影响电动机的寿命和运行。因此，规定动力用户受端的允许电压波动幅度为±7%。当照明与动力混合使用时，低压配电网受端的允许电压波动幅度为+5%、-7%，单独使用时为+5、-10%。

二、电压波动的原因

1. 用户原因

用户的有功功率、无功功率和功率因数是随时间变化的，这必然引起负荷电流的变化，从而使高、低压配电网中的各点的电压损耗和电压损耗率相应发生变化，造成用户受端电压的波动。

2. 配电系统运行方面的原因

配电系统个别元件或单元因故障或检修退出运行，或改变运行方式，也势必造成配电网功率分布和阻抗的改变，从而使电压损耗和电压损耗率发生变化，造成用户受端电压的波动。

3. 配电系统规划设计方面的原因

由于规划设计不善，造成配电线路供电半径超出允许范围或设备过负荷，均将引起电压的波动。

4. 上级系统的原因

以上都是认为变电站母线电压不变，从配电系统的本身找电压波动的原因。实际上，高压系统、发电厂、变电站等上级系统的电压因运行方式的改变等，二次变电站以及低压送电变电站的母线电压也可能发生变动，从而造成用受端电压的波动。

三、配电网电压质量存在的问题

配电网处在电力系统末端，配电网的电压质量问题，当然要涉及输变电系统，要解决电网电压质量问题，首先应弄清楚配电网本身存在的问题，然后再向系统提出要求。

当前配电网电压质量存在的问题之一是缺少整体规划，简单地说是系统——10kV网——0.4kV网，将电压降怎样实行配合，从而达到用户端电压保持在合格范围内。这里需要说明的是，考核配电网电压合格率考核的是所有的用户，而不是配电网上或系统上的某一点。因为保证电压质量的出发点是为了用户，如不能保证用户端电压合格，这项工作就没有意义。

第七节　配电网谐波的产生及危害

一、谐波的概念

在供电系统中，通常希望交流电压和交流电流呈正弦波形。正弦电压可表示为

$$u(t)=\sqrt{2}U\sin(\omega t+\alpha) \tag{3-7}$$

式中：U 为电压有效值；α 为初相角；ω 为角频率，$\omega=2\pi f=2\pi/T$，其中 f 为频率，T 为周期。

正弦电压施加在线性无源元件电阻、电感和电容上，其电流和电压分别为比例、积分和微分关系，仍为同频率的正弦波。但当正弦电压施加在非线性电路上时，电流就变为非正弦波，非正弦电流在电网阻抗上产生电压降，会使电压波形也变为非正弦波。当然，非正弦电压施加在线性电路上时，电流也是非正弦波。对于周期为 $T=2\pi/\omega$ 的非正弦电压 $u(\omega t)$，一般满足狄里赫利条件，可分解为如下形式的傅里叶级数

$$u(\omega t)=a_0+\sum_{n=1}^{\infty}(a_n\cos n\omega t+b_n\sin n\omega t) \tag{3-8}$$

式中：$a_0=\dfrac{1}{2\pi}\displaystyle\int_0^{2\pi}u(\omega t)\mathrm{d}(\omega t)$

$a_n=\dfrac{1}{\pi}\displaystyle\int_0^{2\pi}u(\omega t)\cos n\omega t\,\mathrm{d}(\omega t)$

$b_n=\dfrac{1}{\pi}\displaystyle\int_0^{2\pi}u(\omega t)\sin n\omega t\,\mathrm{d}(\omega t)\ (n=1,2,3\cdots)$

或

$$u(\omega t)=a_0+\sum_{n=1}^{\infty}c_n\sin(n\omega t+\varphi_n) \tag{3-9}$$

其中 c_n、φ_n 和 a_n、b_n 的关系为

$$c_n=\sqrt{a_n^2+b_n^2}$$

$$\varphi_n=\arctan(a_n/b_n)$$

$$a_n=c_n\sin\varphi_n$$

$$b_n=c_n\cos\varphi_n$$

在式（3-8）或式（3-9）的傅里叶级数中，频率为 $1/T$ 的分量称为基波，频率为整数倍基波频率的分量称为谐波。谐波次数为谐波频率和基波频率的整数比。

n 次谐波电压含有率以 HUR_n 表示

$$HUR_n=\frac{U_n}{U_1}\times 100\% \tag{3-10}$$

式中：U_n 为第 n 次谐波电压有效值（方均根值）；U_1 为基波电压有效值。

n 次谐波电流含有率以 HIR_n 表示

$$HIR_n=\frac{I_n}{I_1}\times 100\% \tag{3-11}$$

式中：I_n 为第 n 次谐波电流有效值（方均根值）；I_1 为基波电流有效值。

谐波电压含量和谐波电流含量分别定义为

$$U_{\mathrm{H}}=\sqrt{\sum_{n=2}^{\infty}U_n^2} \tag{3-12}$$

$$I_{\mathrm{H}}=\sqrt{\sum_{n=2}^{\infty}I_n^2} \tag{3-13}$$

电压谐波总畸变 THD_{H} 和电流谐波总畸变 THD_{i} 分别定义为

$$THD_{\mathrm{H}}=\frac{U_{\mathrm{H}}}{U_{\mathrm{I}}}\times 100\% \tag{3-14}$$

$$THD_{\mathrm{i}}=\frac{I_{\mathrm{H}}}{I_{\mathrm{I}}}\times 100\% \tag{3-15}$$

以上介绍了谐波及谐波有关的基本概念。可以看出，谐波是一个周期电气量中频率为大于1、整数倍基波频率的正弦波分量。由于谐波频率高于基波频率，有人也把谐波也称为高次谐波。实际上，“谐波”这一术语已经包含了频率高于基波频率的意思，因此再加上“高次”两字是多余的。

二、谐波的产生

1. 变压器

变压器的非线性是因其铁芯材料具有非线性磁化曲线引起的。磁化曲线具有饱和、死区和滞后三种典型非线性特性，它以原点为对称点，在正弦波电压的作用下，励磁电流为对称函数，并满足 $f(\omega t+\pi)=f(\omega t)$，应用傅立叶级数分解时仅有奇次项。对于三相对称的变压器来说，其3的奇数倍（3次、9次、15次…）谐波均为零序，会受到变压器接线方式的影响。故可认为变压器是一种只产生奇次谐波的电流源型谐波源。它的谐波次数还受一次、二

次侧接线方式（△或Y）的影响，大小则与其磁路的结构形式、铁芯的饱和程度等有关。铁芯的饱和程度越高，变压器工作点偏离线性越远，谐波电流越大。

2. 气体放电类电光源

照明工程中使用的电光源分为两种：一种是热辐射类电光源，如白炽灯、卤钨灯；另一种是气体放电类光源，如荧光灯、高压汞灯、高压钠灯和金属卤化物灯。通过测量及分析气体放电类光源的全伏安特性可知，其非线形十分严重，含有负的伏安特性。气体放电灯使用时必须与电阻或电感串联，使其综合伏安特性不再为负，才能正常工作，串联的电阻或电感统称为镇流器。其非线性相当严重，其中三次谐波含量达20%以上（以基波百分数表示）。由于其特性为对称函数，也只含有奇次谐波，故气体放电类电光源灯具属于电流源型谐波源。

3. 其他非线性电气设备

（1）冶金、化工等企业和电气化铁路所用的换流设备利用整流元件的导通、截止作用强行短接和断流，这将产生谐波电流。

（2）炼钢电弧炉因电弧的负阻特性（电弧电阻随电流增大而急剧减少）和熔化期A相电极反复不规则地短路和断弧，故而产生谐波电流。由于三相负荷不对称，存在较多的三次谐波电流。精炼期谐波电流有所减小。

（3）目前民用建筑中的电气设备一般都采用开关型电源。这类电路的电源侧是整流电路，而且大多数为单相全波整流电路。其负载按具体线路则可分为感性负载和容性负载两种。感性负载的单相整流电路为仅含奇次谐波的电流源型谐波源，其中三次谐波含有量达30%以上。容性负载的单相整流电路也只含有奇次谐波，但由于电容电压会通过整流管向电源侧回馈，故属于电压源型谐波源。其谐波含有量与电容值 C 有关，C 越大，谐波含量越大。

（4）变频电路是民用建筑中的另一种谐波源，常用于电梯、风机、水泵的调速电路。由于采用了相位控制，谐波成分非常复杂，不仅含有所有整数次谐波，而且还含有非整数次谐波。这类装置的功率一般较大，但数量较少，对系统的谐波有一定的影响。特别要指出的是，彩色电视机、微型计算机等家用电器和办公设备中的整流电路，虽然其单台功率较小，但数量巨大，已成为民用建筑中最主要的谐波产生源。

三、谐波的危害

1. 影响配电网的稳定运行

配电网的电力变压器、电力线路通常采用继电保护措施，在故障情况下保障系统和设备的安全。其检测部分常采用电磁式继电器、感应式继电器或晶体管继电器。其中电磁式继电器、感应式继电器对10%含量以下的谐波并不敏感，当谐波含量达到40%时将导致继电保护系统误动。晶体管继电器具有很多优点，将取代电磁式继电器和感应式继电器，成为未来的发展方向。但晶体管继电器采用的整流取样电路，极易受谐波影响，产生拒动和误动。还有一些继电器由于所采用电路的原因，会在谐波过大的情况下改变其特性。因此谐波的泛滥将严重地威胁配电网的安全、稳定运行。

2. 影响供配电设备和用电设备的正常工作

配电设备和用电设备设计时均以50Hz正弦波为额定条件，如谐波过大将会导致额定工作点偏移，造成设备的功能不能正常发挥，甚至损坏。

3. 影响电力测量和电能计量的准确性

目前大量采用的仪表分为电磁型、电动型、磁电型和感应型几种，其中电磁型和电动型对谐波不敏感，但磁电型和感应型受谐波影响较大，特别是电能表，由于多采用感应型，在谐波较大时会产生电能计量的混乱。

4. 对弱电系统的干扰

民用建筑中的弱电系统较多，如计算机网络系统、电话系统、有线电视传输系统、楼宇自动化系统、消防报警系统等。电力线路通过电磁感应、静电感应和传导三种方式耦合到其他系统而产生干扰，其中电磁感应、静电感应的耦合强度与干扰源的频率成正比。谐波具有较高的频率，故干扰将大大超过基波。传导是通过公共接地耦合的，在谐波情况下，有大量不平衡电流流入接地极，从而干扰弱电系统。

第八节　配电网谐波测量及抑制措施

一、谐波的具体规定

1. 测量条件

GB/T 14549—1993《电能质量　公用电网谐波》明确谐波测量应在最严重的条件下进行，即选择在电网正常供电时系统可能出现的最小运行方式，且在谐波源工作周期中产生的谐波量大的时段内进行，例如电弧炉应在熔化期、晶闸管轧机应在轧钢大负荷期、电气化铁道应在电力机车集中的高峰期测量。

当测量点附近安装有电容器组或存在其他谐波滤波器组时，有可能会产生某次谐波放大或谐振，应在电容器组或滤波器组的各种运行组合的方式下进行测量。

实际测量时，并不一定达到最严重的条件，例如测点附近有多个谐波源，系统在某些方式下会形成谐振等，可在多种方式和测量的基础上进行评价。

2. 监测点和测试量

原则上选取谐波源用户接入公用电网的公共连接点作为谐波的监测点，测量该点的谐波电压和谐波源用户注入公用电网的谐波电流，要求监测点的谐波水平必须符合谐波国家标准的规定。谐波电压和谐波电流的谐波次数一般测量第 2～19 次。但根据谐波源的特点和测试分析结果，可以适当变动谐波次数测量的范围，前者用含有率表示，后者用有效值表示。标准还规定，谐波电压必须测取总谐波畸变率 THD_{H}。

3. 测量间隔和持续时间

对于负荷变化快的谐波源（例如炼钢电弧炉、晶闸管变流设备供电的轧机、电力机车等），测量的间隔时间不大于 2min，测量次数应满足数理统计的要求，一般不小于 30 次，以使测量值平均数的分布接近于正态分布所需的最低样本数。对于负荷变化慢的谐波源（例如化工整流器、直流输电换流站等），测量间隔和持续时间不作规定。为了区别暂态现象和谐波，对于负荷变化快的谐波，每次测量结果可为 3s 内所测得的平均值。推荐采用下式计算

$$U_n = \frac{1}{m}\sum U_{nk}^2 \tag{3-16}$$

式中：U_{nk}^2 为 3s 内第 k 次测得的 n 次谐波的方均根值；m 为 3s 内取的均匀间隔的测量次数，$m \geqslant 6$。

4. 测量数据的处理及谐波水平值的确定

由于谐波源的多样性和多变性，数据处理必须根据对象有所区别，在测量时段内所测得的各划量值均为随机变量，应按统计的方法确定其谐波水平。标准规定：取测量时段内各相持续测量过程中实测值的95%概率值，并取三相中最大一相的值，作为该测试时段的谐波水平值，并以此作为判断谐波是否超标的依据。为了实用方便，实测值的95%概率值可近似按实测值由大到小的顺序排列，舍弃前面5%个大值，取剩余实测值中的最大值。

但对负荷变化慢的谐波源，可选5个接近的实测值，取其算术平均值作为谐波水平值。

二、IEC对谐波测量方法的规定

国际电工委员会（IEC）标准规定，把谐波按其波动快慢和性质分为四类：准稳态（慢变化）谐波、波动谐波、快速变化谐波、间谐波及其他虚拟部分。

标准中规定的谐波主要指前三类。此书对不同波动性质的谐波测量间隔，即测量时段及由测量值确定谐波值的方法提出如下建议：

（1）很短间隔：$T_{VS}=3s$。

（2）短间隔：$T_{sh}=10min$。

（3）长间隔：$T_L=1h$。

（4）日间隔：$T_d=24h$。

（5）周间隔：$T_W=7d$。

第（1）种很短间隔测量的谐波取值，对于产生瞬时影响的波动和快速变化的谐波，取中各点测量值中的最大值；对于产生长期影响的谐波，取3s中各点测量值的均方根值作为各次谐波的评估值。对于后四种间隔的测量，一般采用对实测数据按累积概率P作统计计算，P为谐波取值不超过某一给定值的百分数。根据不同的波动和影响情况，可用测量间隔内每个$T_{VS}=3s$内的测量值确定的最大值或均方根值，再取不超过概率P的最大值，第（2）、（3）种测量的P值选取为1%、（10%）、50%、（90%）、95%、99%，第（4）、（5）种测量的P值至少选取为95%和99%，测量统计数据至少为100个。

三、谐波测量与监测仪器

数字式谐波分析仪是已广泛应用于实际的在线谐波测量、分析谐波分布的重要工具，它是利用离散傅里叶级数（DFT），或由离散傅里叶变换过渡到傅里叶变换（FFT）的基本原理构成。模拟信号经采样、离散化为数字序列信号后，经微型计算机进行谐波分析和计算，得到基波和各次谐波的幅值和相位，并可获得更多的信息，如谐波功率、谐波阻抗以及对谐波进行各种统计处理和分析，各种分析计算结果可在屏幕上显示或按需要打印输出。仪器精度较高，功能较多，使用方便。

由于微机芯片的性能不断提高，利用FFT原理、多通道输入的谐波分析仪渐已取代其他的分析仪，国产比较典型的是GXF-908A多功能电力谐波分析仪。该仪器采用了较先进的MCS-8098单片计算机，运算速度较快，实时性较强；能实现三相电压和三相电流共六路信号同步采样，可以显示或输出三相2～39次谐波含有率、电压畸变率、相位关系及谐波功率和阻抗等；可绘出被测信号波形、谐波直方图和变化曲线，并可以从多次测量值中筛选出前5个大值；每次测量结果可以为一个周期或3s平均值等，以适应国家标准的要求。

对谐波进行长期地监测，可以用功能较简单、造价较低、体积较小而又能作为常规仪表接入电网的谐波检测仪，如谐波功率计、谐波电压、电流监测仪和报警器等。

四、测量仪器的功能和精度

测量仪器的功能至少应满足国家标准的要求，基本测试量为谐波电压和谐波电流。仪器的测量通道应能同时测取三相量，并具有国家标准要求的统计功能。

谐波测量仪器应具有一定的精度及满足系统现场使用的工作条件。国家标准采用了 IEC 关于谐波测量和仪器的通用导则。该导则规定了用于谐波测量仪器的主要性能、准确度要求和对不同波动性质的谐波的测量方法，并总结了 TV 和 TA 谐波测量的误差等。表 3-1 所示为测量仪器的允许误差。

表 3-1　测量仪器的允许误差

等级	被测量	条件	允许误差
A	电压	$U_n \geqslant 1\% U_N$	$5\% U_N$
		$U_n < 1\% U_N$	$0.05\% U_N$
	电流	$I_n \geqslant 3\% I_N$	$5\% I_N$
		$I_n < 3\% I_N$	$0.15\% I_N$
B	电压	$U_n \geqslant 3\% U_N$	$5\% U_N$
		$U_n < 3\% U_N$	$0.15\% U_N$
	电流	$I_n \geqslant 10\% I_N$	$5\% I_N$
		$I_n < 10\% I_N$	$0.5\% I_N$

在表 3-1 中所给的条件下，同一仪器的绝对允许误差较相对允许误差为大，即对较小谐波量的测量，允许精度较低；而 B 级仪器比 A 级仪器对应的允许误差较大，精度较低。

A 级仪器用于较精确的测量，其频率测量范围为 0～2500Hz，仪器的相角测量误差不大于±5°（各次）或±1°。B 级仪器供一般性的测量或监测使用，主要用于测量谐波大小，相角精度不作规定。仪器应保证在额定电压±15%波动范围内具有补偿和滤波功能，具有较高的运行效率、简单实用的结构、参数调整灵活准确、运行安全可靠、维护方便等特点。

经济上由于功能需要，元件的增加，补偿滤波装置比一般电容无功补偿设备投资大，但前者经济效益明显，一年左右即可收回投资；而且，前者的运行维护费用相对后者而言低得多，除了提高功率因数、降低用户和系统的配电损耗外，最重要的是具有极强的滤波能力，是消除谐波污染和危害的根本措施，所以应大力推广使用。

第四章　配电网损耗及无功补偿

第一节　配电网功率损耗与电能损失

在一个供电地区内，电能通过电力网的输电、变电和配电的各个环节供给用户。在电能的输送和分配过程中，电力网的各个元件都要产生一定数量的有功功率损耗和电能损耗。

一、有功功率损耗的主要类型

根据电磁场理论所进行的分析表明，电磁场的能量是通过电磁场所在的介质空间，由电源向负荷传输的，导线起到了引导电磁场能量的作用。进入导线内部并转化为热能的电能损耗，也是由电磁场供给的。

对单芯同轴电缆电路进行分析的结果表明，在介质空间中传输负荷所需功率的同时在电缆中产生了4类有功功率损耗。

1. 电阻发热损耗 ΔP_1

它与电流的平方成正比，即

$$\Delta P_1 = I^2R \tag{4-1}$$

式中：I 为缆芯中通过的电流，A；R 为缆缆芯和外皮电阻之和，Ω。

2. 泄漏损耗 ΔP_2

它与电压的平方成正比，即

$$\Delta P_2 = U^2G \tag{4-2}$$

$$G = \frac{2\pi lr}{\ln\frac{r_2}{r_1}} \tag{4-3}$$

上两式中：U 为缆芯与外皮之间的电压，V；G 为介质的漏电导，1/Ω；r 为电导率，1/(Ω·m)；l 为电缆的长度，m；r_1 为电缆芯半径，cm；r_2 为电缆外皮内侧半径，cm。

3. 介质磁化损耗 ΔP_3

它与电流的平方和频率成正比，即

$$\Delta P_3 = I^2L\tan\delta \tag{4-4}$$

$$L = \frac{L\mu}{2\pi}\ln\frac{r_2}{r_1} \tag{4-5}$$

式中：L 为电缆的电感；μ 为电缆介质的磁导率；$\tan\delta$ 为电缆介质反复磁化损失角的正切值。

4. 介质极化损耗 ΔP_4

它与电压的平方和频率成正比，即

$$\Delta P_4 = U^2C\tan\delta \tag{4-6}$$

$$C = \in\frac{2\pi L}{\ln\frac{r_2}{r_1}} \tag{4-7}$$

式中：C 为电缆的电容；$\tan\delta$ 为电缆介质反复磁化损失角的正切值。

上述 4 类有功功率损耗代表了电力系统有功功率损耗的基本类型。除此之外，高压线路上和高压电机中还可能产生电晕损耗，这是比较特殊的一类，是由于导体表面的电场强度过高，致使导体外部介质粒子电离所造成的有功功率损耗，因而它与导体的表面场强和空气密度等因素有关。

二、电能损耗计算

电能损耗 ΔA 是一定时间内有功功率损耗对时间的积分，即

$$\Delta A=\int_0^T \Delta P(t)\mathrm{d}t\times 10^3 \tag{4-8}$$

对于电阻发热损耗，式（4-8）可改写成

$$\Delta A=\int_0^T I^2(t)R(t)\mathrm{d}t\times 10^3 \tag{4-9}$$

在时间 T 内，负荷电流与导体电阻都可能发生变化，所以计算电能损耗要比计算有功功率损耗复杂。当计算时段较长时，很难采用逐点平方累加的方法来计算电能损耗若采用电流负荷曲线 $I(t)$ 或有功负荷曲线 $P(t)$ 的有关参数来计算电能损耗，要取得准确度令人满意的计算结果，是一个比较困难的问题，这也正是研究电能损耗计算方法及其理论的重点内容。

第二节　理论线损计算

一个供电地区或电力网在给定时段（日、月、季、年）内，输电、变电、配电各环节中所损耗的全部电量（其中包括分摊的电网损耗电量、电抗器和无功补偿设备等所消耗的电量以及不明损耗电量等）成为线路损耗电量，简称线损电量或线损。线损电量中的一部分，虽然可以通过理论计算来确定，或用特制的测量线损的表计来计量，但它的电量却无法准确计量的。因此，线损电量通常是根据电能表所计量的总供电量和总售电量相减得出。也就是说，线损是个余量，它的准确度取决于计量供电量和售电量的电能计量系统的准确度，以及对用户售电量科学合理的抄录和统计制度。

供电量是指发电厂、供电地区或电力网向用户供出的电量，其中包括输送和分配电能过程中的线损电量，其计算式为

$$A_g=A_t+A_y+A_{ch}+A_t \tag{4-10}$$

式中：A_g 为供电地区或电力网的供电量；A_t 为本地区或本网内发电厂的发电量；A_y 为发电厂厂用电量；A_{ch} 为向其他电力网输出的电量；A_t 为从其他电力网输入的电量（包括购入电量）。

售电量是指电力企业卖给用户的电量和电力企业供给本企业非电力生产（如基本建设部门等）用的电量。对本企业非电力生产单位，都应作为用户看待。所以，供电地区或电力网的售电量等于用户电能表计量的总和。

线损电量占供电量的百分比称为线路损耗率，简称线损率，其计算式为

$$\text{线损率}=\frac{\text{供电量}-\text{售电量}}{\text{供电量}} \tag{4-11}$$

在电力网的运行管理工作中，用总供电量减去总售电量所得到的线损电量，称为统计线

损电量，对应的线损率称为统计线损率。

在统计线损电量中，有一部分是在输送和分配电能过程中无法避免的，是由当时电力网的负荷情况和供电设备的参数决定的，这部分损耗电量称为技术损耗电量，它可以通过理论计算得出，所以又称为理论线损电量，对应的线损率称为理论线损率。另一部分线损是不明损耗，也称管理损耗，这部分损耗应该采取必要的措施予以避免或减少。

电力网规划、电力网接线方案的比较和变电站的设计，都需要进行线损理论计算。这种规划、设计阶段的线损计算所要求的准确度并不高，但要求计算方法简便、实用，所以表格法和计算曲线法比较理想。局部的线损理论计算，可用于对一些降损技术措施的效益进行预计，通过技术经济比较来选择经济合理的降损方案。比较全面细致的线损理论计算，可以确定线损电量的大小及其构成，也可以揭示技术线损电量与运行的电压水平、负荷率、平均功率因数等因素之间的关系，从而能比较科学地制定降损的技术措施；还可与统计所得的统计线损电量相比较，从而估计出管理损耗电量的大小，为降低管理损耗电量提供依据。

上述 3 类线损理论计算，对于各个供电企业和有独立供电系统的工业企业都是需要的。

第三节　降低线损的技术措施

降低线损的技术措施大致分为两大类。一类是对电力网实施改造，在提高电力网的送电能力及改善电压质量的同时也降低了线损。因这类措施需要一定的投资，所以一般要根据技术经济分析来论证它们的合理性。另一类措施不需要投资费用，只要求改进电力网的运行管理，即可达到降低线损的目的。电力网运行管理部门应该重视这类措施，并在日常的运行和线损管理工作中积极贯彻实施。下面简要介绍降损的一些主要技术措施。

一、选择合理的接线方式和运行方式

电力网各部分的接线方式和运行方式是否合理，不但会影响供电的安全和质量，也会影响线损的大小，属于这方面的降损措施有以下几种。

（一）高压引入大城市负荷中心

随着城市发展和负荷的不断增长，原有的 35kV 和 6～10kV 高压配电网的负荷越来越重，而线损电量中的负载损耗与负荷平方成正比，如果维持这种较低电压等级电网长距离供电状态，不但电压质量不能保证，线损电量也将达到不能允许的程度。对这种电力网采用 110kV 或 220kV 的较高电压引入的接线方式进行改造，是降损的有效措施之一。

（二）对电力网进行升压，简化电压等级，减少重复的变电容量

电力网元件（线路或变压器）中的负载功率损耗 ΔP 为

$$\Delta P = 3I \times 10^3 = \frac{S^2}{U^2} R \times 10^3 = \frac{P^2}{U^2\ \cos^2\varphi} R \times 10^3 \qquad (4\text{-}12)$$

式中：I 为通过元件的电流；R 为元件的电阻；S、P、Q 为通过元件的视在功率、有功功率、无功功率；U 为加在元件上的电力网电压。

由式（4-12）可知，在负荷功率不变的条件下，把电力网的电压提高，则通过电力网元件的电流将相应减小，负载损耗也随之降低。因此，升压是降低线损很有效的措施。升压可以和旧电力网的改造结合进行，减少电压等级，简化电力网的接线，适应负荷增长的需要，并降低电力网的线损。改善供电结构，减少重复的变电容量也可以降低线损。

（三）合理确定环网的闭环或开环运行，或改变环网的断开点

在环网中，不考虑各段线路中有功功率、无功功率损耗时的功率分布，称为近似功率分布；按照各线段阻抗关系的分布称为自然功率分布；按照各线段电阻的分布称为经济功率分布，此时对应的环网有功功率损耗最小。如果是均一的电力网，即各线段的 X/R 为常数，则自然功率分布和经济功率分布的差别越大，有功功率损耗的差值也就越大。在不同电压等级通过变压器连接的环网中，由于变压器的电抗与电阻的比值大于线路的电抗和电阻的比值，因此使电力网的不均一程度增大。

为了降低线损，首先应该研究环网闭环还是开环运行比较合理的问题。在电力系统中，有时因为在闭环运行时断路器容量不足，或继电保护的配置比较复杂，往往使环网开环运行，而让有些线路处于带电的热备用状态。在闭环以后，原备用线路中有了功率流动，似乎会增加功率损耗，但由于这时其他线段中的功率都有改变，功率损耗有可能比开环时要小，这要通过计算和比较才能确定。

当各个负荷的负荷曲线形状基本相同时，只需要比较不同断开点的方案，或闭环和开环不同运行方式时的功率损耗。如果各变电站的负荷曲线形状差别较大，则要比较不同方案的电能损耗，才能确定哪个运行方案比较经济合理。因为完全有可能在某些时间内一个方案的电能损耗较小，而在另一些时间内另一个方案的电能损耗较小。

（四）利用纵横向调压变压器或串联电容器实现功率的经济分布

为了降低不均一环网中的功率损耗和电能损耗，可以在环网自然分布的功率上叠加一个强迫的循环功率，并使两者之和等于经济的功率分布。要在环网中形成一个强迫的循环功率，必须要有一个附加电动势。由于电力网的负荷是随时变化的，功率分布也随时间变化，因此循环功率应该是可以调节的。要产生一个可以调节的强迫循环功率，必须要有一个可以调节的附加电动势。因为附加电动势既有与电力网电压同相的纵向分量，又有与电力网电压相位相差 90°的横向分量，所以附加电动势既要能改变大小，又要能改变相位。这种附加电动势是靠在环网中接入串联调压变压器得到的。图 4-1（a）为这种横向调压变压器的单相原理接线图，图 4-1（b）是电压相量图，图 4-1（c）是这种调压变压器在电力网中的接入方式。图中所示的调压变压器只能加入横向附加电动势，纵向附加电动势可以通过改变电力网中原有变压器的变比得到。

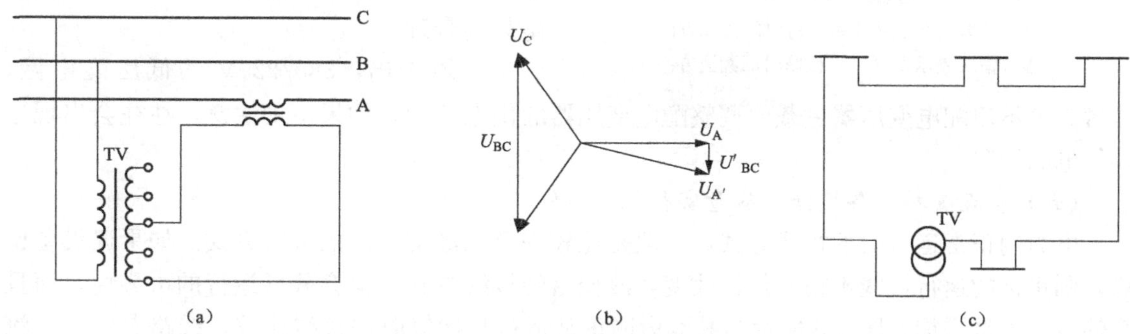

图 4-1　环网中接入横向附加电动势

（a）单相原理接线；（b）电压相量图；（c）接入电网方式

由于纵横向调压变压器的投资费用较大，因此一般在由不同电压等级线路组成的，且流

过巨大功率的环网中，才采用这种纵横向调压变压器。在一般的不均一电网中，可采用串联电容器来补偿线路的部分阻抗，以达到功率的经济分布。

两条不同截面导线的线路所组成的最简单的环网。两条线路中的电流与它们的阻抗成反比分配，即

$$\frac{I_1}{I_2}=\frac{Z_2}{Z_1}=\frac{R_2+jX_2}{R_1+jX_1} \tag{4-13}$$

且有 $I_1+I_2=I_0$。

假定$\frac{X_2}{R_1}>\frac{X_1}{R_1}$，为了满足经济分布的条件，可以在$\frac{X}{R}$比值较大的一条线路上串联接入电容器来补偿它的部分电抗，以达到两条线路$\frac{X}{R}$的比值相等，从而使电流分布符合有功功率损耗最小条件。可见接入电容器的容抗 X_C 应满足下式要求

$$\frac{X_2-X_C}{R_2}=\frac{X_1}{R_1} \tag{4-14}$$

从式（4-14）可求出补偿的容抗为

$$X_C=X_2-X_1\frac{R_2}{R_1} \tag{4-15}$$

也就是说，线路的补偿度为

$$K_C=\frac{X_C}{X_2}=1-\frac{X_1/R_1}{X_2/R_2} \tag{4-16}$$

（五）避免近电远供或迂回供电

图 4-2 所示为某电力网的部分运行接线图。变电站 A 和 B 都由发电厂 C 供电，断路器 2 断开。当发电厂 C 检修设备不供电时，如果断路器 2 仍断开，变电站 B 就改由变电站 A 通过发电厂 C 的高压母线供电。这时就造成迂回供电的不合理运行方式，因此必须加以调整，即合上断路器 2，断开断路器 3，把变电站 8 直接换接到联络线上供电较为合理。

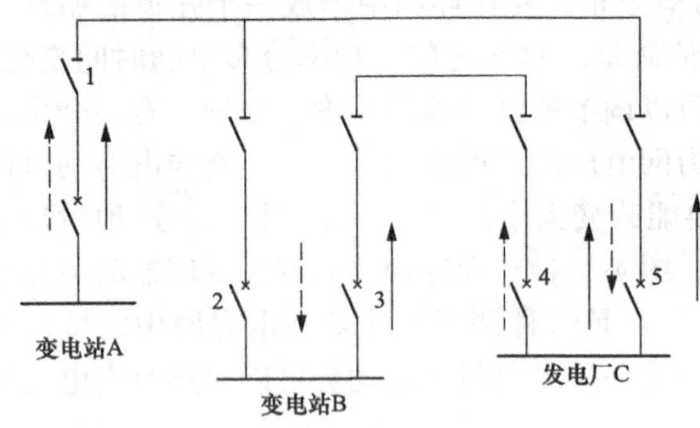

图 4-2 某电力网的部分运行接线图

注：实线箭头表示正常运行时的潮流方向；虚线箭头表示发电厂 C 检修时的潮流方向。

必须指出，380/220V 的低压配电网，常常为了不使配电变压器过载而调整配电变压器的供电范围，如果不加注意，往往会出现迂回供电的情况。

（六）合理安排设备检修，尽量实行带电检修

电力网正常运行时的接线方式，一般是比较安全和经济合理的接线方式。如果遇设备检修，则正常的运行接线不得不加以改变，改变后的接线方式不但会降低运行的可靠性，而且会使线损大量增加。图 4-3 所示为某电力网正常运行与检修时的接线比较，线路参数及电流均已在图中表明。

在正常运行时，断路器 6 断开，这时的线损功率为

$$\sum\Delta P=(50^2\times9.9+10^2\times10.92+100^2\times13.02)\times3\times10^{-3}=470.76(\text{kW})$$

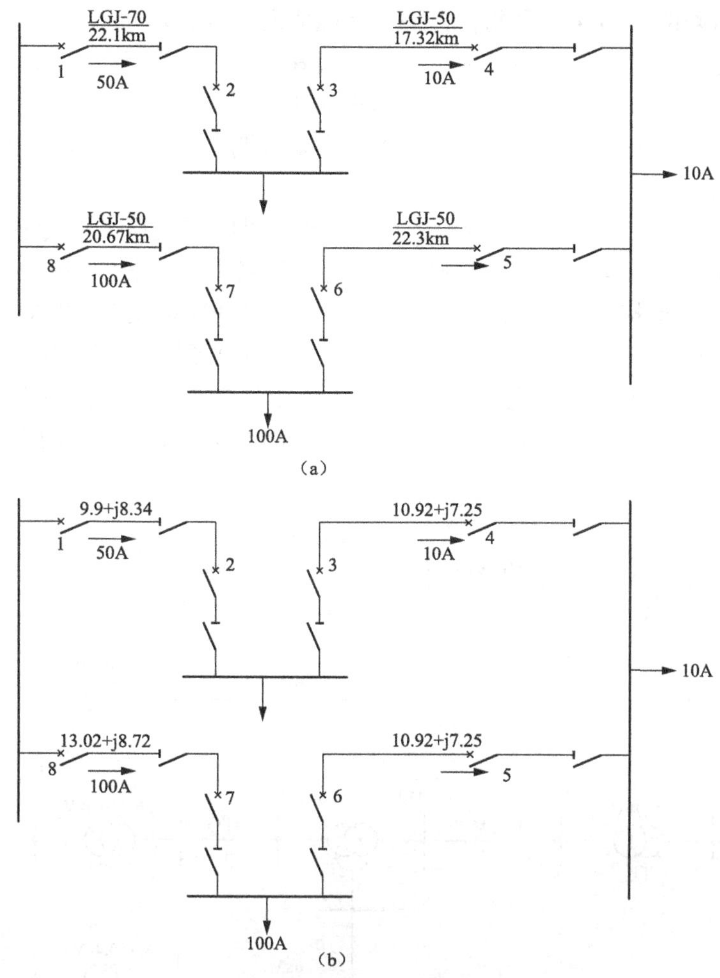

图 4-3　某电力网正常运行与检修时的接线比较

(a) 正常运行接线图；(b) 检修时的运行接线图

当线路检修时，则断路器 7 和 8 必须断开，这时的线损功率为

$$\frac{\sum \Delta P}{\sum \Delta P'} = \frac{1488}{470.76} = 3.16$$

计算表明，在同样的负荷条件下，检修时的线损功率为正常时的 3 倍多。假定检修进行 10h，损耗因数为 0.5，则多损耗的电量为 ΔA=(1488−470.76)×0.50×10=5086 (kwh)。因此，合理安排设备检修，加强检修的计划性，是一项重要的降损措施。同时尽量缩短检修时间，或者积极实行带电作业来完成检修任务，以减少线损。

（七）更换导线，加装复导线，或架设第二回线路

由于工农业生产的迅速发展，线路输送功率增加。一些旧线路原用的导线截面较小，以致电压损耗和线损都很大。在不可能升压的情况下，可以更换截面较大的导线，或加装复导线来增大线路的输送容量，同时达到降低线损的目的。有时还可以架设第二回路，只对一部分电力网进行必要的改造。

二、搞好电力网的无功功率平衡，合理确定电力网的电压水平

合理确定电力网的电压水平的措施，主要是搞好无功功率的平衡工作，其中包括合理调节发电机的励磁，提高发电机的电压，提高用户的功率因数，采用无功功率补偿设备和串联电容器等，其次才是调整变压器的分接头。下面主要说明调整变压器分接头或采用带负荷调压变压器对降低线损的影响。

图 4-4（a）所示是一电力网的接线图，图中已注明所有变压器与分接头的运行位置对应的变化。图 4-4（b）所示是变压器分接头改变后的接线图。假定发电机电压和负荷在变压器分接头改变前后保持不变，而把 T1 的分接头由 124kV 换接到 127kV，则 110kV 电力网的电压就提高 2.5%；T2 的分接头从 115.5kV 换接到 112.8kV，中压侧分接头从 38.5kV 移到 40.4kV，则 35kV 电力网的电压又提高 7.5%，总共提高 10%。为了使用户处的电压保持不变，T3 的分接头应从 33.3kV 改接到 36.7kV，T4 的分接头应从 6.0kV 换接到 6.3kV。

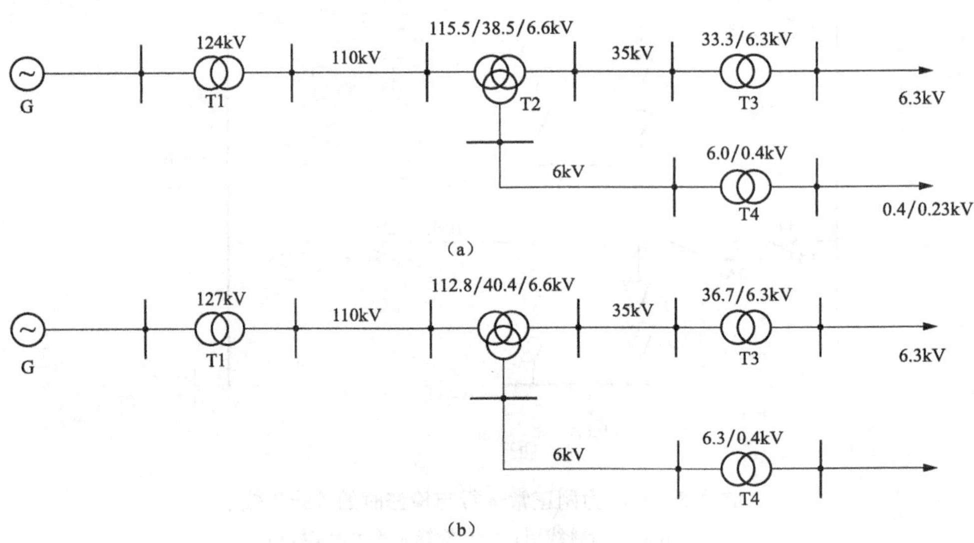

图 4-4 调整变压器分接头

（a）调整前分接头；（b）调整后分接头

由于 6、35、110kV 各级电压电力网的电压水平分别提高了 5%、10%、2.5%，故它们的负载损耗可以降低。如果各种电压电力网的空载损耗占总损耗的比例仅为 10%，可以算出上述 3 种电压的电力网总损耗分别可降低约 7.5%、15%和 3.75%。由此可见，变压器工作的分接头位置，既要根据电压质量的要求，也要考虑减少线损的可能来合理选择。

但必须指出，如果系统中无功功率供应比较紧张，用调整变压器分接头来提高电力网电压的办法，将使负荷的无功功率消耗增加。虽然这时 110kV 以上线路的有功功率将因电压提高而增加，但系统的无功功率仍无法平衡，迫使电压不能维持在拟提高的电压水平上。所以只有在搞好电力网无功功率平衡的前提下，才能依靠改变变压器分接头位置来提高电力网的电压水平。也必须指出，在非排灌季节，农村电力网的电压一般会偏高，应当从 110kV 和 35kV 主变压器分接头位置的调整着手降低 10kV 农用配电线路的电压水平，以减少变压器的空载损耗。

三、采用无功功率补偿设备和提高功率因数

图 4-5 简单的电力系统

图 4-5 所示为一个简单的电力系统。从图中可以明显地看出，在负荷的有功功率 P 保持不变的条件下，提高负荷的功率因数，可以减小负荷所需的无功功率 Q，因而可以减少发电机送出的无功功率和通过线路及变压器的无功功率，所以也将减少线路和变压器中的有功功率和电能损耗。

（一）无功补偿降损效益的计算

1. 减少功率损耗的计算

由式（4-12）可知，当负荷功率因数从 $\cos\varphi_1$ 提高到 $\cos\varphi_2$ 时，有功功率损耗降低的百分数可用下列简单关系式表示

$$\delta P\%=\left(1-\frac{\cos\varphi_1\times\cos\varphi_1}{\cos\varphi_2\times\cos\varphi_2}\right)\times 100\% \tag{4-17}$$

因为空载功率损耗与功率因数无关，所以提高功率因数对降低负载功率损耗的影响见表 4-1。

表 4-1　提高功率因素对降低负载功率损耗的影响

功率因数从右列数值提高至	0.65	0.70	0.75	0.80	0.85	0.90	0.95
负载功率损耗降低百分数（%）	0	3	6	8	9	0	0

究竟负荷的功率因数提高到什么程度才算经济合理？这个问题关系到安装补偿设备的经济效果和补偿设备的经济合理布置。对这个问题的分析，通常采用无功补偿功率当量这个概念。

在图 4-5 所示的简单系统中，设负荷的最大有功功率与最大无功功率同时出现，在负荷处未安装无功补偿设备时，系统中线路和变压器的最大有功功率损耗 ΔP_{zd1} 为

$$\Delta P_{zd1}=\frac{P_{zd}^2+Q_{zd}^2}{U^2}R\times 10^2 \tag{4-18}$$

式中：P_{zd} 为负荷的最大有功功率，kW；Q_{zd} 为负荷的最大无功功率，kVar；R 为归算到电压 U 的系统电阻（包括变压器 T_1 和 T_2 以及线路在内的全部电阻），Ω。

当负荷处安装了容量为 Q_{bch} 的补偿设备后，系统中线路和变压器的最大有功功率损耗 ΔP_{zd2} 为

$$\Delta P_{zd2}=\frac{P_{zd}^2+(Q_{zd}+Q_{bch})^2}{U^2}R\times 10^3 \tag{4-19}$$

因此，由于安装了补偿设备而减少的有功功率损耗为

$$\Delta P_{dz1}+\Delta P_{zd2}=\frac{(2Q_{zd}+Q_{bch})}{U^2}Q_{bch}R\times 10^3=C_{bp}Q_{bch} \tag{4-20}$$

$$C_{bp}=\frac{(2Q_{zd}+Q_{bch})}{U^2}R\times 10^3 \tag{4-21}$$

式中：C_{bp} 为单位容量的无功补偿设备所能减少有功功率损耗的平均值，可称为最大负荷时刻的无功补偿功率当量，kW/kVar。

由式（4-21）可见，安装第一个千乏的无功补偿设备容量，其效果要比以后安装无功补

偿设备容量的效果要大些。换句话说，无功补偿设备减少无功负荷对电源容量占有的减容效益具有递减性。由式（4-21）还可得到如下两点结论：①安装无功补偿设备的地点与电源之间的电气距离越远（式中 R 越大），安装的无功补偿设备降损效果越大；②无功负荷越大，安装同一容量的无功补偿设备，其降损效果也越大。

引入无功补偿功率当量概念后，可用下式直接计算补偿设备降低有功功率损耗的效果

$$\partial(\Delta p) = C_{bp}Q_{bch} \tag{4-22}$$

2. 减少电能损耗的计算

在测计期内无功负荷是变化的，无功补偿设备在整个测计期内均接入时，补偿后无功功率造成的电能损耗可按下式计算

$$\Delta A_{ZQ} = \frac{R}{U_{pj}^2}\int_0^T (Q + Q_{bch})^2 \mathrm{d}t \times 10^3 \tag{4-23}$$

没有无功补偿设备时，无功功率所造成的电能损耗为

$$\Delta A_{1Q} = \frac{R}{U_{pj}^2}\int_0^T Q^2 \mathrm{d}t \times 10^3 \tag{4-24}$$

如不计无功补偿设备自身的电能损耗，则无功补偿设备投入后的电能损耗降低为

$$\partial(\Delta A) = C_{bA}(Q_{bch}T) \tag{4-25}$$

$$C_{bA} = (2^{Q_{zd}f_Q + Q_{bch}})\frac{R}{U_{pj}^2} \times 10^3 \tag{4-26}$$

式中：C_{bA}为无功补偿电能当量，kW/kVar。

由于 $f_Q<1$，因此 $C_{bA}<C_{bP}$，即无功补偿电能当量小于无功补偿功率当量，因此有下述关系：$\partial(\Delta A)=C_{bA}(Q_{bch}T)+C_{bp}(Q_{bch}T)$。这表明，一般情况下应用无功补偿电能当量来计算能耗降低值；若用无功补偿功率当量计算能耗降低值，将导致结果偏大。

（二）电力网无功补偿设备的优化配置

大型电力系统或地区电力网的无功综合优化通常是指通过调节无功功率潮流分布，在满足各状态变量（负荷节点电压、发电机无功功率）和控制变量（无功补偿容量、发电机端电压、有载调压变压器变比）的约束条件下，使整个系统或地区电力网的电能损耗最小。近年来，由于计算机的广泛应用，寻求无功优化配置的计算机程序发展很快，并日益完善。这些程序一般都能考虑负荷母线的无功电压静态特性，通过计算，给出符合优化目标的补偿点位置、补偿容量、变压器分接头最佳位置。有的无功优化配置程序有多种优化目标函数，如网损最小、补偿纵容量最小、补偿成本最小、综合经济效益最大等。在综合经济效益最大的目标中，考虑了补偿设备的投资、折旧、电价的分时计算等。

在配电网中，固定电容器优化配置计算问题已基本得到解决。据资料介绍，此类计算机程序引入了电压约束条件，可避免补偿后电压过高现象；也计及了沿线电压变化对负载损耗和变压器空载损耗的影响。其目标函数包括电容器投资的净节约现值、峰值功率降低获得的节约现值和电容器的综合投资和运行费用（这部分为负值）。此程序使用于多段、多分支、任意导线截面和任意负荷分布的放射式配电网，但未涉及 35kV 及以上电压电力网和配电网无功优化的协调配合问题，也未涉及可调电容器的优化配置问题。随着配电网自动化的逐步实施，这些问题已成为配电网无功补偿设备优化配置的新课题，引起了重视。

（三）挖掘无功潜力，减少无功消耗

属于这类措施的有下列几种：

(1) 尽量使用用户的无功补偿设备投入使用。

(2) 工业企业的电动机和被拖动的机械设备的功率容量应该配合适当，防止因电动机轻载而使功率因数降低。

(3) 对某些转速恒定、连续运转的较大容量的异步电动机，用同步电动机代替，并使同步电动机过励磁运行。

第四节　配电网的经济运行和负荷管理

一、配电网的经济运行

在电能的输送和分配过程中，配电网中的变压器、线路元件都要消耗一定的电能，尤其是10kV电压级的配电网的网损更占了整个电网网损相当大的比例。例如曾对某110kV电网进行了调查，结果是：假定整个电网的网损为100%，则110kV电网网损为25.7%，35kV为9.9%，而10kV为64.4%。又如根据吉林电业局近几年的统计，10～220kV电力系统的网损率达6%～7%，其中10kV供电网的网损占60%以上。因此，要降低网损，节约电能，首先要对10kV配电网的网损进行计算，亦即是应对配电网的经济运行给予足够的重视。对供电企业而言，在确保配电网的供电可靠性和电压监测合格率的前提下，配电网的网损率是企业双达标的一个重要的经济指标，是国家对企业的验收标准之一。

配电网的经济运行与配电网自动化实现的程度密切相关，目前国内的配电网大多数为环网接线，开环运行，个别配电网实现了遥信、遥控。但总体来说，仍处于离线运行状态，要做到如主网一样在线监控还有很大的距离。

配电网经济运行的主要措施如下：

(1) 配电网潮流计算。对正常运行方式的配电网进行功率分布和电压计算，在满足电压合格率的情况下，求得网损，进行安全分析，提高经济性。

(2) 配电网网损计算。可分为10kV和400kV的网损计算，一般是计算代表日的网损，可对10kV的某一馈电线或某一变电站或某一供电局分别求出网损；对400V网损则一般只要求对某一街道或地区进行日网损计算。

(3) 配电网并联电容补偿。对10kV配电网的补偿容量、接线方式进行分析计算，使无功补偿达到最佳配置，从而降低网损。

(4) 配电网重构和负荷转移。在正常或事故运行方式下，配电网调度员根据实际需要进行断路器或隔离开关操作，来调整配电网络结构（简称重构网络）。通过重构网络，可以将负荷转移，消除线路过载，提高供电可靠性和用户的电压质量，还可降低网损，提高配电网的经济性。

配电网的经济运行与配电网的数据采集和监控系统（SCADA）、故障线路报警、自动隔离及恢复系统、地理信息系统（GIS）和管理信息系统（DMS）的现状和水平紧密相关，配电网自动化水平越高，就越能够通过更多的手段来提高配电网的经济性，从而实现配电网离线和在线的经济运行。

综上所述，配电网的经济运行仅仅采用离线计算的手段，如潮流计算、网损计算和无功补偿优化配置等还是不够的。因配电网具有大量的断路器和隔离开关，配电网调度员在正常、检修或事故运行方式下，要对断路器或隔离开关按需要进行操作，来调整网络结构。通过重构可将负荷转移，以达到平衡负荷，消除变压器和线路过载，提高供电可靠性和用户的电压质量，还可以降低网损，提高配电网的经济性，所以网络重构是实现配电网优质、可靠和经济运行的重要手段。

目前配电网重构的算法很多，可分为三类。第一类是最优流模式法，该方法按优化条件寻找最优流，经两次环网潮流计算才能确定一个隔离开关的分合，算法复杂，且计算量大。第二类方法以隔离开关操作引起网损变化的估计公式为基础，将负荷当作恒定电流，用重构前的潮流分布估算开关操作后的网损变化。重构可能引起较大的负荷转移及电压变化，因此网损估计的误差较大。第三类是人工智能方法，包括模拟退火法、启发式优先搜索法、人工神经网络法、基因算法等，由于计算量巨大，这类方法目前尚未达到实用化水平。

配电网重构是一个崭新的课题，它首先要寻找一个合适的实用算法，更重要的还需要在配电网自动化的基础上才能实现。因为对一个配电网自动化来说，应要先建立起 SCA-DA 系统，具备了配电调度中心、通道和执行端装置，才能对配电网中的隔离开关进行操作，以达到网络重构的目的。要实现配电网重构，无论从理论上还是在实践上，对我国配电网来说都存在着巨大的差距，尚需要做大量的工作。

二、配电网的负荷管理

配电网的负荷管理 LM（Load Management）是指供电企业根据电网的运行情况、用户的特点及重要程度，在正常情况下，对用户的电力负荷按照预先确定的优先级别、操作程序进行监测和控制，削峰、填谷、错峰，改变系统负荷曲线的形状，从而达到减少低效机组运行，提高电力设备利用率，降低供电成本，节省能源的目的；在事故或紧急情况下，自动切除非重要负荷，保证重要负荷不间断供电以及整个电网的安全运行。负荷管理的实质是控制负荷，因此又称为负荷控制管理。

传统的负荷管理主要是供电企业为了保证电网安全、经济运行而单方面采取的强制措施。其实，电力用户在负荷管理方面也可以发挥重要作用。电力作为一种特殊商品，产供销必须同时进行。因此完全可以通过实行高峰高价、低谷低价，利用用户追求低生产成本的愿望，使之自动调剂负荷，达到填谷削峰的目的。为了发挥用户在负荷管理方面的这种作用，出现了负荷管理的新趋势——需求侧管理 DSM（Demand Side Management），即供电企业采用技术的、行政的、财政刺激等各种手段，鼓励用户采用各种有效措施和节能技术，改变需求方式，在保持对用户优质服务水平的情况下，降低能源消费，从而减少或推迟新建电厂及电网，节约投资及一次能源，以期获得明显的经济及环境效益。

实现负荷管理的目的主要是为了解决电力供求之间的固有矛盾，提高电网的经济指标，保障电网的安全运行。

电网的发电能力和用户的用电需求都受季节、气候等许多因素影响，供求之间存在固有矛盾。例如，丰水期间，电网的发电能力相对较大；农忙季节、气候炎热或寒冷的天气，用户的电力需求较大；在同一天中又存在用电高峰和低谷。因此，供电企业必须同用户密切配合，做到在用电高峰或电力紧缺的时候，用户节制、节约用电；在用电低谷或电力充沛的时候，用户多用电，使企业满负荷运转，电力供求才能保持平衡。实现电力负荷管理，是达成以上目的的主要途径。

电网一般使用新型高效发电机组提供基本负荷，而利用老旧、即将淘汰的低效机组应付异常的负荷管理，抑制峰值负荷，鼓励低谷用电，是提高电网经济性的必要措施。

根据负荷管理的实施者不同，负荷管理方法可分为两类：由供电企业强制进行的负荷监测与控制，包括负荷分散控制、负荷集中控制；由供电企业引导、用户自觉的负荷控制。

1. 负荷分散控制

孤立的负荷控制装置安装在用户当地，按照事先整定的用电量、负荷大小、用电时间来控制用户的负荷，使其用电量不超限、分时段用电。

分散型负荷控制的一个典型例子是定量器。这种装置简单便宜，可以实行功率、电能以及用电时间的多重控制，但缺乏控制的灵活性，不能根据负荷紧缺情况自由地直接控制，当要改变整定值时，必须去现场进行调整。我国从 1970 年开始推行这种控制方式，现在已经转向更先进的负荷集中控制。

分散型负荷控制的另一个例子是自动低频减载设备。这种设备安装在各个主变电站以及一些大型用户处。当系统的频率降低到 49.6Hz 时，进行第一次减负荷，被抑制的对象为一些事先达成协议的大型工业用户。以后如果频率继续下降，当频率下降到 49Hz 时，利用一个校验继电器开始计时，延迟大约 1s，当频率达到 48.8、48.5、47.75、47.25、47Hz 时分别有选择地切除一些馈电线的供电。

2. 负荷集中控制

选择大耗电、可中断用户以及非重要用户的负荷，如电加热设备、冷库、空调机、农业灌溉设备等，排定其重要程度（用电优化程度），监视其用电计划的执行。在负荷高峰时，按用户优化程度由低到高的顺序，从中央控制系统依次发送控制指令，使其切除负荷，避峰用电，既保证电网达到一定的供电技术指标，又把限电的损失减到最小。在非峰值负荷时，解除对所有被控负荷的控制，容许负荷重新投入。

负荷集中控制系统的一般原理框图如图 4-6 所示。

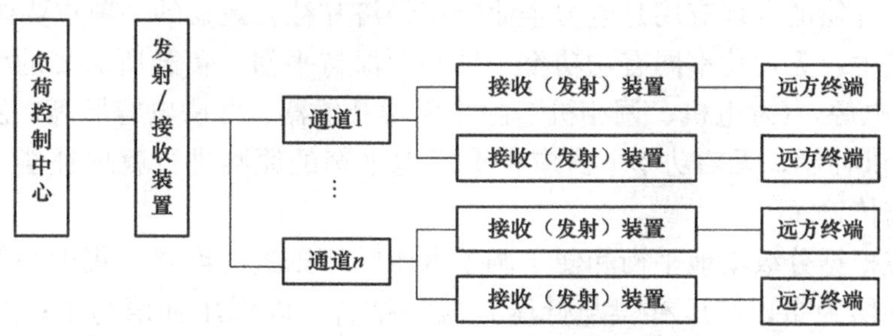

图 4-6　负荷集中控制系统的一般原理框图

在图 4-6 中，负荷控制中心发出的负荷控制指令经发射装置发射，由通道传送到位于用户端的接收装置，再由远方终端装置执行负荷控制操作。有的负荷集中控制系统还具有信息返送功能，因此通道两端都要具有信号收发功能。

负荷集中控制因使用的信号传播通道不同，具有多种方法，如无线电负荷控制、音频电力负荷控制、工频负荷控制、电力线载波负荷控制、电话复用负荷控制、利用传呼系统的负荷控制等。

3. 用户负荷自我控制

采用分时电价、分季电价、地区电价、论质电价、需量电价等多种电价形式，使电价随需求变化、负荷高峰和低谷的电价有适当的差别，从而刺激用户从经济的角度出发，自行安排设备用电时间，给电网带来削峰填谷的效果。用户还可以利用微处理器，按电费支出最小的原则制定用电策略，实施自我用电控制；此外，供电企业也可以利用先进技术手段，向用户传送实时电价，用户接收后再根据预定的用电策略自我控制用电。多种电价的使用，必须和各种新型的电能表相配合。

比较小的用户在实施负荷自我控制时，一般按照预定的时间费率表安排主要设备的运行时间，其效果主要表现为减少或消除短期峰值，减少总体最大需求。

对于大型的工业和商业设施，用户则往往根据电力企业需求表产生的脉冲对需求进行连续监视。这些脉冲被送入计算机，进而对用户的用电设备进行控制。为了使需求不超过预定的数值，有的用户控制程序可能会在短时间内（在一个 15min 的时段内）停止一些不重要的负荷的供电。

在用户实行负荷自我控制时，要对其负荷进行重要性分类。主要的负荷一般可以分成 4 类：①可以被重新安排的负荷；②可以被延期的负荷；③可以被减少或消除的负荷；④重要的基本负荷。在重新安排负荷时，首先要取得用户的负荷轮廓曲线。如果轮廓显示只有几个 15imin 时段发生尖峰，则比较容易找出引起需求峰值的设备并采取补救措施，而在大多数情况下，则需按负荷的重要程度找出什么样的需求可以被减低或消除。

第五节　无功优化及自动跟踪无功补偿装置

无功补偿作为保持电力系统无功功率平衡、降低网损、提高供电质量的一种重要措施，已被广泛应用于各电压等级电网中。合理选择无功补偿，能够有效地维持系统的电压水平，提高电压稳定性，避免大量无功的远距离传输，从而降低有功网损，减少发电费用，提高设备利用率。无功补偿的合理应用是电力企业提高经济和社会效益的一项重要课题。

在电力系统中，无功功率同有功功率一样必须保持平衡，负载所需要的感性无功功率由 jQ_L 电网中无功电源，（发电机、调相机、静止无功补偿器、并联电容器等）发出的容性无功功率—jQ_C 来提供补偿。无功功率平衡应根据就地平衡的原则进行就地补偿，避免大量的无功功率作远距离传输。

无功补偿应根据分级就地平衡和便于调整电压的原则进行配置。集中补偿与分散补偿相结合，以分散补偿为主；高压补偿与低压补偿相结合，以低压补偿为主；调压与降损相结合，以降损为主；并且与配电网建设改造工程同步规划、设计、施工、投运。

本章第三节对无功降损、电能损耗方面做了介绍，此处对上述两方面不再赘述。这里对无功补偿进行一下研究。

一、无功优化补偿

由于电网的线损主要是线路损耗与变压器损耗，因此配电网的降损节能，也就是对电网中所有的电力线路和变压器进行优化。无功优化的目的是通过调整无功潮流的分布，降低网络的有功功率损耗，并保持最好的电压水平。结合城乡电网建设与改造，对配电网进行无功优化补偿，实现电网高压综合线损率降到 10%以下、低压线损率降到 12%以下的目标。

1. 配电线路分散补偿

配电线路分散补偿是指把一定容量的高压并联电容器分散安装在供电距离远、负荷重、功率因数低的 10kV 架空线路上，主要补偿线路上感性电抗所消耗的无功功率和配电变压器励磁无功功率损耗，还可提高线路末端电压。

（1）安装位置及补偿容量确定。无功补偿装置安装地点的选择应符合无功就地平衡的原则，以尽可能减少主干线上的无功电流为目标。一般对于均匀分布无功负荷的配电线路，其补偿容量和安装位置按 $2n/(2n+1)$（其中 n 为不小于 1 的整数）规则，求得最优补偿方案。考虑到无功补偿装置的运行维护、补偿效益及投资回收期限，因此，沿线的无功补偿点以安装一处为适宜，最多不应超过两处，可以直接连接于主干线上和较大的分支线上，每个补偿点的容量不宜超过 100～150kvar。

配电线路上无功补偿容量应适当控制，并且在线路负荷低谷时，不应出现过补偿向系统倒送无功。负荷在线路上的分布状况不同，安装地点也不相同，具体位置应根据负荷分布特点和容量的大小计算确定，见表 4-2。

表 4-2　　负荷分布特点和容量的大小

负荷沿主干线分布状况		电容器安装组数	电容器安装容量与线路无功功率比	安装位置位于主干线首端长度
均匀分布		1	2/3	2/3
		2	4/5	2/5、4/5
非均匀分布	分支线呈 60°	1	4/5	3/5
	分支线呈 90°	1	4/5	2/3

（2）补偿后的电压校验。配电线路安装补偿电容器组后，会引起线路电压降的变动。在补偿点选择上，应充分考虑到安装地点的电压不得超过电容器组额定电压的 1.1 倍。因此，为保证供电安全可靠，有利于线损的降低，需根据公式，对补偿前后的电压进行校验，避免在负荷低谷时功率因数超前，或电压偏移超过规定值。否则，将因过补偿造成无功倒送，反而使电压损耗、线损增加；线路电压升得过高，增加电容器的介质损耗而发热，影响其使用寿命和出力。

2. 配电变压器随器补偿

配电变压器随器补偿是将低压补偿电容器直接安装在配电变压器低压侧，与配电变压器同投同切，用以补偿配电变压器自身励磁无功功率损耗和感性用电设备的无功功率损耗。对容量 30KVA 及以上的配电变压器逐台进行就地补偿，使无功得到就地平衡，从降损节能方面考虑是合理的。但目前，只在部分实行功率因数调整电费的 100kVA 及以上工业用户、少量城网公用变压器中安装补偿电容器，而大量的农村综合变基本上没有进行无功补偿，这就使补偿电容器安装容量不足，电网所需无功缺额大，造成了配电网功率因数低，无功损耗严重。

无功补偿装置的容量选择，应根据实际负荷水平按提高功率因数的要求合理配置，而无功补偿容量是随着负荷的变化而变化的，因此配电变压器应使用无功自动补偿装置，自动投切一部分电容器组，以达到最佳补偿功率因数。对 100kVA 及以上的配电变压器宜采用无功补偿微机监测和自动投切装置，合理调整无功自动补偿装置功率因数的整定值，保证无功功率在低压电网就地平衡；重负荷时提高功率因数到 0.95 以上，在轻负荷时功率因数不得大于 0.95。

3. 无功补偿应注意事项

（1）线路分散补偿电容器组容量在 150kvar 及以下时，可采用跌落式熔断器作控制和保护，其熔断器的额定电流按电容器组额定电流的 1.43～1.55 倍选取；150kvar 以上时应采用柱上断路器或负荷开关自动控制。

（2）为防止线路非全相运行时，有可能发生铁磁谐振引起过电压和过电流，损坏电容器和变压器，线路分散补偿电容器组不应与配电变压器同台架设并使用同一组跌落式熔断器。

（3）补偿电容器组中性点不应直接接地，避免电容器某相贯穿性击穿引起线路相间短路。

（4）在无功补偿的电容器回路上，宜装设适当参数的串联电抗器或阻尼式限流器，避免电容器容抗与系统感抗相匹配构成谐振，起到抑制高次谐波电流的作用。

（5）无功补偿装置应装设氧化锌避雷器过电压保护装置。

（6）无功补偿装置应采用自动投切装置，防止过补偿和电压升高损坏电容器及其他设备。

（7）配电变压器随器补偿采用杆架式安装，其补偿装置箱底部离地面距离不小于 1.2m。

二、微机控制无功自动补偿装置

长期以来，我国的配电网存在着电网配电能力不足、严重超负荷等问题，通常合理的容载比是 2，而我国一般只达到 1.54～1.67；另外设备陈旧老化，供电可靠性差；加之线损率高，平均为 25%，有的地区高达 35%，致使电价偏高，供电质量得不到保证。这些问题不仅在电力运行部门管理的配电网存在，很多企、事业单位，如机械制造、矿山冶金、化工、医院及生活小区等的内部配电都存在类似问题，其主要原因是高压端的无功补偿多采用固定连接方式，仅由值班人员手动切换；过补偿现象严重，经常导致电网电压过高。低压端的无功补偿多采用接触器投切电容器组的方式，由于接触器属于有触点开关，无法及时跟踪快速变化的低压负荷，补偿效果较差。另外城乡电网中的大量的柱上配电变压器没有进行无功补偿，而且柱上配电变压器的负荷通常都是家用电器和小型电动机，其功率因数普遍偏低，造成配电网功率因数偏低。理想的功率因数值为 0.9～0.95，而我国配电网实际的功率因数值仅为 0.65～0.8。

1. 微机控制无功自动补偿装置的原理

微机控制无功自动补偿装置主要由控制器、触发器和投切电容器电路组成。以往的无功补偿控制器多采用集成电路形式，功能单一，而且补偿特性容易偏移。随着微电子技术的发展，微机芯片的性价比大大提高，电力系统中绝大多数控制器都已采用微机控制器（如继电器保护装置等），并且运行效果稳定、可靠。图 4-7 所示为微机控制器工作原理框图。

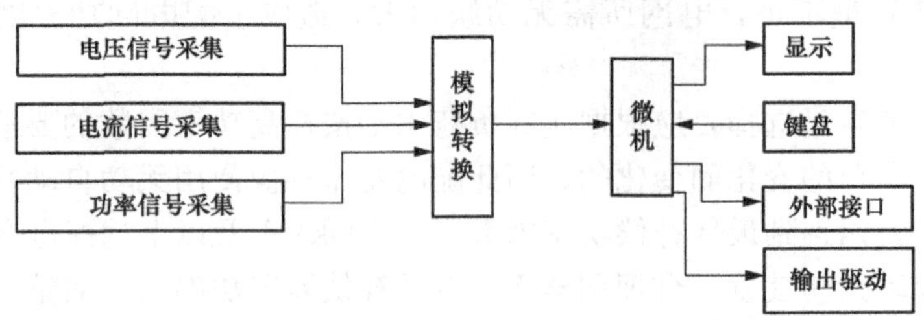

图 4-7　微机控制器工作原理框图

微机控制器将电压、电流、功率信号采集，并通过模数转换电路经微机接口输入，微机经过数据运算处理后输出驱动触发器。微机控制器采用按无功功率投切电容器组的补偿原理，只需一次到位，大大减少了开关有功无动作次数。这种控制克服了按功率因数投切电容器组所带来的不利因素，通过按功率因数投切电容器组需要经过多次投切才能找到合适的补偿容量，开关动作次数多，影响了电容器的使用寿命，同时还不能保证电压合格率。微机控制器具有无功功率优先、电压优先、智能控制三种控制方式可供选择，以保证电压合格率。同时可以测量、显示和记录电压、电流、有功功率、无功功率、功率因数等电网参数，并且提供有外部通信接口，将遥测、遥信、遥控的RTU功能和无功补偿融为一体。

系统软件能够对无功补偿装置进行直观方便地调试、监视和管理，也可通过联网将数个补偿装置组成一个微机测控系统。

微机控制无功自动补偿装置采用无触点开关，加上零触发技术，很好地解决了由接触器触点投切电容器组所带来的弊病，如合闸时有涌流冲击；分断时有过电压和电弧重燃现象；触点易烧毁；无法补偿快速负荷的无功需求；有时为了延长熔断器、接触器、电容器等器件的使用寿命，只能降低补偿效果。微机控制器随时检测有关信号，并通过内部运算处理其输出，驱动触发器，快速准确。微机控制无功自动补偿装置工作示意图如图4-8所示。

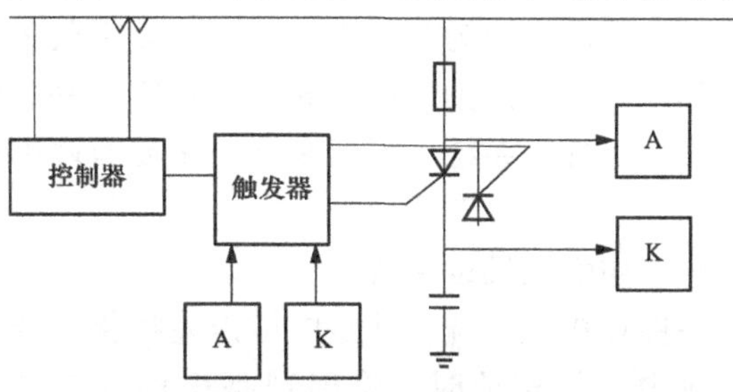

图4-8　微机控制无功自动补偿装置工作示意图

图4-8中，两只反向并联的晶闸管用于实现无触点投切电容器组。为了使晶闸管无触点导通，必须使阳极承受正向电压，门级施加触发脉冲。由于阳极电压由电网电压决定，因此只能通过控制门级触发脉冲，来控制晶闸管的导通和关断；只有精确控制门级触发时刻，才能真正获得使用无触点开关的效果。因此，控制器并不直接触发晶闸管，而是通过触发器来控制。

微机控制无功自动补偿装置设计了专门的触发器，触发器在电路电压过零时刻触发晶闸管导通，从而获得最佳的投切效果。控制器实时检测电网电压、电流，跟踪电网变化；而触发器则不断地自动检测无触点开关两端的电压 U_{AK}，当决定要投入电容器时，控制器发出投入命令给触发器，触发器在收到命令且检测到 $U_{AK}=0$ 时，触发晶闸管导通，因为导通时刻电容器回路的电压为零，所以不会产生涌流冲击。当要切除电容器时，控制器发切除命令给触发器，触发器便停止输出脉冲，晶闸管在电流为零时自动关断，所以不会产生过电压和电弧重燃现象。

2. 微机控制无功自动补偿装置的功能及特点

（1）采用晶闸管交流无触点开关技术和过零检测技术，实现电容器组无扰动投切。

（2）控制器自动实时跟踪无功变化，通过连续快速平滑地投切电容器组，获得最佳的补偿效果。

（3）将控制器、开关和电容器组集成在一个标准的屏或箱中，可根据需要自由选择电容器的容量，灵活方便。

（4）提供工业级标准通信接口，可供并入配电自动化系统。

（5）可用于户内或户外各种场所，也可直接安装在户外柱上变压器变台上。

（6）作为配电网络集中补偿，可使配电变压器和10（6）kV线路增容25%～30%，同时降低线路损耗25%～50%。

第五章　短路电流计算

第一节　供配电系统的中性点运行方式

供配电系统的中性点是指星形联结的变压器或发电机绕组的中间点。严格地说，中性点是一个电气上的"点"，从这点到各输出端之间的电压绝对值相等。我国的供配电系统，正常时这一电气上的中性点正好位于星形联结绕组的中间点。所谓系统的中性点运行方式，是指系统中性点与大地的电气联系方式，或简称系统中性点的接地方式。

接地是以大地为参考零电位来建立电气关系的一种方法。系统中性点接地是一个十分复杂的问题，它关系到供电可靠性、绝缘水平、电压等级、保护方式、通信干扰、安全等诸多方面。就供配电系统的现状来看，主要有两种接地系统，即中性点接地系统和中性点不接地系统。

一、中性点接地系统

中性点接地系统，就是中性点直接接地或经小电阻接地的系统，如图 5-1（a）所示。这种系统中一相接地时，将出现除中性点接地点以外的另一个接地点，构成短路回路，如图 5-1（b）所示，因此也称大接地电流系统。此时接地故障回路电流很大，为了防止设备损坏，必须迅速切断电源，因而供电可靠性低，易发生停电事故。但这种系统发生单相接地故障时，由于系统中性点的钳位作用，使非故障相的对地电压不会有明显的上升，因而对系统绝缘是有利的。

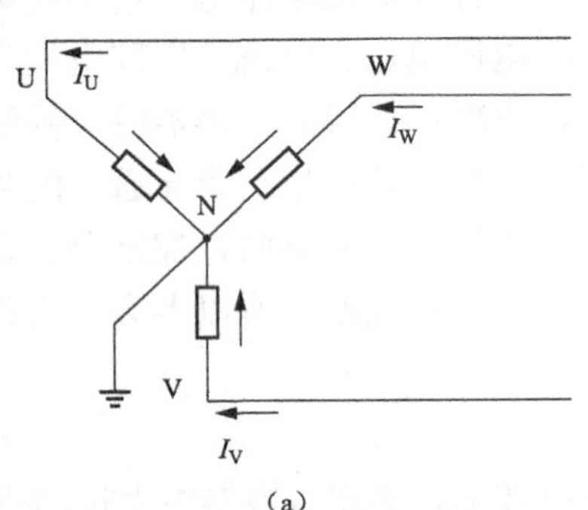

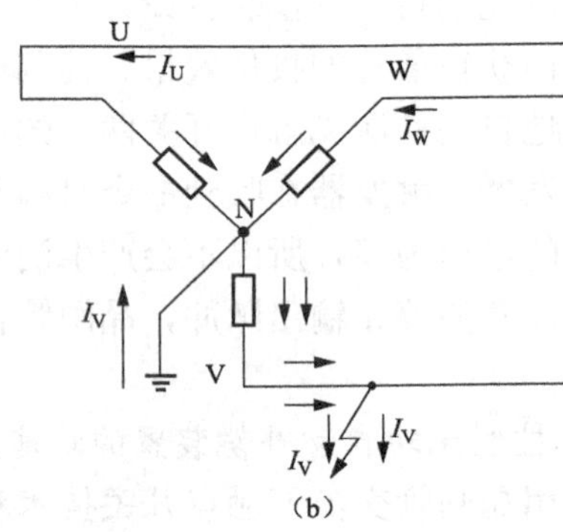

图 5-1　中性点接地系统

（a）正常运行时；（b）单相接地故障时

中性点接地系统的另一个缺点是，发生单相接地故障时，很大的单相接地电流产生的磁场会对附近的通信线路产生干扰，即出现一个电磁干扰发射源。

二、中性点不接地系统

中性点不接地系统，是指中性点不接地或经过高阻抗（如消弧线圈）接地的系统，如图 5-2（a）所示。这种系统发生单相接地故障时，除了负荷电流外，只有比较小的导线对地电容电流通过故障回路，也称小接地电流系统，如图 5-2（b）所示，此时系统仍可继续运行，这对提高供电可靠性是有利的。但这种系统在发生单相接地故障时，系统中性点对地电压会升高到相电压，非故障相对地电压会升高到线电压；若接地点不稳定，产生了间歇性电弧，则过电压会更严重，对绝缘不利。

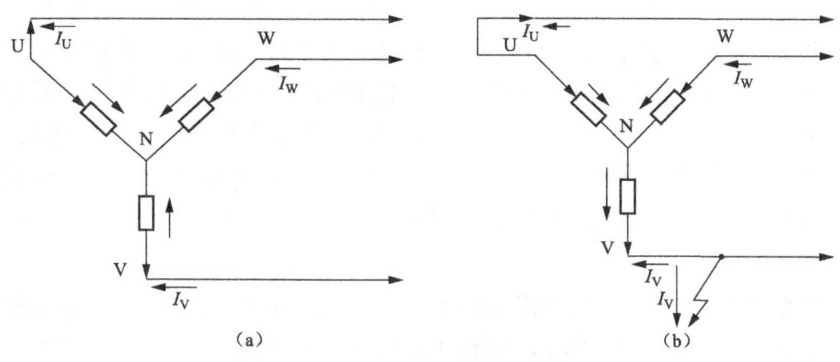

图 5-2　中性点不接地系统

（a）正常运行时；（b）单相接地故障时

对于高压配电网，由于传输功率大且传输距离长，一般都采用 110kV 及以上的电压等级，在这样高的电压等级下绝缘问题比较突出，因此一般都采用中性点接地系统；而在中压系统中，中性点不接地系统发生单相接地故障时产生的过电压对绝缘的威胁不大，因为中压系统的绝缘水平是根据要求更高的雷电过电压制定的，因此为了提高供电可靠性，在我国，作为供配电系统主要电压等级的 35、10、6kV 等中压系统，大多采用中性点不接地系统。

对于 1kV 以下的低压配电系统，中性点运行方式与绝缘的关系已不是主要问题，这时中性点运行方式主要取决于供电可靠性和安全性。

第二节　短路发生的原因、种类、危害

供配电系统中的短路是指相导体之间或相导体与地之间不通过负载阻抗而发生的电气连接，是电力系统的常见故障之一。

一、短路发生的原因

短路发生的主要原因是系统中某一部位的绝缘遭到破坏。绝缘遭到破坏的原因有很多，根据长期的事故统计分析，主要有以下一些原因：

（1）雷击或高电位侵入。电气设备的绝缘是有一定的介电强度的，即绝缘耐压值，超过规定的介电强度，绝缘就会被击穿。雷击或高电位侵入是系统常见的过电压形式，一旦过电压超过电气设备绝缘的耐压值，绝缘就会被击穿，从而造成短路。

（2）绝缘老化或外界机械损伤。大多数的绝缘都是由高分子材料制造的，老化是这类材料不可避免的一种现象。老化会带来绝缘性能的降低，当绝缘性能降低到一定程度后，在正常工作电压或允许过电压的作用下，绝缘也可能被击穿。

机械损伤是绝缘破坏的另一种途径，如掘沟时损伤电缆等。对这类绝缘破坏，应采取技术措施和管理措施并重，才能有效避免。

（3）误操作。最常见的误操作是带负载拉隔离开关和未拆检修接地线就合闸引起的

短路。

(4) 动、植物造成的短路。如动物躯体或植物跨于相导体之间或相导体与地之间，藻类植物生长使相导体间绝缘净距减小等造成的绝缘性能下降，都可能引发短路。

二、短路的种类

对中性点接地系统，可能发生的短路类型有三相短路 $k^{(3)}$、两相短路 $k^{(2)}$、单相短路 $k^{(1)}$ 和两相接地短路 $k^{(1+1)}$，后者是指两根相线和大地三者之间的短路。单相短路有相线与中性线间的短路，也有相线直接与大地之间的短路，这时的单相短路又称为单相接地短路。

对中性点不接地系统，可能发生的短路类型有三相短路 $k^{(3)}$ 和两相短路 $k^{(2)}$。另外，两相接地短路 $k^{(1+1)}$ 也应算作一种特殊类型的短路，它是指有两相分别接地、但接地点不在同一位置而形成的相间短路。中性点不接地系统出现单相接地故障时，叫做不正常运行状态，不属于短路故障。

以上各种类型的短路中，三相短路又称为对称短路，其余的称为非对称短路。

据统计，从短路发生的类型来看，单相短路或接地的发生率最高；从短路发生的部位来看，线路（尤其是架空线路）上发生的短路或接地比例最大。我国的中压系统采用中性点不接地系统，主要就是为了避免单相接地造成的停电。

三、短路的危害

(1) 短路电流远大于正常工作电流，短路电流产生的力效应和热效应足以使设备受到破坏。

(2) 短路点附近母线电压严重下降，使接在母线上的其他回路电压严重低于正常工作电压，影响电气设备的正常工作，甚至可能造成电机烧毁等事故。

(3) 短路点处可能产生电弧，电弧高温对人身安全及环境安全带来危害。例如：误操作隔离开关产生的电弧常会使操作者严重灼伤，低压配电系统的不稳定电弧短路可能引发火灾等。

(4) 不对称短路可能在系统中产生复杂的电磁过程，从而产生过电压等新的危害。

(5) 不对称短路使磁场不平衡，会影响通信系统和电子设备的正常工作，造成空间电磁污染。

四、计算短路电流的原因

短路是电力系统常见的故障之一，短路电流是系统重要的技术参数，它与多方面的技术措施有关，归纳起来，主要有以下用途：

(1) 校验系统非故障设备能否短时承受系统可能发生的最严重短路。

(2) 校验断路器能否可靠开断故障电流。

(3) 作为设置短路保护的依据。

(4) 可通过短路电流大小判断系统电气联系的紧密程度，作为评价各种接线方案的依据之一。

第三节 无限大容量中压配电网短路电流计算

一、短路计算的基本假设

在现代电力系统的实际条件下，要进行极准确的短路计算是相当复杂的，同时，对解决大部分实际工程问题，并不要求极准确的计算结果。为了简化和便于计算，实用中多采用近似计算方法，这种方法是建立在一些基本假设条件的基础上，计算结果有些误差，但不超过工程中的允许范围。

短路电流实用计算的基本假设条件如下：

(1) 系统在正常运行时是三相对称的。

(2) 电力系统各元件的磁路不饱和，即各元件的电抗为一常数，计算中可以应用叠加原理。

(3) 略去变压器的励磁电流和所有元件的电容。

(4) 在高压电路的短路计算中略去电阻值，但在计算低压网络的短路电流时，应计及元件电阻，可以不计算复阻抗，用阻抗的绝对值$|Z|=\sqrt{R^2+X^2}$进行计算。

(5) 所有发电机电动势的相位在短路过程中都相等，频率都与正常工作时相同。

二、无限大容量电源的概念

无限大容量电源是指内阻抗为零的电源。当电源内阻抗为零时，不管供出的电流如何变动，电源内部均不产生压降，电源母线上的输出电压维持不变。实际上电源的容量不可能无限大。这里所说的无限大容量是一个相对的容量，由于工矿企业等用户的变电站容量一般不会很大，电压等级也不太高，用标幺值表示的线路与变压器的电抗数值就比较大，在同一基准值下，系统的等值内阻抗就很小。当在用户变电站中发生短路时，短路电流在电源内电抗的电压降就很小，系统内的母线电压变化也很小。因此，在实用计算中，当电源的阻抗不大于短路总阻抗的5%～10%时，可将该电源系统看作是无限大容量电源系统。供用电网络中的三相短路计算，一般都把电源系统看作是无限大容量电源系统。

三、无限大容量系统三相短路电流计算步骤

无限大容量电源短路电流计算步骤，一般是先计算系统元件的电抗标幺值，然后作出系统的等值电路图，并进行网络变换和简化，最后计算出总的等值电抗标幺值$X^*\Sigma$，则对应的三相稳定短路电流标幺值为

$$\mathrm{I}^*=\frac{1}{\mathrm{X}^*\Sigma} \tag{5-1}$$

对应的稳态短路电流的有名值为

$$I_{\mathrm{d}}^{(3)}=I^*\frac{S_{\mathrm{j}}}{\sqrt{3}U_{\mathrm{j}}} \tag{5-2}$$

其他特征短路电流值按前述关系进行计算。

四、两相短路电流计算

通过计算分析可得，两相短路电流与三相短路电流的关系为

$$I_{\mathrm{d}(2)}=0.866I_{\mathrm{d}(3)}$$
$$I_{\mathrm{c}(2)}=0.866I_{\mathrm{c}(3)}$$
$$i_{\mathrm{c}(2)}=0.866i_{\mathrm{c}(3)}$$

因此，三相短路稳态短路电流、三相短路冲击电流在各种情况下均大于两相短路时的相应值。对于稳态短路电流，一般情况下，两相短路电流小于三相短路电流，仅在短路计算电抗标幺值小于0.6s时，两相短路电流才会大于三相短路电流。因此，通常对电气设备的动

稳定及热稳定均以三相短路电流校验，而对于继电保护中保护装置对两相短路动作灵敏度时，才采用最小短路电流值，即两相短路电流值。

【例 5-1】 某 10kV 城市配电网接线图如图 5-3 所示。110kV 变电站高压侧 110kV 母线短路容量为 6000MVA（短路电流为 31.5kA），10kV 线路采用架空线路，干线型号为 LJ-185，其电抗标幺值为 0.308/km，SF 型变压器容量及线路各段长度均标在图中，试计算 d1、d2、d3 点分别适中时的三相短路电流。

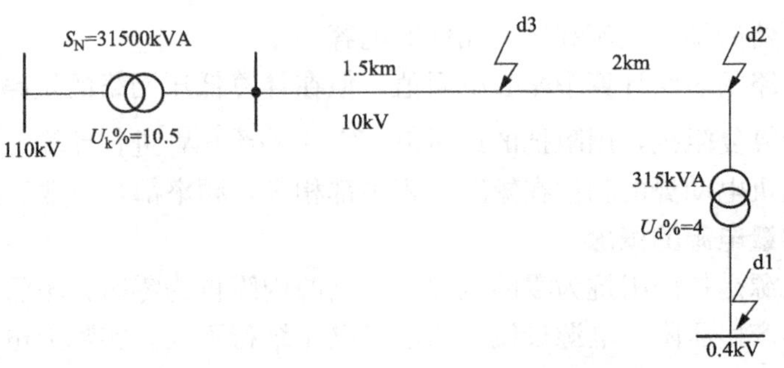

图 5-3 某 10kV 城市配电网接线图

解 1. 计算电力元件的参数及标幺值

取基准容量 S_j＝100MVA，基准电压取各段平均额定电压 U_j，各元件标幺值如下：

110kV 系统：$X_{s*}=\dfrac{S_j}{S_d}=\dfrac{100}{6000}=0.016$

110kV 变压器：$X_{b1*}=\dfrac{U_d\%S_j}{100S_n}=\dfrac{10.5\times100}{100\times31.5}=0.333$

1.5km，10kV 架空线路：$X_{1l*}=X_{0*}L_1=1.5\times0.308=0.462$

1.5km，10kV 架空线路：$X_{2l*}=X_{0*}L_2=2\times0.308=0.616$

10kV 配电变压器：$X_{b2*}=\dfrac{U_d\%S_j}{100S_n}=\dfrac{4\times100}{100\times0.315}=12.7$

2. 作等值电路

计算的等值电路如图 5-4 所示。

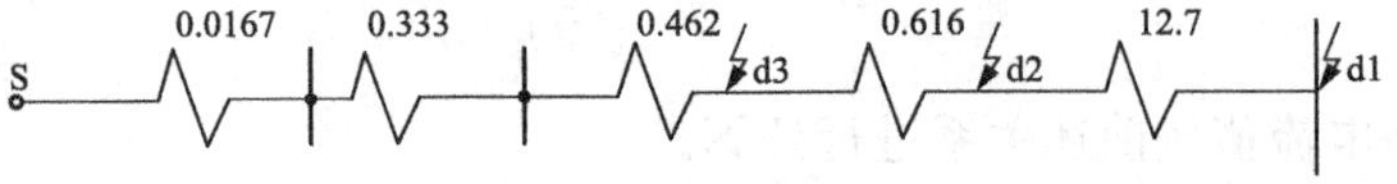

S 0.0167 0.333 0.462 d3 0.616 d2 12.7 d1

图 5-4 等值电路

3. 计算电源到各短路点的（短路回路）总电抗

$$d1 点：X_{*z1}=0.0167+0.333+0.462+0.616+12.7=14.1277$$

$$d2 点：X_{*z2}=0.0167+0.333+0.462+0.616=1.4277$$

$$d3 点：X_{*z3}=0.0167+0.333+0.462=0.8117$$

4. 求各短路点的三相短路电流

当求得各短路点到电源间的总电抗后，就可以求得各短路点的短路电流。

$$\text{d1 点}: I_{d1} = \frac{1}{14.1277} \times \frac{100}{\sqrt{3} \times 0.4} = 10.22(\text{kA})$$

$$I_{c1} = 1.08 \times 10.22 = 11.14(\text{kA})$$

$$i_{c1} = 1.84 \times 10.22 = 18.8(\text{kA})$$

$$S_{d1} = 7.08(\text{MVA})$$

$$\text{d2 点}: I_{d2} = \frac{1}{1.4277} \times \frac{100}{\sqrt{3} \times 10.5} = 3.85(\text{kA})$$

$$I_{c2} = 1.52 \times 3.85 = 5.85(\text{kA})$$

$$i_{c2} = 2.55 \times 3.85 = 9.82(\text{kA})$$

$$S_{d2} = \frac{100}{1.4277} = 70.04(\text{MVA})$$

$$\text{d3 点}: I_{d3} = \frac{1}{0.8117} \times \frac{100}{\sqrt{3 \times 10.5}} = 6.78(\text{kA})$$

$$I_{c3} = 1.51 \times 6.78 = 10.2(\text{kA})$$

$$i_{c3} = 2.55 \times 6.78 = 17.79(\text{kA})$$

$$S_{d3} = \frac{100}{0.8117} = 123.20(\text{MVA})$$

【例 5-2】 图 5-5 所示为某农村配电网接线图。110kV 系统短路容量为 4000MVA，110kV 变压器容量为 31500kVA，阻抗电压百分数为 $U_{d12}\%=10.5$，$U_{d13}\%=17$，$U_{d23}\%=6$；35kV 线路采用 LGJ-185 导线架设，线长 18km；35kV 变压器容量为 6300kVA，$U_d\%=7.5$。试计算 d1、d2、d3 点短路时的三相短路电流。

解　1. 计算参数并作等值电路图

取基准容量为 100MVA，基准电压取平均额定电压，各元件参数标幺值计算如下：

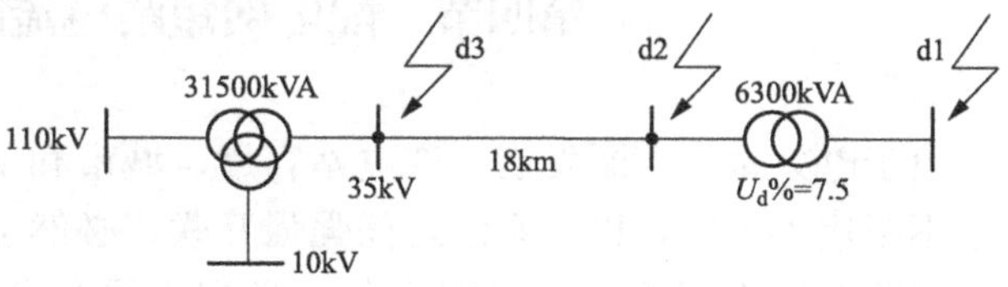

图 5-5　某农村配电接线图

110kV 系统：$X_{s*} = \frac{S_j}{S_d} = \frac{100}{400} = 0.025$

110kV 三相绕组变压器：$U_{d1}\% = \frac{1}{2} \times (10.5+17-6) = 10.75$

$$U_{d2}\% = \frac{1}{2} \times (10.5+6-17) = -0.25$$

$$U_{d3}\% = \frac{1}{2} \times (17+6-10.5) = 6.25$$

对应的三个绕组电抗：$X_{*1} = \frac{10.75}{100} \times \frac{100}{31.5} = 0.314$

$$X_{*2} = \frac{-0.25}{100} \times \frac{100}{31.5} \approx 0$$

$$X_{*3} = \frac{6.25}{100} \times \frac{100}{31.5} = 0.198$$

35kV 变压器：　$X_{b*} = \frac{U_d\%}{100} \times \frac{S_j}{S_n} = \frac{7.5}{100} \times \frac{100}{6.3} = 1.19$

35kV 线路：单位长度导线电抗标幺值为 0.0283，则线路电抗为 18×0.0283=0.509。计算用的等值电路如图 5-6 所示。

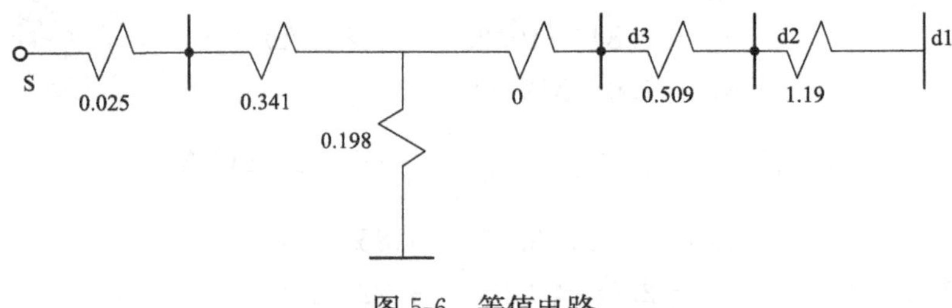

图 5-6 等值电路

2. 计算短路电流到电源间的总电抗

$$\text{d1 点}: X_{*z1} = 0.025 + 0.314 + 0 + 0.509 + 1.19 = 2.065$$

$$\text{d2 点}: X_{*z2} = 0.025 + 0.314 + 0 + 0.509 = 0.875$$

$$\text{d3 点}: X_{*z3} = 0.025 + 0.314 + 0 = 0.366$$

3. 计算短路电流

可通过前述公式计算出各短路电流分量。

$$\text{d1 点}: I_{d1} = 2.66\text{kA}, I_{c1} = 4.04\text{kA}, i_{c1} = 6.78\text{kA}, S_{d1} = 48.43\text{MVA}$$

$$\text{d2 点}: I_{d1} = 1.78\text{kA}, I_{c1} = 2.71\text{kA}, i_{c1} = 4.54\text{kA}, S_{d1} = 114.29\text{MVA}$$

$$\text{d3 点}: I_{d1} = 4.26\text{kA}, I_{c1} = 6.48\text{kA}, i_{c1} = 10.68\text{kA}, S_{d1} = 273.22\text{MVA}$$

第四节 配电网短路电流限值及控制措施

由于电力系统不断发展，变电站容量、城市和工业中心负荷密度不断增长，大容量发电机组不断接入电网，以及系统之间强强互联，必然会出现一个新的问题，即电力系统各级电网的短路电流不断增大，电网中各类送变电设备如开关、变压器、互感器及变电站内的母线、导线、支持绝缘子和接地网等都必须满足因短路电流的增大而提出的要求，也就是短路电流水平的配合问题。选择合理的短路电流水平既是系统规划和设计问题，也是一项重要的技术经济政策问题。电网短路电流水平包含的一些因素有短路电流的周期和非周期分量数值，恢复电压的上升陡度，单相接地短路电流和三相短路电流之比，电网元件间统计短路电流值的分布等。这些因素影响断路器的开断性能和设备参数的选择，也与电网的结构、中性点接地的方式和变电站的出线数量等有着密切的关系。近几年来，随着城乡电网的改造和建设，城乡电网有了很大的发展，省会城市和沿海大城市已经基本上建成了 220kV 及以上电压等级的超高压外环网或 C 形网，110～220kV 高压变电站已经广泛深入市区负荷中心，大大增强了市区电网的供电能力。由于城乡电网的发展，各级电压的短路容量不断增大，不少城网已出现短路容量超过《城市电力网规划设计导则》中短路容量的限值，甚至超过了断路器的开断容量。为使各电压等级电网的开断电流与设备的动、热稳定电流得以配合，并满足目前我国的设备制造水平，城乡各级电压电网的短路电流和短路容量不应超过表 5-1 所列数值。

如果城乡电网的短路容量超过上述规定，就应采取必要的措施限制短路电流。

表 5-1 短路电流及短路容量限值

名称		220kV	110kV	35kV	10kV
短路电流（kV）	城网	40～50	31.5	25	16
	农网	31.5～40	25	16	12.5
短路容量（MVA）	城网	1500～19000	6000	1500	280
	农网	1200～15000	4800	1000	200

一、选择合适的城网结构及运行方式

1. 城市电网分片运行

目前，为了提高供电能力和供电可靠性，大中城市外围已基本上建成了220kV及以上电压等级的超高压外环网或C形网，系统短路容量越来越大，如果不从网络的结构上采取措施，仅靠串联电抗器等措施限制短路电流已很难满足要求，且经济上也不合理。因此，可以将原来的110（60）kV城网分片运行。

城网分片运行时，片区内高压配电网电源从城市外围超高压枢纽变电站经110（60）kV高压配电网直接送至市区负荷中心。这样既有效地降低了短路容量，又避免了高低压电磁环网。如我国某直辖市，目前已将城网分成三个独立供电片区，计划到2020年，将城网进一步分成七个片区，使各片区能独立运行，又能相互支援。

城网分片运行时，首先应保证供电可靠性，必须符合“*N*-1”安全准则，这就要求在高压配电网的设计上采取必要的措施，如采用双电源、环网等供电方式；其次还应使各供电片区的负荷基本平衡，供电范围不宜过大，以保证良好的电压质量。

2. 环形接线开环运行

高中压电网采用环形接线的主要目的是为了提高供电可靠性，但随着变电容量的不断扩大，短路容量也不断增大，可能超过开关设备的额定开断能力。因此，对于环形接线，在正常运行时应将环打开，故障时闭环运行。同理，对于双电源供电的高中压配电网，正常运行时两侧电源不并列，只有在失去一个电源时，才将联络开关投入，从而起到有效降低短路电流的目的。

3. 简化接线及母线分段运行

简化接线就是使变电站的接线尽可能简单、可靠，如对110kV变电站高压侧采用桥式接线或线路变压器组成接线等，10kV中压侧采用单母线分段接线等；对中压开关站一般采用单母线分段，两回进线配多回出线接线；对配电所采用环网单元接线。这样既能降低短路容量，又能节省建设投资。

母线分段是将某些大容量变电站低压侧母线分段，两段母线间可不设分段开关，对负荷采用辐射式供电方式，从而使一段母线短路时的短路回路电抗大为增加，有效降低短路水平。

二、选择合适的变压器容量及变压器参数

1. 选择合适的变压器容量

变电站中变压器台数及容量是影响城乡电网结构、可靠性和经济性的一个重要因素，同时对电网的短路水平也有很大的影响。在变电站供电范围及最大供电负荷确定之后，变电站中变压器容量及台数的确定目前国内尚无明确的标准。从国内外情况看，变电站中使用变压器的台数大多为两台，极少有四台以上的。以变电站装设两台主变压器来看，若变压器取高

负荷率时，$T=65\%$，这意味着变压器容量可适当地选小一些。当一台变压器故障时，另一台变压器按 1.3 倍负荷倍数承受短时（2h）过负荷，这样选的主要优点是经济性好，设备利用率较高，变压器容量相对较小，短路容量小；若变压器取低负荷率时，$T=50\%$。这样，当一台变压器故障时，另一台变压器承担全部负荷而不是过负荷，因此不必在相邻两变电站间建立联络线，负荷转供切换均在本站内进行。

综上所述，就我国目前电网现状，大多数观点倾向于高负荷率方式。我国《城市电力网规划设计导则》也明确要求变电站中变压器采用高负荷率。在实际选容量时，各地应根据当地电网现状及发展情况具体掌握。

2. 选用高阻抗变压器

在现在的城网中，随着电网的联系不断紧密和变电容量的增大，变电站各侧短路容量都较大，除将电网分片及开环运行外，还有选用阻抗较大的变压器限制短路电流。这时变压器正常运行时的功率损耗则降为次要位置。

但在有些变电站中，即使采用了高阻抗变压器，仍无法将低压侧短路电流限制在允许值以下，这样就提出了在变压器内部低压绕组上串接小电抗来限制短路电流的方案。这种方法目前在法国、加拿大等国应用较多，而我国则尚无应用。其主要观点是：内部串接的小电抗为空芯绕组，低压绕组带有铁芯，两者的阻抗不同，在这两个绕组之间形成了一个过电压的节点，当出现过电压时，冲击波在节点要发生反射和折射，在节点处形成一个绝缘薄弱点，影响变压器安全运行。同时，由于绕组额外增加了一个串接元件，增加了变压器结构的复杂性，且小电抗若不加屏蔽，会在主变压器铁芯漏磁作用下产生过热现象，降低了变压器整体的可靠性。

3. 采用分裂变压器

图 5-7 所示为分裂变压器的原理接线及等值电路。正常工作时，两个低压分裂绕组各流过相同的电流 $I/2$，不计励磁损耗时，高压绕组电流为 I。高压绕组到低压绕组的穿越电抗为

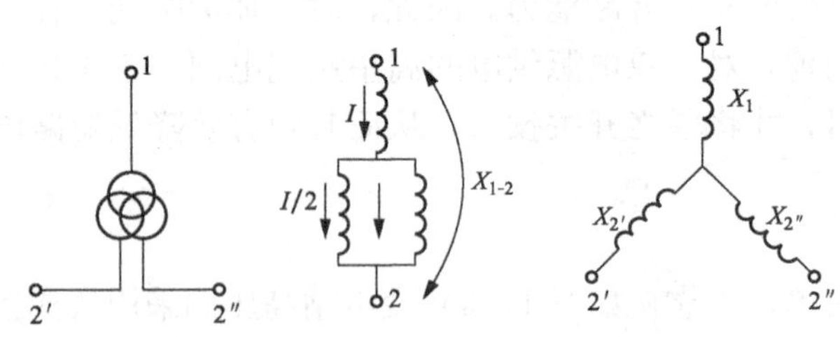

图 5-7 分裂变压器的原理接线及等值电路图

$$X_{1-2}=X_1+\frac{X_2}{2}=X_1+\frac{1}{4}X_{2'-2''} \tag{5-3}$$

式中：X_{1-2}为分裂变穿越电抗；$X_{2-2''}$为分裂变的分裂电抗。

当一个绕组（设 2′）短路时，来自高压侧的短路电流将受到半穿越电抗 $X_{1\text{-}2'}$ 的限制，即

$$X_{1-2'}=\left(1+\frac{1}{4}k_f\right)X_{1-2} \tag{5-4}$$

式中：$X_{1-2'}$为半穿越电抗；k_f 为分裂变压器的分裂系数，$k_f=\dfrac{X_{2'-2''}}{X_{1-2}}$，$k_f$ 值若取 3.5，则 $X_{1-2'}=1.875X_{1-2}$。

通过以上分析表明，分裂变压器正常工作时电抗值较小，而一个分裂绕组短路时来自高压侧的短路电流将受到半穿越电抗 $X_{1-2'}$ 的限制，其值近似为正常工作电抗（穿越电抗 X_{1-2}）的 1.9 倍，很好地限制了短路电流。因此，这种变压器在大型发电厂及短路容量较大的变电所中得到了较广泛的应用。

三、利用限流电抗器限制短路电流

限流电抗器限制短路电流，按安装位置不同可分为变压器低压侧串联电抗器、分段母线上装设电抗器及出线上装设电抗器等几种。

变压器低压侧串联电抗器，可明显增大短路回路电抗，降低低压短路容量。

母线分段上装设电抗器，母线上发生短路故障或出线上发生短路故障时，来自高压侧的短路电流都将受到限制，如图 5-8 所示。所以分段电抗器的优点就是限制短路电流的范围大。

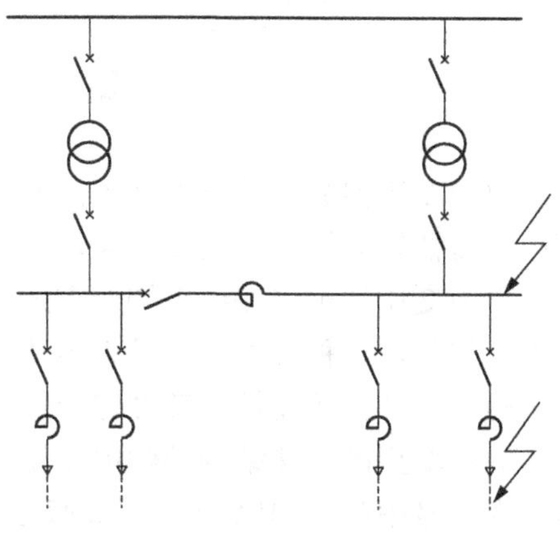

图 5-8　电抗器的作用和接法

出线上装设电抗器，对本线路的限流作用较母线分段电抗器要大得多，尤其是以电缆为引出线的城网，出线电抗器可有效地起到限制短路电流的目的。

限流电抗器按结构可分为普通电抗器和分裂电抗器。分裂电抗器与普通电抗器的不同点是在绕组中心有一个抽头作为公共端。它的主要优点是正常工作时压降小，短路时电抗大，限流作用强等；其缺点是一侧短路、另一侧没有电源而仅有负荷时，会引起感应过电压，另外一侧负荷变动大时，也会引起另一侧的电压波动。

第六章　配电变压器

第一节　配电变压器概述

电力变压器分为油浸式和干式两大类。目前，升压变压器、降压变压器、联络变压器和配电变压器均采用油浸式变压器，部分装在室内的配电变压器采用干式变压器。

电力变压器可以按绕组耦合方式、相数、冷却方式、绕组数、绕组导线材质和调压方式分类。但是，这种分类还不足以表达变压器的全部特征，所以在变压器型号中除要把分类特征表达出来外，还需标记其额定容量和高压绕组额定电压等级。

一些新型的特殊结构的配电变压器，如非晶态合金铁芯、卷绕式铁芯和密封式桶皮变压器，在型号中分别加以 H、R 和 M 表示。

变压器是电能传输过程中不可缺少的电力设备，它的容量列在所有用电设备之首，而变压器在电力传输过程中自身损耗较大，特别是目前广泛使用的油浸式变压强，它的损耗已超过总线损的 50%，因此，改进变压器性能，降低损耗，提高配电系统效率，一直是电力行业的重要工作之一；而且，降低变压器的损耗是降低电网线损的关键。20 世纪 90 年代后期，随着市场经济的发展、变压器制造技术的不断进步和受到城乡电网改造工程的拉动，新材料、新工艺不断应用，新的低损耗配电变压器相继开发成功。另外，变压器体积大、笨重、噪声大、所用矿物油污染环境、铁芯饱和时产生谐波等问题，促使国内外电力专家不断地进行新型变压器的开发和研究。

一、卷铁芯变压器

变压器铁芯由硅钢片带材连续卷绕而成，由于铁芯无接缝，因此导磁性能大大改善。变压器的空载电流、空载损耗和运行噪声相对降低，是目前比较先进的节能型变压器。以容量为 315kVA 的变压器为例，采用卷铁芯结构后，空载电流下降 92%，空载损耗下降 46.8%，负载损耗下降 7.5%，油箱体积减少 1/4，重量减轻 1/5，空载电流谐波降低 80%，运行噪声也降低了 13dB。

在降低变压器能量损耗的研究中，着重研究降低变压器空载损耗，因为空载损耗是随变压器投入运行而发生的，与负载大小无关，相对为一常数。经过研究，变压器的空载损耗的大小决定于铁芯的材质、内部磁分子排列、铁芯结构形式和加工工艺水平。

1. 铁芯的材料与叠装

电力变压器应用卷绕式铁芯，利用其连续卷绕没有接缝的特点，可以大大改进变压器的磁路特性。

为了将铁芯制成阶梯形或圆形，铁芯卷绕时，须把硅钢片纵裁成不同宽度，分层卷绕。在线圈绕制和套装方面，有些变压器采取线圈分开绕制。

2. 卷绕铁芯变压器的特点

(1) 采用薄型冷轧硅钢片，电磁特性好，磁路中没有气隙，降低了磁路的磁阻，提高了磁导率，同样容量条件下，可在新 S9 型变压器的空载损耗基础上，再降低 25%～30%，空载电流可降低 30%～40%。

(2) 铁芯绕制及铁芯和绕组的紧固好，变压器噪声比叠片式可降低 6～8dB。

(3) 节约原材料，同容量条件下，卷绕式铁芯比叠片式铁芯少了 4 个尖角和 4 个小尖角，可节省铁芯总量的 10%～12%。卷绕式变压器空间利用系数高，线圈导线的长度减少，节约铜材，又可降低负荷损耗。节约原材料，从而减轻变压器的重量。

(4) 卷绕铁芯变压器配合全密封结构油箱可以大大提高运行可靠性，减少日常维护工作量，延长变压器使用寿命。

(5) 使用卷绕铁芯变压器，可降低运行费用，以 100kVA 变压器为例，S9 型变压器年空载损耗电能为 2540.4kWh，卷绕铁芯变压器年空载损耗电能为 1752.4kWh，每年减少 788kWh。按每千瓦时电费为 0.5 元计，每年仅空载损耗费用可减少 394 元。

二、非晶合金变压器

非晶合金变压器的铁芯材料运用了无向非晶体钢板，与以往的硅钢片相比损耗约为 1/4～1/3，是损耗非常低的铁芯材料。无向非晶体钢板比硅钢片的厚度要薄，而且宽度要窄，使用受到局限。但随着非晶体钢板价格的降低，它的优点将得到认可。非晶配电变压器是我国“九五”计划重点推广的新型节能产品，节能效果十分显。为了降低变压器空载损耗，采用高磁导率的软磁材料，将非晶态合金应用于变压器，制成非晶态合金铁芯的变压器。非晶态合金引起的磁化性能的改善，其 B-H 磁化曲线很狭窄，因此其磁化周期中的磁滞损耗就会大大降低。又由于非晶态合金带厚度很薄，并且电阻率高，其磁化涡流损耗也大大降低。据实测非晶态合金铁芯的变压器与同电压等级、同容量硅钢合金铁芯变压器相比，空载损耗要低 75%～80%，空载电流可下降 80%左右。非晶合金变压器应用中应注意的几个问题：

(1) 非晶合金变压器的空载特性在变压器寿命期内，特性稳定，有较高的可靠性，加制成全密封型，即可实现免维修。

(2) 非晶合金变压器最突出的特点是比硅钢片铁芯变压器的空载损耗和空载电流降低很多，所以适合用于峰谷差大的用电负荷。

(3) 由于非晶态合金具有薄、硬、脆，对应力敏感等特性，因此在变压器结构设计、制造、运行时必须采取措施，降低和减少对铁芯影响的应力，如运输、搬动、安装等，以保持其优越的空载特性。

(4) 非晶合金变压器必须遵循下面三点要求：

1) 由于非晶合金材料的饱和磁密较低，在产品设计时，额定磁通密度不宜选得太高，通常选取 1.3～35T 磁通密度便可获得较好的空载损耗值。

2) 非晶合金材料的单片厚仅为 0.03mm，所以其叠片系数也只能达到 82%～86%。

3) 为了使用户能获得免维护或少维护的好处，现把非晶合金变压器的产品，都设计成全密封式结构。

三、新合金变压器

据海外媒体报道，铁铌硼锆合金是在试验中发现的，这种合金有氧化和不易加工等缺点，后来去掉了有磁性的锆，最终开发成功了只用铁铌硼三种金属的合金，其电力损耗比硅钢片降低 9/10。

使用这种新的合金制造变压器，不仅能够大大减少电力损耗，而且还可节省材料成本，简化制造工艺。测算表明，用这种新材料制造的变压器，还会减少电力损耗所产生的温室效应，在环保方面也有益处。

四、高温超导变压器

高温超导变压器维持电磁转换原理不变，用超导线材取代了现有的电磁线（铜导线或铝导线），所以需要给变压器创造适合于高温超导材料工作的低温环境。这样变压器的基本结构，尤其是绕组结构和冷却系统结构，发生了根本性的改变，冷却介质由变压器油或空气变为液氮。

高温超导变压器具有过载能力强、尺寸小、重量轻、效率高等优点，还有利于环保，也可以改善整个电力系统的抗短路性能。国外变压器行业在高温超导体应用于变压器技术上投入了大量的精力和资金，积极开展超导技术的应用研究，并在超导变压器实用化方面取得了许多成果。

五、绕组导线变压器

这种新型电力变压器高、低压采用两种不同形式的绕组，高压绕组采用新设计，其导线由和其并联的绝缘导体组成，而低压绕组不变，这是因为低压绕组电压低，载流量大，如果采用先进绕组，其性能改进并不明显。新的绕组导线比传统的绕组导线更宽更厚，每段允许更多的匝数，并减少了导线的分段数，而且这种新型电力变压器的绕组是连续的，没有任何交叉和内部屏蔽，交叉换位和焊点也相应减少，几乎不存在人为的铜焊点，绕组数量减少，过负荷能力增大。由于设计简单，生产费用也有所减少。新的绕组设计可使变压器损耗减少1/4，全部费用减少15%。

六、干式变压器

这种变压器有带填料的（石英粉）、纯树脂的、绕包的，各种工艺、结构并存。干式变压器的主要特色是可靠性高、安全性好。由于干式变压器的耐热等级高，因而变压器的体积小、重量轻，特别适合于高原、沿海地区及运行条件比较恶劣的环境。

七、电力电子变压器

电力电子变压器又称固态变压器，是近年来随着电力电子技术发展而引起人们关注的新型配电变压器。它采用最新的电力电子变流技术，将工频交流电转换为高频交流电或直流电，然后用高频变压器进行隔离以实现电压电流的变换，最后将高频交流电转化为工频交流电或将直流电逆变为工频交流电供电网用户使用。由于电力电子变压器使电网与用户隔离，因此消除了来自电网侧的电压波动、电压波形失真以及电网频率的波动，也消除了由用户端所产生的无功、谐波、瞬时短路对供电电网的影响。电力电子变压器可以避免传统变压器由于铁芯磁饱和而造成系统中电压、电流的波形畸变，从而改善了供电质量。

电力电子变压器采用了高频变压器，体积将大大减小，价格也将不断下降。

八、SF_6 气体绝缘变压器和封式变压器

随着国民经济的发展，城市向大型化、繁华化发展，人口密集，高层建筑成群。城网改造中规定110kV线路进城，变电站以110kV变压器布点。因此，人们开始对 SF_6 气体绝缘变压器重视起来，SF_6 气体作为绝缘介质，具有不燃、无毒、无臭、优越的耐电弧性及很高的绝缘性能。

九、现代化电网对变压器的要求

现代城市电网配电系统对电力变压器的要求，除应满足基本技术性能外，还要求有较高的安全可靠性。针对现代化城市的特点，变压器还需要满足环境保护、经济运行、节约能源、防灾害等方面的要求。

（1）改进变压器的结构设计，选用优质原材料和先进的制造工艺以提高安全可靠性。

（2）满足城市防灾需要，提高防灾能力。在建筑物主体内安装、地下安装和在易燃易爆特殊环境中使用，变压器要实现无油化。

（3）满足环境保护的要求。城市内的变压器在运行中产生的噪声，应符合相关规定，一方面应改进变压器生产工艺，选用优质铁芯材料；另一方面，对大型变压器要有合理运行方式，提高自然冷却能力，不用或少用风冷设备，减少风扇噪声。必要时要有隔音措施。此外，还要加强油务管理，防止污油排放造成的污染。

（4）满足经济运行节约能源的要求。在变压器制造上改进结构设计，适当降低铁芯磁通密度，改进铁芯叠片方式；选用薄型晶粒取向硅钢片或采用非晶态合金，降低空载损耗；变压器绕组采用优质铜导线，降低负载损耗；变压器运行中选用合理的经济运行方式，保证高效率运行。

现代化的电网设备应坚持科技进步、安全可靠和节约能源的原则，满足电网设备小型化、无油化、自动化、免维护或少维护及环境保护的要求。

第二节　配电变压器容量选择

一、配电变压器负荷率的取值

负荷率又称运行率，是影响变压器容量、台数和电网结构的重要参数。其值为

$$K_{fz} = \frac{\text{变压器实际最大负荷(kVA)}}{\text{变压器额定容量(kVA)}} \times 100\% \tag{6-1}$$

配电变压器的负荷率，一般应在额定容量的70%左右，较为经济可靠，单从变压器功率损失来看，负荷率在50%～70%最好。

（一）负荷率取值的两种观点比较

国内和国外对配电变压器负荷率K_{fz}的取值有两种观点：一种认为K_{fz}值取得大好，即取高负荷率；另一种则相反，认为K_{fz}值取得小好，即取低负荷率。下面对这两种观点分别进行讨论分析。

1. 高负荷率

K_{fz}的具体取值和变电站中变压器台数N有关，当$N=2$时，$K_{fz}=65\%$；当$N=3$时，$K_{fz}=87\%$（近似值）；当$N=4$时，$K_{fz}=100\%$（近似值）。

根据变压器负荷能力中的绝缘老化理论，允许变压器短时间过负荷而不会影响变压器的使用寿命，大体取过负荷率1.3时，延续时间2h。按“N-1”准则，当变电站中有一台变压器因故障停运时，剩余变压器必须承担全部负荷而过负荷运行，过负荷率为1.3。所以，不同变压器台数的K_{fz}值不同，台数增加，K_{fz}值增大。

提高K_{fz}值能充分发挥电网中设备的利用率，减少电网建设投资，降低变压器损耗。变压器取高负荷率时，为了保证系统的可靠供电，在变电站的低压侧应有足够容量的联络线，在2h之内把变压器过负荷部分通过联络线转移至相邻变电站。联络线容量为

$$L = (K-1)P(N-1) \tag{6-2}$$

式中：K为变压器短时过负荷倍数；P为单台变压器额定容量；N为变电站中变压器台数。

2. 低负荷率

当 $N=2$ 时，$K_{fz}=50\%$；当 $N=3$ 时，$K_{fz}=67\%$（近似值）；当 $N=4$ 时，$K_{fz}=75\%$，这种观点与第一种观点显然不同。当变电站中有一台变压器因故障停运时，剩余变压器承担全部负荷而不过负荷，因此无需在相邻变电站的低压侧建立联络线，负荷切换操作都在本变电站内完成。

经过大量计算后可归纳出关于以上两种观点的利弊：

（1）大量的数据证明在大多数（不是全部）情况下高负荷率比低负荷率有较高的经济效益，这正是许多人主张取高负荷率的理由。

（2）低负荷率时的电网网损率比高负荷率时小 5%～15%。

（3）低负荷率平时的电网供电可靠性高于高负荷率时的可靠性。如当一台变压器故障时，只要在本变电站内进行转移负荷操作，无需求助于相邻变电站，故为纵向备用，也不会因外部转移负荷有困难而延长停电时间，而且误操作事故率高于设备事故率。

（4）高负荷时，需要在变电站之间建立联络线，以备必要时转移负荷，其容量按上述计算，若变电站容量为 3×24 万 kVA，变压器过负荷倍数为 1.3，则联络线的通道要比征用一个变电站址困难得多。

（5）低负荷率时，电网有更强的适应性和灵活性，对于经济发展、人口密度大和用电标准高的城市是可取的。

（6）从电网投资统计曲线看出，电网的每千瓦投资曲线随负荷密度增大而下降，曲线相互靠近，表明高负荷密度城市取高负荷率时经济优势逐渐减弱，也说明高负荷密度区宜建立大容量变电站。

（7）变压器取低负荷率是简化网络接线的必要条件，对城网自动化有利。

（二）变压器的最佳负载率

变压器最高效率时的负载系数可用微分的方法求得。最高效率发生在 $d\eta/dK_{fz}=0$ 之点，依此可将效率 η 对负载率 K_{fz} 微分并令其等于零，便可求得最佳负载系数 K_{fz}。

$$K_{fz}=\sqrt{\frac{P_0}{P_{dn}}} \tag{6-3}$$

符合式（6-3）时变压器的效率最高。但是这仅仅考虑了变压器的有功损耗，即铜损和铁损。在运行中由于变压器磁化过程中的空载无功损耗 Q_0 及变压器绕组电抗中的短路无功损耗 Q_{dn} 的原因，在供给这部分无功损耗时又增加了系统的有功损耗。若考虑这部分损耗，则

$$K_{zj}=\sqrt{\frac{P_0+K_QQ_0}{P_{dn}+K_QQ_{dn}}}=\sqrt{\frac{P_0+K_QI_0\%S_n\times10^2}{P_{dn}+K_QU_d\%S_n\times10^2}} \tag{6-4}$$

式中：K_Q 为无功经济当量，$K_Q=\Delta P/\Delta Q$。

【例 6-1】 设有一台 S7-315/10 的变压器，其参数为 $S_e=315$，$P_0=0.76$，$P_k=4.8$，$U_k\%=4$，$I_0\%=1.4$，求负载系数应为多少？

解 1. 只计算有功功率损耗时

$$K_{zj}=\sqrt{\frac{P_0}{P_k}}=\sqrt{\frac{0.76}{4.8}}=0.398$$

$$S_{zj}=0.398\times315=125.3(\text{kVA})$$

2. 考虑综合损耗时

$$K_{zj}=\sqrt{\frac{0.76+0.1\times1.4\times315\times10^2}{4.8+0.1\times4\times315\times10^2}}=0.445$$

$$S_{zj}=0.445\times315=140.2(\mathrm{kVA})$$

从变压器损耗特性上看，容量越大的变压器，损耗的增加越缓慢。

(三) 按年运行费率最低的条件确定变压器的负荷率

变压器的年运行费用包括基本折旧、大修理维护折旧费、变压器的年电能损耗费用。年大修理维护折旧费为固定资产原值乘以折旧率；变压器的空载损耗费只要容量和运行时间不变，就成为常量。这两部分称为固定费用。

$$B_g=Z\alpha\%+P_0TJ_0 \tag{6-5}$$

变压器的负载损耗随负荷率、运行时间及电价而变。

$$B_b=P_{dn}\left(\frac{S_m}{S_n}\right)2FTJ_0$$

$$f=Kf(1-K)f^2 \tag{6-6}$$

年运行费用为

$$B=B_g+B_b \tag{6-7}$$

上三式中：f 为损耗因数；Z 为变压器价格；$\alpha\%$为综合折旧率，取 6.7%；T 为年运行小时，取 8760h；J_0 为电价；B 为年运行费用；B_g 为固定费用；B_b 为变压器带有负载损耗费用；S_m 为变压器运行费用最低时的负荷容量，kV；f 为负荷率。

年运行费用除以年平均负荷，即为单位负荷的年运行费，简称年运行费率（B/S_{pj}）。年运行费率对负荷的导数等于零时，变压器的年运行费率最低，即

$$\frac{B}{S_{pj}}=\frac{1}{S_n}\left(Z\alpha\%+P_0TJ_0+\frac{P_kS_m^2FTJ_0}{S_n^2}\right) \tag{6-8}$$

令$\frac{\mathrm{d}}{\mathrm{d}S_{pj}}\left(\frac{B}{S_{pj}}\right)=0$

则 $k_j^2=\left(\frac{S_m}{S_n}\right)^2=\frac{Z\alpha\%+P_0TJ_0}{P_kFTJ_0}$

所以 $k_j^2=\sqrt{\frac{Z\alpha\%+P_0TJ_0}{P_kFTJ_0}}$，即为变压器年运行费用最低时的负荷率。负荷率在 0.9 以上，K_j^2 高达 179.6%，最低也达 106.2%，这是不可能的。但这不是理论上的错误，而是价格上的原因。可以借鉴的是，变压器的运行不能单独由 $K_{fz}P_k=P_0$ 所决定。应考虑到变压器的投资因素，也就是考虑略高于传统的 $K_{fz}P_k=P_0$ 的水平。变压器经济运行与否，是由所带负荷的大小、本身消耗的功率以及变压器在磁化过程中引起的空载无功损耗、绕组电抗中的短路无功损耗等因素所决定的。全面地看，经济运行不能单从节电观点出发，还应考虑运行费用的问题。

二、配电变压器的容量选择

1. 主变压器容量的选择

对于配电变电站而，其主变压器容量按下列原则选择：

(1) 采用一台主变压器时，$S_{n\cdot b}\geqslant S_{js}$。

(2) 采用两台主变压器时，$S_{n\cdot b}\approx0.75S_{js}$或 $S_{n\cdot b}\geqslant S_{\mathrm{I}+\mathrm{II}}$。其中 $S_{n\cdot b}$为单台主变压器容

量；S_{js}为变电站总的计算负荷；$S_{\mathrm{I}+\mathrm{II}}$为变电站的一、二级负荷的计算负荷。

配电变电站中单台变压器（低压为0.4kV）的容量，一般不宜大于1250kVA；但当负荷容量大而集中，且运行合理时，也可选用1600～2000kVA的更大容量变压器。

2. 动力与照明混用的变压器的容量选择

对于动力与照明混用的变压器，电动机的功率以有功功率表示，一般 $\cos\varphi=0.8$，效率 $\eta=0.8\sim0.9$，所以变压器的额定容量可按计算负荷确定

$$S_{\mathrm{T}}=\frac{P_{js}}{0.7\sim0.75}\approx1.4P_{js}(\mathrm{kVA}) \tag{6-9}$$

3. 用户变压器容量的选择

多数单位的生活和生产用电由同一台变压器供给，全天的负荷曲线波动很大，若在非生产时间将变压器退出运行，大多数是做不到的。因此用户变压器容量的选择应以用户的生产班次来权衡，不应严格按经济运行负荷率来确定。

【例 6-2】 设某三班制生产用户，常用负荷为480kVA，负荷率 $K_{fz}=0.76$，变压器年运行时间为345天，若选用S7系列变压器，其最佳经济负荷率 $K_{fz}=0.4$。试比较采用 $K_{fz}=0.76$ 和 $K_{fz}=0.4$ 时的经济性。

解 当 $K_{fz}=0.4$ 时，$S=480/0.4=1200$（kVA），选S7-1250/10型变压器，此时实际负荷率为

$$K_{fz}=\frac{480}{1250}=0.384$$

当 $K_{fz}=0.76$ 时，$S=480/0.76=630$（kVA），选S7-630/100型变压器。

年铁损电量差为

$$\Delta A_0=(2.2-1.3)\times24\times345=7452(\mathrm{kWh/年})$$

年铜损电量差为

$$\Delta A_{\mathrm{k}}=(13.8\times0.384^2-8.1\times0.76^2)\times24\times345=-21889.5(\mathrm{kWh/年})$$

2号变压器每年节约电量为

$$\Delta A_0+\Delta A_{\mathrm{k}}=-14437.5(\mathrm{kWh/年})$$

假定平均电价为0.1元/kWh，用S7-630型变压器比S7-1250型变压器多缴纳的电费为

$$D_{\mathrm{F}}=0.1\times14437.5=1443.75(元/年)$$

变压器的价差为

$$J_{\mathrm{c}}=72530-43580=28950(元)$$

应交贴费差为

$$T_{\mathrm{FC}}=(1250-630)\times140=86800(元)$$

应交基本电费差为

$$J_{zf}=(1250-630)\times4\times12=29760(元/年)$$

变压器的维护费用差为

$$W_{\mathrm{F}}=5.8\%J_{\mathrm{C}}=1679(元/年)$$

由前面计算可见，用电单位选择变压器，不宜按经济负荷系数选择。$K_{fz}=0.4$ 比 $K_{fz}=0.76$ 每年节约运行费用为

$$F = J_{bf} + W_F - D_F = 29760 + 1679 - 1443.75 = 29995.25(\text{元}/\text{年})$$

节约一次性投资增加额为

$$T_z = J_c + T_{FC} = 28950 + 86800 + 115750(\text{元})$$

上边计算结果表明，选用 S7-630/10 型变压器运行，只是每年多缴纳 1443.75 元电费，但可以节约基本电费及维护费 29995.25 元，还可节约变压器差价及供电贴费差额，即一次性投资增加额 115750 元。

如果是单班生产的单位，就算每天工作 7h，经济效益更显著。

$$\Delta A'_k = (13.8 \times 0.384^2 - 8.1 \times 0.76^2) \times 7 \times 306 = -5663(\text{kWh})$$

2 号变压器每年节约电量为

$$\Delta A_0 + \Delta A_k = 7452 - 5663 = 1789(\text{kWh})$$

$$D_F = 0.1 \times 1789 = 179(\text{元})$$

$$\Delta F = 29760 + 1679 + 179 = 31618(\text{元})$$

$$T_z = 115750(\text{元})$$

由上述分析的结果可知，用电单位选择单台变压器运行时，不应严格按照经济负荷系数 K_{zj} 选择。提高负载系数，对节约资金效果显著。上例取 $K_{zj}=0.76$，若选 0.85 时，变压器只需 560kVA，效果更显著，只要 $K_{zj} \leqslant 1$，在技术上便没有问题，只是经济问题。

第三节 配电变压器的室内安装

一、配电变压器安装位置的选定

正确安装变压器是保证变压器安全运行的重要条件之一。变压器安装的方法有多种，概括起来可以分为两大类：室内和室外。从总的原则来说，不管是室内安装还是室外安装，都要合理地确定变压器的安装位置。在确定安装位置时要考虑便于运行、检修和运输，同时应选择安全可靠的地方。因此，要满足以下几方面的要求：

(1) 变压器安装在其供电范围的负荷中心，且供电半径为 0.5km。投入运行时的线路损耗最少，并能满足电压质量的要求。

(2) 变压器安装位置必须安全可靠，并且便于运输和吊装、检修，同时应符合城市乡村发展规划的要求。

(3) 变压器需要单独安装在台杆上时，下述电杆不能安装变压器：①大转角杆，分支杆和装有柱上断路器、隔离开关、高压引下线及电缆的电杆；②低压架空线及接户线多的电杆；③不易巡视、检查、测负荷和检修吊装变压器的电杆。

(4) 应避开蒸汽等温度及湿度较高的场所，并且应远离炉火等高温场所。

(5) 应远离储存爆炸物及可燃物的仓库。

(6) 应远离盐雾、腐蚀性气体及灰尘较多的场所。

(7) 应选择在涨潮或河水泛滥等情况下不被水淹的场所。

(8) 应选择在没有剧烈振动的场所。

(9) 应选择坚固的地基。

二、配电变压器室的最小尺寸

配电变压器室的最小尺寸根据变压器外形尺寸和变压器外廓至变压器室四壁应保持的最

小距离而定。

设置于变电站内的非封闭式干式变压器，应装设高度不低于 1.7m 的固定遮栏，遮栏网孔不应大于 40mm×40mm。变压器的外廓与遮栏的净距不宜小于 0.6m，变压器之间的净距不应小于 1.0m。

配电变压器室面积应有更换为加大一至二级配电变压器容量的余地。

200～1600kVA 配电变压器室尺寸见表 6-1，通风窗尺寸见表 6-2。

表 6-1　配电变压器室尺寸表

额定容量（kVA）	阻抗电压（%）	空载损耗（kW）	负载损耗（kW）	变压器室最小尺寸（mm）			
				宽面推进		窄面推进	
				室宽	室深	室宽	室深
200	4	0.33	3.06	3100	2700	2500	3300
250	—	0.4	3.49	3100	2900	2700	3300
315	—	0.48	4.17	3200	2900	2700	3500
400	—	0.57	5.1	3500	2900	2700	3700
500	—	0.68	6.08	3500	2900	2700	3700
630	4.5	0.81	7.23	3600	3100	2900	3800
800	—	0.98	8.84	4100	3100	2900	3800
1000	—	1.16	10.37	4200	3100	2900	4100
1250	—	1.37	12.33	3900	3200	3000	4100
1600	—	1.65	14.71	4000	3200	3000	4200

表 6-2　配电变压器室通风窗尺寸表

变压器容量（kVA）	夏季通风计算温度（℃）	进出风窗中心高度（mm）	进出风窗面积之比	通风窗最小有效面积（m^2）		
				进风窗		出风百叶窗
				门上	门下	
200-630	30	2500	1∶1.5	0.3	0.31	0.92
	35	3500	1∶1	0.75	0.75	1.5
800-1000	30	3000	1∶1.5	0.45	0.45	1.35
	35	4200	1∶1	1.05	1.05	2.1
1250-1600	30	3500	1∶1.5	0.6	0.6	1.8
	35	4600	1∶1	1.4	1.4	2.8

变压器室的布置与变压器的安装方式有关，变压器的安装方式有宽面推进安装和窄面推进安装。当变压器为宽面推进安装时，其优点是通风面积大；其缺点是低压引出母线需要翻高，变压器底座轨距要与基础梁的轨距严格对准。其布置特点是开间大、进深浅，变压器的低压侧应布置在靠外边，即变压器的储油柜位于大门的左侧。当变压器为窄面推进安装时，其优点是不论变压器有何种形式底座均可顺利安装；其缺点是可利用的进风面积较小，低压引出母线需要多做一个立弯。其布置特点是开间小、进深大，但布置较为自由，变压器的高压侧可根据需要布置在大门的左侧或右侧。

采用哪种安装方式，可根据高压进线方式和方向、低压出线情况以及建筑物的大小选取。

三、变压器室的高度与基础

1. 变压器室的高度和地坪

变压器室的高度与变压器的高度、进线方式及通风条件有关。根据通风方式的要求，变压器室的地坪有抬高和不抬高两种。地坪不抬高时，变压器放置在混凝土的地面上，变压器室高度一般为3.5～4.8m；地坪抬高时，变压器放置在抬高地坪上，下面是进风洞，地坪抬高高度一般有0.8、1.0、1.2m三种，变压器室高度一般亦相应地增加为4.8～5.7m。变压器室的地坪是否要抬高是由变压器的通风方式及通风面积所确定的。当变压器室的进风窗和出风窗的面积不能满足通风条件时，就需抬高变压器室的地坪。一般地说，“出风”影响变压器室的高度，“进风”影响变压器室的地坪。

2. 变压器基础梁

室内安装的变压器基础梁做成梁状，当地坪不抬高时，则与室内地面平齐；当地坪抬高时，则与抬高地坪平齐，以便于变压器的施工安装。

由于不同型号或不同制造厂生产的变压器的轨迹不尽相同，故两根基础梁的中心距要考虑能适应两种轨距尺寸，以保证变压器顺利安装就位。各种变压器的轨距，详见变压器产品技术参数。

四、电气设备的平面布置

1. 单台配电变压器的平面布置

在10kV配电室内，安装SCBH10-□型干式配电变压器1台，额定容量为315～1600kVA，安装10kV开关柜2台，低压配电柜5台。在配电室内，将配电变压器、高压开关柜、低压配电柜排成一条直线安装，如图6-1所示。

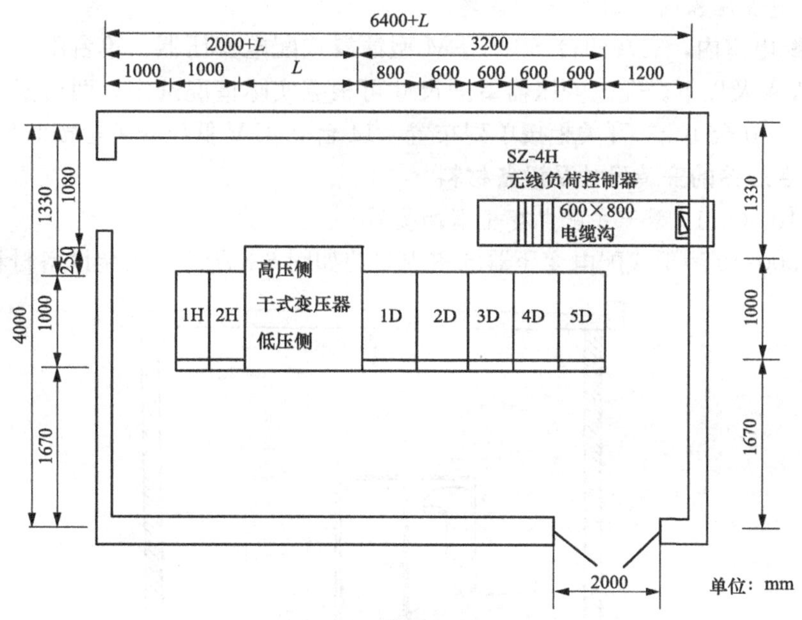

图6-1　单台配电变压器的平面布置图

2. 两台配电变压器的平面布置方案之一

在10kV配电室内，安装两台SBH□-M型油浸式配电变压器。单台配电变压器的额定容量为315～2500kVA。配电变压器室的尺寸可根据实际情况选定，两台配电变压器分别建有单独的变压器室，在两个配电变压器室之间安装6台10kV开关柜。安装16台低压配电柜，为单列布置。两台配电变压器的平面布置方案如图 6-2 所示。

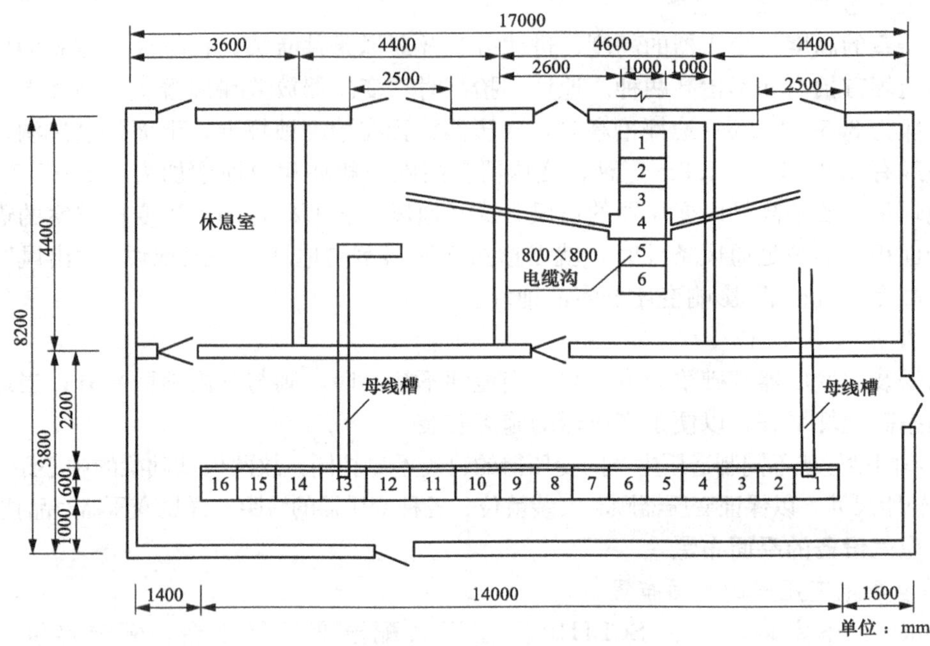

图 6-2 两台配电变压器的平面布置方案

3. 两台配电变压器的平面布置方案之二

在 10kV 配电室内，安装两台 SBH□-M 型油浸式配电变压器。单台配电变压器的额定容量为 2500kVA 及以下。配电变压器室的尺寸可根据实际情况选定，两台配电变压器单独建设变压器室。10 台 10kV 开关柜按单列布置，14 台 0.4kV 低压开关柜按双列布置。

五、配电变压器的安装尺寸及设备材料

1. SCBH10-500/10 型干式配电变压器的安装

SCBH10-500/10 型干式配电变压器的室内安装如图 6-3 所示，安装设备材料见表 6-3。

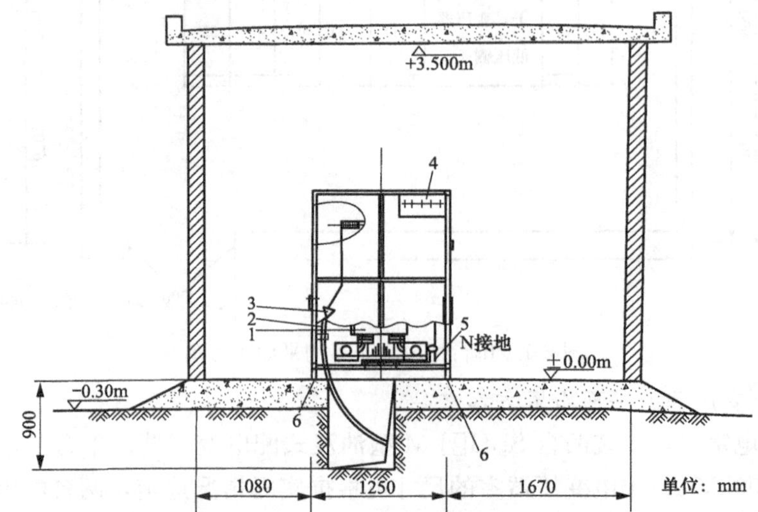

图 6-3 SCBH10-500/10 型干式配电变压器的室内安装

表 6-3　**SCBH10-500/10 型干式配电变压器安装的设备材料**

序号	名称	型号及规格	单位	数量	备注
1	干式变压器	SCBH10-500/10	台	1	
2	高压电缆	ZR-YJV-8.7/15-3×95	m	8	
3	高压电缆头	3M 冷缩户内电缆头	个	2	与高压电缆配套
4	低压横排母线	TMY-5×（63×6.3）	m		
5	变压器工作接地线		m		
6	预埋槽钢	[10]	根	2	

2. SCB10-1000/10 型干式配电变压器的安装

配电室内变压器、低压开关柜安装如图 6-4 所示，安装设备材料见表 6-4。

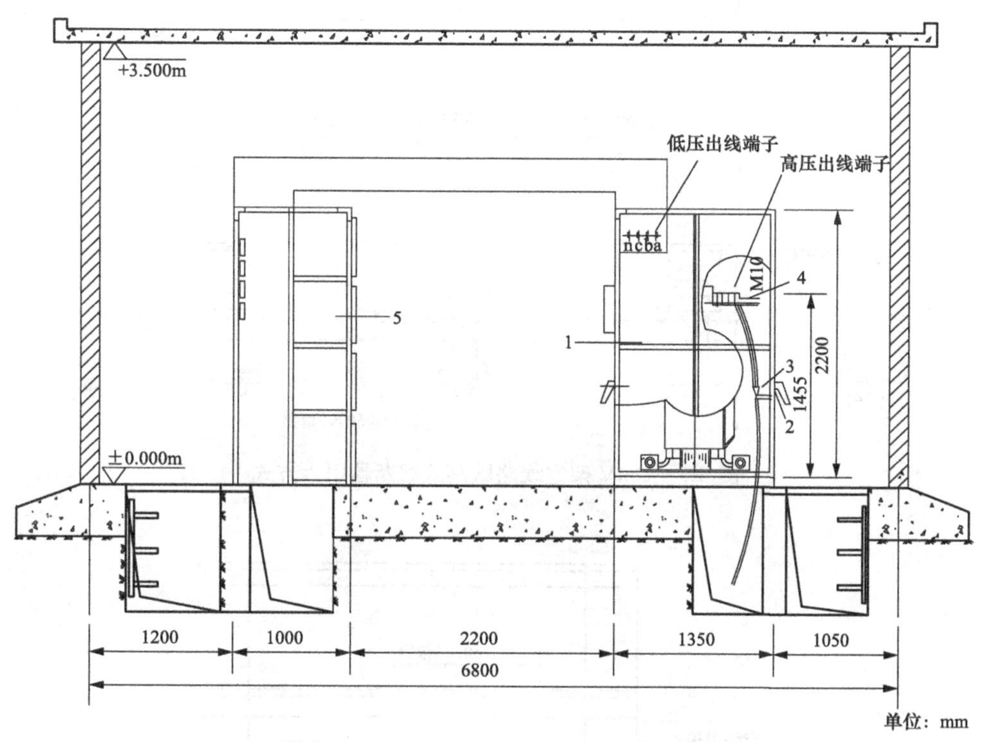

图 6-4　配电室内变压器、低压开关柜安装

表 6-4　**SCB10-1000/10 型干式配电变压器室内安装的设备材料**

序号	名称	型号及规范	单位	数量	备注
1	干式变压器	SCB10-1000/10	台	2×1	
2	高压电缆	YJV-8.7/15-3×70	m	2×9	高压电缆
3	高压电缆头	3M 冷缩头，10kV3×70	只	2×1	另一侧电缆头由负荷开关柜配
4	电缆头接线端子	DT70	只	4×3	
5	低压配电柜	MNS 400V	面	9	

六、配电室电气进出线的安装工艺

10kV 架空线路跌落式熔断器引入方式如图 6-5 所示。10kV 架空线路进户装置钢架预埋示意图如图 6-6 所示。

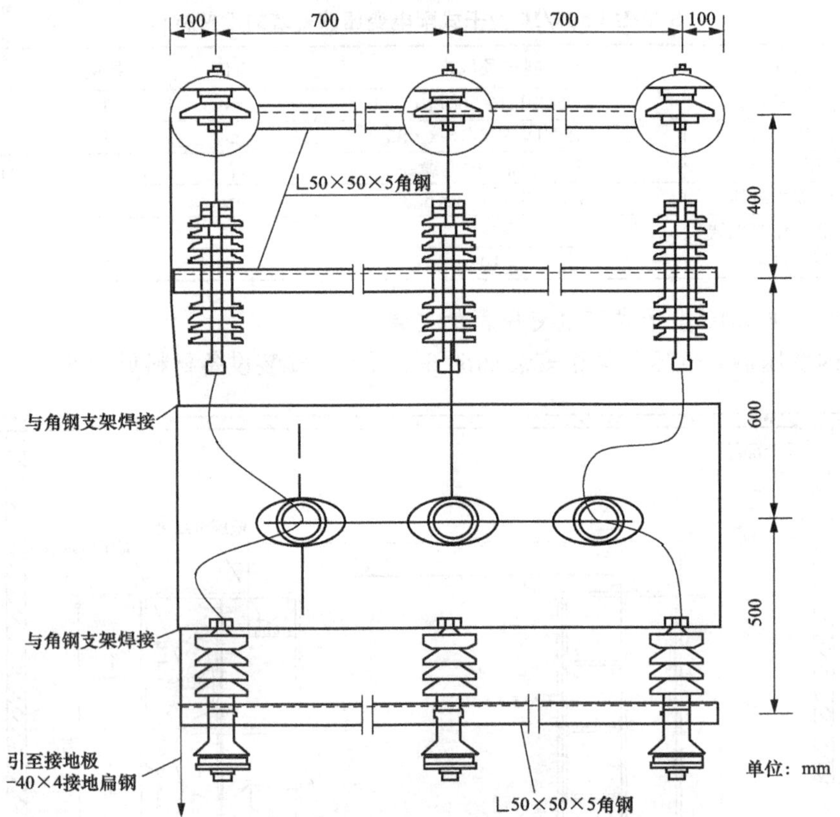

图 6-5 10kV 架空线路跌落式熔断器引入方式

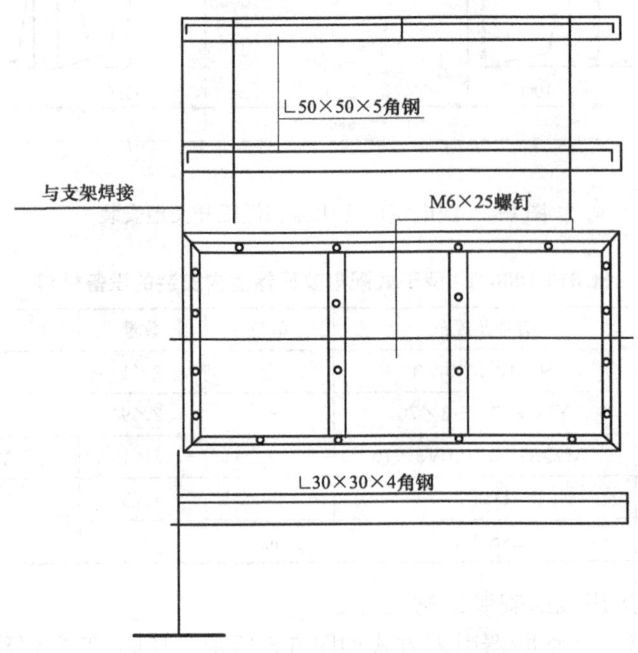

图 6-6 10kV 架空线路进户装置钢架预埋示意图（一）

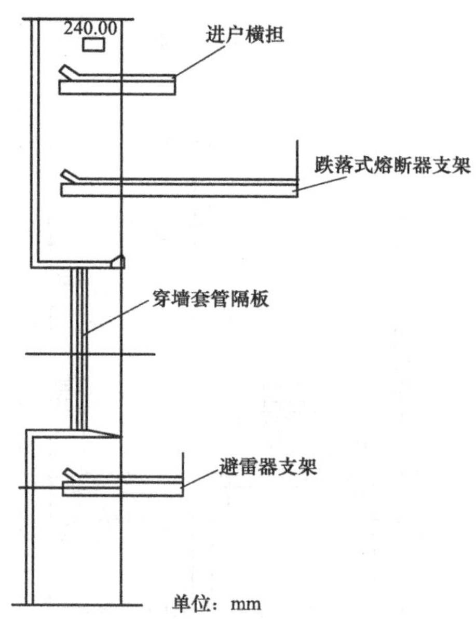

图 6-6　10kV 架空线路进户装置钢架预埋示意图（二）

第四节　配电变压器杆塔式安装

一、杆塔式安装的基本要求

杆塔式是将变压器装在杆上的构架上。其中最常见的有两种装法，即双杆式和单杆式。

双杆式户外安装方式适用于 50～160kVA 的配电变压器，也有一些 315kVA 的变压器采用这种安装方式，不过应在架子下面的中部加一顶柱。

台架由镀锌角铁构成，距地面高 2.5m。台架既适合于装设在梢径 190mm、杆高为 12m 的拔梢混凝土杆上，也适合于装设在同等梢径而杆高为 15m 的拔梢杆上，只要改变托架抱箍的大小即可。避雷器横担距台架 1.5m。跌落式熔断器横担距避雷器横担 0.6m。避雷器横担装在变压器杆的内侧，以免操作跌落式熔断器时熔管掉下，损坏避雷器或支持绝缘子。高压避雷器安装在高压跌落式熔断器之下，便于在不影响线路停电情况下进行装拆及现场试验检查。除靠近与单机配套的可用变压器低压侧可不装熔断器外，对 50kVA 及以下的公用变压器，应在低压侧装设熔断器；50kVA 以上的公用变压器，可在低压侧安装配电箱或适当选用小的高压熔断器的办法来解决低压保护问题。

对路径较长及有雷击可能的低压线路，在变压器低压侧应安装低压避雷器进行防雷保护。

变压器安装在杆塔台架上的优点是占地少，四周不需围墙或遮栏；带电部分距地面高，不易发生事故，农村变压器适宜此种安装方式。其缺点是台架用的钢材较多，造价较高。

二、S11-100/10 型配电变压器的安装

S11-100/10 型配电变压器台架安装方式如图 6-7 所示，安装设备材料见表 6-5。

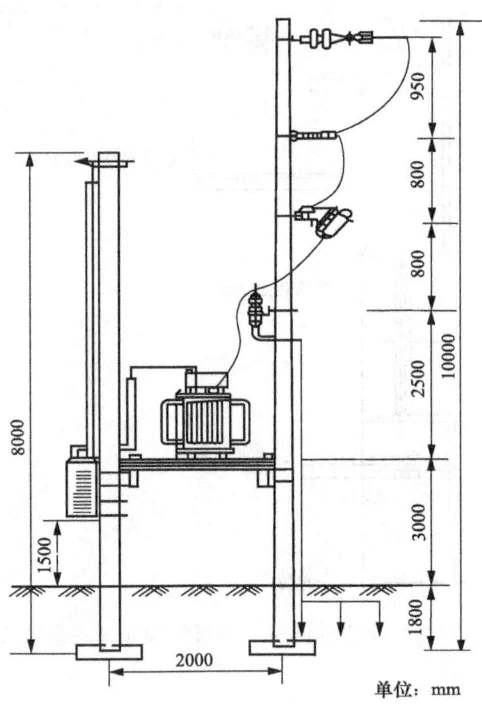

图 6-7　S11-100/10 型配电变压器台架安装方式

表 6-5　　S11-100/10 型配电变压器台架安装设备材料

序号	器材名称	规格型号	数量	序号	器材名称	规格型号	数量
1	变压器（台）	S11/100kVA	1	15	圆钢抱箍（只）	ϕ16×260	3
2	水泥杆（根）	ϕ190×1000（非）	1	16	镀锌螺栓（只）	M12×35	20
3	水泥杆（根）	ϕ150×8000	1	17	镀锌螺栓（只）	M16×35	3
4	台架（副）	[100×2000	1	18	弯钩螺钉（只）	M16×220	8
5	撑脚（副）	2×∟ 50×60×800	1	19	接地棒（根）	ϕ25×2000	3
6	压板（副）	∟ 50×5×200	1	20	接地扁铁（根）	−30×3×2000	5
7	跌落式熔断器（只）	RW7-10kV/A	3	21	接地铜线（kg）	JT-25	2
8	避雷器（只）	Y5C3-12. 7/45	3	22	塑铜线（m）	BV-25	10
9	支撑横担（根）	∟ 50×5×1500	1	23	铜线卡子（只）	TK-12mm	9
10	瓷横担（根）	S2-10/2. 5	3	24	钢芯铝绞线（kg）	LGJ-50	3
11	避雷器支架（根）	∟ 60×6×1500	1	25	设备线夹（只）	SL-10	4
12	熔断器支架（根）	∟ 60×6×1500	1	26	垫片（kg）	D12mm	0. 5
13	圆钢抱箍（只）	ϕ16×220	3	27	垫片（kg）	D18mm	2
14	圆钢抱箍（只）	ϕ16×240	2				

三、架空绝缘导线配电变压器的安装

架空绝缘导线配电变压器台架安装示意图如图 6-8 所示。

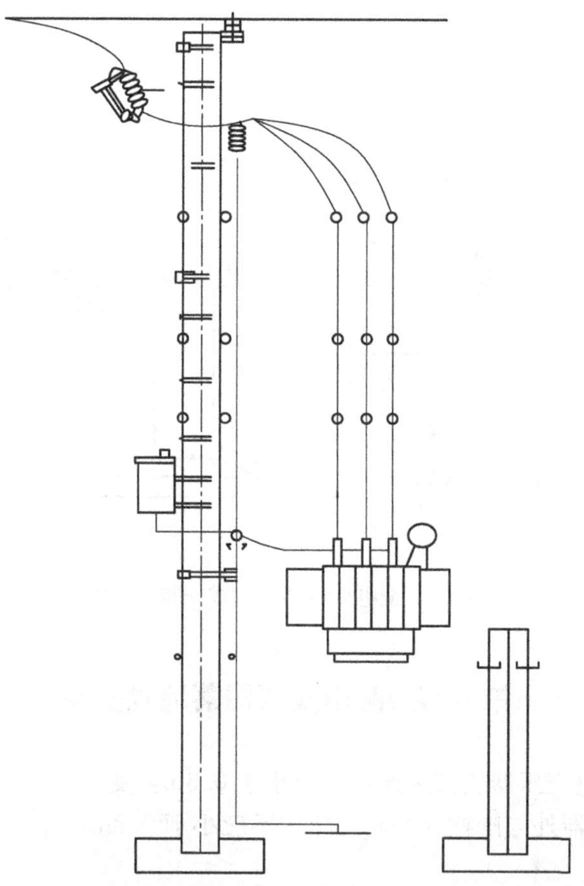

图 6-8　架空绝缘导线配电变压器台架安装示意图

第五节　配电变压器台墩式安装

台墩式是在变压器杆的下面用砖石砌成高 0.5～1.8m 的四方墩台，把变压器放在上面，变压器杆兼作高压线的终端杆并引下线，同时也作为低压出线的终端杆。台墩的作用一方面是防止变压器底部积水，另一方面是抬高变压器位置，使其高低压引出线方便，并对地保持较大距离，便于操作。安装在台墩上的配电变压器在安装尺寸方面大致与杆上变压器相同。此外还要注意如下事项：

（1）变压器四周应装设不低于 1.8m 的牢固的遮栏或砌围墙，门应加锁并由专人保管。

（2）遮栏、围墙距变压器应有足够的安全操作距离。高压线路竣工及变压器安装完毕后，应在电杆或围墙上悬挂“高压危险，不许攀登!”等警告牌，防止人、畜接近。这种安装方式一般用于 315kVA 以上的变压器。由于变压器容量较大，为了便于操作及分路送电，在低压出线处装设小型配电间或露天的密封式低压配电箱。变压器台墩式装置的优点是造价低，便于维护检修等；但也有占地较多，周围要装设遮栏，老鼠和蛇等小动物易爬到带电部分上去，发生受外力破坏事故等缺点。配电变压器台墩式安装示意图如图 6-9 所示。

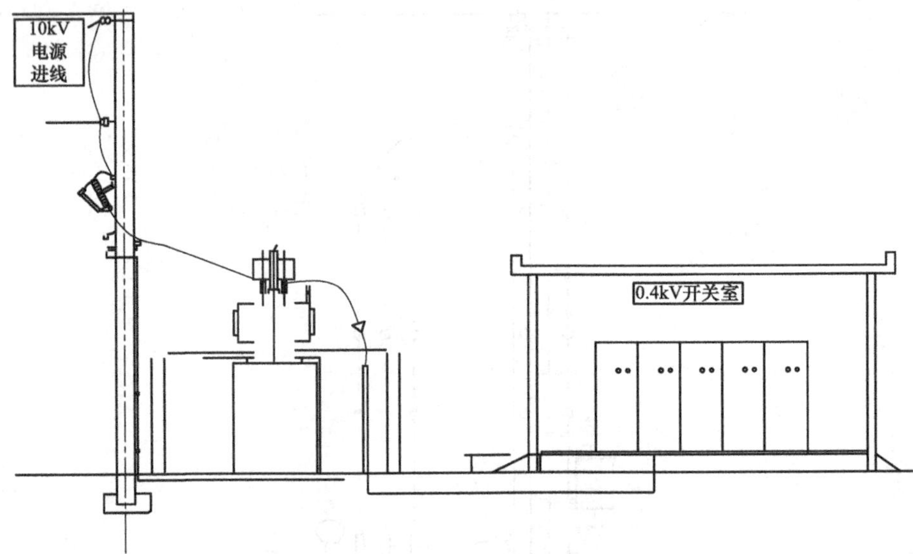

图 6-9 配电变压器台墩式安装示意图

第六节 配电变压器落地式安装

落地式安装的配电变压器底部距地面不应小于 0.3m，变压器四周应设不低于 1.7m 高的固定围栏（墙）。变压器外与围栏（墙）的净距不应小于 0.8m，相邻变压器外廓之间的净距应不小于 1.5m。

落地式安装的配电变压器供给一级负荷用电时，相邻的可燃油与油浸式变压器的防火净距不应小于 5m，若小于 5m 时，应设置防火墙。防火墙应高出储油柜顶部，且墙两端应大于挡油设施各 0.5m。

落地式配电变压器的优点是拆装比较方便，配电变压器容量不受限制。配电变压器围栏（墙）外须挂“高压危险，不许攀登!”等警告牌，门要加锁，由专人保管。由于变压器的带电部分距地面很低，因此必须在切断电源后方可进入围栏内。

第七节 变压器中性点接地方式

一、问题的提出

变压器中性点接地方式是关系到电力系统许多方面的综合性技术课题，我们把三相交统中性点与大地之间的电气连接方式，称为电网中性点接地方式。中性点接地方式涉及电网的安全可靠性、经济性，同时直接影响系统设备绝缘水平的选择、过电压水平及继电保护方式、通信干扰等。一般来说，电网中性点接地方式也就是变电站中变压器的各级电压中性点接地方式。因此，在变电站的规划设计中，选择变压器中性点接地方式时应进行具体分析、全面考虑。它不仅涉及电网本身的安全可靠性、变压器过电压绝缘水平的选择，而且对通信干扰、人身安全有重要影响。

我国 110kV 及以上电网一般采用大电流接地方式，即中性点有效接地方式（在实际运行中，为降低单相接地电流，可使部分变压器采用不接地方式），这样中性点电位固定为地电位，发生单相接地故障时，非故障相电压升高不会超过 1.4 倍运行相电压中性点；暂态过电压水平也较低；故障电流很大，继电保护能迅速动作于跳闸，切除故障，系统设备承受过电压时间较短。因此，大电流接地系统可使整个系统设备绝缘水平降低，从而大幅降低造价。

6～35kV 配电网一般采用小电流接地方式，即中性点非有效接地方式。近几年来两网改造，使中、小城市 6～35kV 配电网电容电流有很大增加，如不采取有效措施，将危及配电网的安全运行。中性点非有效接地方式主要可分为三种：不接地、经消弧线圈接地和经电阻接地。

二、变压器中性点接地方式的比较

1. 变压器中性点不接地

中性点不接地方式，即中性点对地绝缘，结构简单，运行方便，不需任何附加设备，投资省，适用于农村 10kV 架空线路长的辐射形或树状形的供电网络。该接地方式在运行中，若发生单相接地故障，流过故障点的电流仅为电网对地的电容电流，其值很小，需装设绝缘监察装置，以便及时发现单相接地故障，迅速处理，避免故障发展为两相短路，而造成停电事故。此类型电网瞬间单相接地故障率占 60%～70%。其特点为：

(1) 单相接地故障电容电流 $I_C<10$A，故障点电弧可以自熄，熄弧后故障点绝缘自行恢复。

(2) 单相接地不破坏系统对称性，可带故障运行一段时间，保证供电连续性。

(3) 通信干扰小。

(4) 单相接地故障时，非故障相对地工频电压升高，此系统中电气备绝缘要求按线电压的设计。

(5) 当 $I_C>10$A 时，接地点电弧难以自熄，可能产生过电压等级相当高的间歇性弧光接地过电压，且持续时间较长，危及网内绝缘薄弱设备，继而引发两相接地故障，引起停电事故。

(6) 系统内谐振过电压引起电压互感器熔断器熔断，烧毁 TV，甚至烧坏主设备的事故时有发生。

变压器中性点不接地系统发生单相接地故障时，其接地电流很小，若是瞬时故障，一般能自动消弧，非故障相电压升高不大，不会破坏系统的对称性，可带故障连续供电 2h，从而获得排除故障时间，相对地提高了供电的可靠性。

2. 变压器中性点经传统消弧线圈接地

中性点经消弧线圈接地方式，即在中性点和大地之间接入一个电感消弧线圈。此方式适用于单相接地故障电容电流大于 $I_C>10$A，瞬间性单相接地故障较多的以架空线路为主的配电网。在系统发生单相接地故障时，利用消弧线圈的电感电流对接地电容电流进行补偿，使流过接地点的电流减小到能自行熄弧范围，线路发生单相接地时，按规程规定电网可带单相接地故障运行 2h。对于中压电网，因接地电流得到补偿，单相接地故障并不发展为相间故障，因此中性点经消弧线圈接地方式的供电可靠性大大高于中性点经小电阻接地方式。其特点为：

(1) 利用消弧线圈的感性电流补偿接地点流过的电网容性电流 $I_C>10$A，电弧自熄，熄弧后故障点绝缘自行恢复。

（2）减少系统弧光接地过电压的概率。

（3）系统可带故障运行一段时间。

（4）降低了接地工频电流（即残流）和地电位升高，减少了跨步电压和接地电位差，减少了对低压设备的反击以及对信息系统的干扰。

目前国内运行的消弧线圈分手动调节和自动跟踪补偿两类。前一种手动调节时，消弧线圈需退出运行，且人为估算电容电流值，误差较大，现已较少使用；后一种能自动进行电容电流测量并自动调整消弧线圈，使补偿电流适应不同的变化，一般都选择该类消弧线圈。

3. 变压器中性点经电阻接地

中性点经电阻接地适于瞬间性单相接地故障较少的电力电缆线路。中性点经电阻接地方式，即中性点与大地之间接入一定阻值的电阻。该电阻与系统对地电容构成并联回路，由于电阻是耗能元件，也是电容电荷释放元件和谐振的阻尼元件，对防止谐振过电压和间歇性电弧接地过电压，有一定优越性。在中性点经电阻接地方式中，一般选择电阻的阻值较小，在系统单相接地时，控制流过接地点的电流在500A左右，也有的控制在100A左右，通过流过接地点的电流来启动零序保护动作，切除故障线路。

中性点接地电阻的选择方法如下：

（1）从减少短路电流对设备的冲击角度和从安全角度考虑，减少故障点入地电流，降低跨步电压和接触电压，I值越小越好，即中性点接地电阻应越大越好。

（2）为将弧光接地过电压限制在2倍以内，一般按$I_R=(1-4)I_C$要求选择接地电阻。

（3）中性点经电阻接地系统是通过各线路的零序保护判断和切除故障线路的，在选择R_n时，要保证每条线路零序保护灵敏度要求。

选择中性点接地电阻必须根据电网的具体条件，考虑限制弧光接地过电压、继电保护灵敏度、对通信干扰、安全等因素。目前，深圳各区变电站中性点均采用15Ω，北京、广州等地的变电站则采用9.9Ω的小电阻接地方式。

4. 自动跟踪补偿消弧线圈

自动跟踪补偿消弧线圈按改变电感方法的不同，大致可分为调匝式、调气隙式、调容式、调直流偏磁式、晶闸管调节式等。

（1）调匝式自动跟踪补偿消弧线圈。调匝式消弧线圈是将绕组按不同的匝数抽出分接头，用有载接开关进行切换，改变接入的匝数，从而改变电感量。调匝式因调节速度慢，只能工作在预调谐方式，为保证较小的残流，必须在谐振点附近运行。

（2）调气隙式自动跟踪补偿消弧线圈。调气隙式电感是将铁芯分成上下两部分，下部分铁芯同线圈固定在框架上，上部分铁芯用电动机，通过调节气隙的大小达到改变电抗值的目的。它能够自动跟踪无级连续可调，安全可靠；其缺点是振动和噪声比较大，在结构设计中应采取措施控制噪声。这类装置也可以将接地变压器和可调电感共箱，使结构更为紧凑。

（3）调容式消弧补偿装置。通过调节消弧线圈二次侧电容量大小来调节消弧线圈的电感电流，二次绕组连接电容调节柜，当二次电容全部断开时，主绕组感抗最小，电感电流最大。二次绕组有电容接入后，根据阻抗折算原理，相当于主绕组两端并接了相同功率、阻抗为k^2倍的电容，使主绕组感抗增大，电感电流减小，因此通过调节二次电容的容量即可控制主绕组的感抗及电感电流的大小。电容器的内部或外部装有限流线圈，以限制合闸涌流。电容器内部还装有放电电阻。

(4) 调直流偏磁式自动跟踪补偿消弧线圈。在交流工作线圈内布置一个铁芯磁化段，通过改变铁芯磁化段磁路上的直流励磁磁通大小来调节交流等值磁导，实现电感连续可调。

直流励磁绕组采取反串连接方式，使整个绕组上感应的工频电压相互抵消。通过对三组全控整流电输出电流的闭环调节，实现消弧线圈励磁电流的控制，利用微机的数据处理能力，对这类消弧线圈伏安特性上固有的不大的非线性实施动态校正。

(5) 晶闸管调节式自动跟踪补偿消弧线圈。该消弧系统主要由高短路阻抗变压器式消弧线圈和控制器组成，同时采用小电流接地选线装置为配套设备，变压器的一次绕组作为工作绕组接入配电变压器中性点，由两个反向连接的晶闸管短路，晶闸管的导通角由触发控制器控制，调节晶闸管的导通角在0°～180°变化，使晶闸管的等效阻抗在无穷大至零之间变化，输出的补偿电流就可在零至额定值之间得到连续无极调节。晶闸管工作在与电感串联的无电容电路中，其工况既无反峰电压的威胁，又无电流突变的冲击，因此可靠性得到保障。

5. 变压器中性点接地方式的选择

(1) 配电网中性点采用传统的小电流接地方式。配电网采用小电流接地方式应严格按DL/T 620—1997《交流电气装置的过电压保护和绝缘配合》的要求执行，对架空线路电容电流在10A以下的可以采用不接地方式，而大于10A时，应采用消弧线圈接地方式。采用消弧线圈时应按要求调整好，使中性点位移电压不超过相电压的15%，残余电流不宜超过10A。消弧线圈宜保持过补偿运行。

(2) 配电网中性点经低电阻接地。对电缆为主的系统可以选择较低的绝缘水平，以节约投资，但是对以架空线为主的配电网，因单相接地而引起的跳闸次数则会大大增加。对以电缆为主的配电网，其电容电流达到150A以上，故障电流水平为400～1000A，可以采用这种接地方式。采用低电阻方式时，对中性点接地电阻的动热稳定应给予充分的重视，以保证运行的安全可靠。

(3) 配电网采用自动跟踪补偿装置。随着城市配电网的迅速发展，电缆大量增多，电容电流达到300A以上，而且由于运行方式经常变化，特别是电容电流变化的范围比较大，用手动的消弧线圈已很难适应要求，采用自动快速跟踪补偿的消弧线圈，并配合可靠的自动选线跳闸装置，可以将电容电流补偿到残流很小，使瞬时性接地故障自动消除而不影响供电。对于系统中永久性的接地故障，一方面通过消弧系统的补偿来降低接地点电流，防止发生多相短路；另一方面，通过选线装置正确选出接地线路并在设定的时间内跳闸，避免系统设备长时间承受工频过压。因此，该接地方式综合了传统消弧线圈接地方式跳闸率低、接地故障电流小的优点和小电阻接地方式对系统绝缘水平要求低、容易选出接地故障线路的优点，是比较合理和很有发展前景的中性点接地方式。

(4) 6～35kV配电网的接地方式选择。以架空线路为主的城乡配电网，架空线路接地故障中70%为瞬间故障，只需按照规程要求，以系统电容电流是否大于10A来确定，选用中性点不接地或自动跟踪消弧线圈接地方式。

以电缆线路为主的城乡配电网，变电站覆盖面较大，出线较多且一般为电缆线路，系统电容电流也较大，据有关文献和运行实践，电缆线路发生接地故障大约50%为瞬间故障。但由于电缆线路的特殊性，一般可选用小电阻接地方式，牺牲一些供电可靠性，来防止扩大事故。

以架空和电缆混合线路为主的城乡配电网，兼顾架空和电缆线路的特点，使配电网的接地方式选择在自动跟踪消弧线圈和小电阻两种方式上左右为难。单相接地故障时，非故障相对地工频电压升高，持续时间长，可能引起点绝缘击穿，事故扩大。消弧线圈无法补偿谐波电流，而有些城市或工厂中谐波电流所占比例为5%～15%，仅谐波电流就足以支持电弧稳定燃烧。

第八节 配电变压器的运行维护

一、新安装或大修后的配电变压器投运前的检查验收

配电变压器经过检修后或新安装竣工后，在投入运行前，都必须对变压器进行如下检查：

1. 变压器保护系统的检查

(1) 用熔丝保护的小型变压器，运行前应检查选用的熔丝规格是否符合要求，接触是否良好。

(2) 配备继电保护装置的变压器，应查阅继电保护试验报告，了解继电器的整定值是否相符，名称和标志是否正确，并试验信号装置动作是否正确。

(3) 配备气体继电器的变压器，要求继电器内部应没有气体，上触点发信号应动作准确，下触点跳闸连接片应断开，安装继电器的连通管应有向上的倾斜度。

(4) 防雷保护用避雷器，应在投入运行前做试验，保证雷击时能可靠动作，另外应装好放电记录器。

(5) 检查接地装置是否良好，接地电阻值是否符合规定数值。送电前还要进行一次绝缘电阻的测量检查。

2. 监视装置的检查

监视装置用的电流表、电压表和温度测量仪表，均应齐全，测量范围应在规定的范围内，在额定值处画上红线，以便监视。小型变压器的顶部装有测量温度的温度计插孔，用酒精温度计插入观察。测温装置的温度计安装位置应正确。

3. 外表检查

储油柜上油位计应能清晰方便地观察；储油柜与气体断电器连通管道的阀门应打开，继电器内应充满油；外壳和中性点接地装置应牢固，出线套管与导线的连接应牢固，相序色标应正确；电压分接开关位置应正确；多台变压器应在箱壳明显处标注编号；防爆管薄膜应完整，各部件无渗漏油情况。

二、配电变压器的正常巡视检查

值班人员对运行中的变压器应作定期检查，以便了解和掌握变压器的运行状况，发现问题及时解决。

运行中变压器的正常巡视检查项目如下：

(1) 声音是否正常。正常运行的变压器发出均匀的“嗡嗡”声，应无沉重的过载引起的“嗡嗡”声，无内部过电压或局部放电打火的“吱吱”声；无内部零件松动、穿心螺钉不紧、铁芯硅钢片振动的“蛰蛰”声，无系统短路时的大噪声，无大动力设备启动或有谐波设备运行的“哇哇”声等。

(2) 检查负载。

1）室外安装的变压器，如没有固定安装的电流表时，应使用钳形电流表测量最大负载电流及代表性负载电流。

2）室内安装的变压器装有电流表、电压表的，应记录每小时负荷并应画出日负载曲线。

3）测量三相电流的平衡情况，对星形连接的变压器，其中性线上的电流不应超过低压绕组额定电流的25%。

4）变压器的运行电压不应超出额定电压的±5%。如果电源电压长期过高或过低，应调整变压器分接头，使低压侧电压趋于正常。

（3）温度是否超过允许值，上层油温一般应不超过85℃。

（4）套管是否清洁，有无破损裂纹和放电痕迹，一、二次侧引线不应过紧、过松，各连接点是否紧固，应无放电及过热现象，测温用的示温蜡片应无熔化现象。

（5）外壳接地及中性点接地的连接及接地电阻值应符合要求。

（6）以手试摸散热器温度是否正常，各排散热管温度是否一致。

（7）冷却系统是否运行正常，装有风扇的变压器应保持在运行或可用状态（风冷、强油风冷、水冷等）。

（8）装备气体继电器和防爆管的变压器，应检查其充油及薄膜完整情况。

（9）油位应正常，外壳清洁无渗漏油现象。

（10）呼吸器应畅通，硅胶不应吸湿饱和，油封呼吸器的油位应正常。

三、配电变压器的特殊巡视检查项目

（1）高温及重负载时，检查触头、接头有无过热现象，监视负载、油温、油位变化。冷却系统应运行正常。

（2）大风来临前检查周围杂物，防止吹到设备上。大风时，观看引线摆动时的相间距离及对地安全距离是否满足要求和有无搭挂杂物。

（3）雷电后检查瓷绝缘有无放电痕迹，避雷器、避雷针是否放电，雷电记录器是否动作。

（4）下雨天气，瓷套管有无放电打火现象，重点监视瓷质污秽部分。

（5）下雪天气，根据积雪溶化情况检查接头发热部位，及时处理结冰。

（6）夜间熄灯巡视，检查绝缘有无放电闪络现象及接头有无过热发红现象。

（7）短路故障时，检查有关设备、接头有无异状。

（8）有异常情况时，查看电压、电流表读数及继电保护动作情况。气体继电器发出警报时，对变压器内外部进行检查。

四、干式配电变压器的运行检查

1. 投入运行后的检查

（1）有无异常声音、振动。

（2）有无由于局部过热、有害气体腐蚀等使绝缘表面出现爬电痕迹和碳化现象等造成的变色。

（3）变压器所在房屋或柜内的温度是否特别高，其通风、换气状态是否正常，变压器的风冷装置运转是否正常。

2. 定期检查

（1）投运后的2～3个月进行第一次检查，以后每年进行一次检查。

（2）检查浇注型绕组和相间连接线有无积尘，有无龟裂、变色、放电等现象，绝缘电阻是否正常。

（3）检查铁芯风道有无灰尘、异物堵塞，有无生锈或腐蚀等现象。

（4）检查调压分接开关触头有无过热变色、接触不良或锈蚀等现象。

（5）检查绕组压紧装置是否松动。

（6）检查指针式温度计等仪表和保护装置动作是否正常。

（7）检查冷却装置包括电动机、风扇轴承等是否良好。

第九节　配电变压器的故障处理

一、配电变压器出现强烈而不均匀的噪声且振动很大时的处理

变压器出现强烈而不均匀的噪声且振动加大时，是由于铁芯的穿心螺钉夹得不紧，使铁芯松动，造成硅钢片间产生振动。振动能破坏硅钢片间的绝缘层，并引起铁芯局部过热。如果有“吱吱”声，则是由于绕组或引出线对外壳闪络放电，或铁芯接地线断线造成铁芯对外壳感应而产生高电压，发生放电引起的。放电的电弧可能会损坏变压器的绝缘，在这种情况下，运行或监护人员应立即汇报，并采取措施。如保护不动作则应立即手动停用变压器，若有备用变压器则先投入备用变压器，再停用此台变压器。

二、配电变压器过热时的处理

过热对变压器是极其有害的。变压器绝缘损坏大多是由过热引起的，温度的升高降低了绝缘材料的耐压能力和机械强度。IEC 354《变压器运行负载导则》指出：变压器最热点温度达到 140℃时，油中就会产生气泡，气泡会降低绝缘或引发闪络，造成变压器损坏。

变压器过热也对变压器的使用寿命影响极大。国际电工委员会（IEC）认为，在 80～140℃的温度范围内，温度每增加 6℃，变压器绝缘有效使用寿命降低的速度会增加一倍，这就是变压器运行的 6℃法则。油浸变压器绕组平均温升值是 65℃，顶部油是 55℃，铁芯和油箱是 80℃。IEC 还规定线圈热点温度任何时候不得超过 140℃，一般取 130℃作为设计值。

（1）变压器温度异常升高的原因如下：

1）变压器过负荷。

2）冷却装置故障（或冷却装置未完全投入）。

3）变压器内部故障。如内部各接头发热，线圈有匝间短路，铁芯存在短路或涡流不正常现象等。

4）温度指示装置误指示。

5）变压器大修后潜油泵阀门未打开，或阀门已打开，但开启不够。

（2）发现变压器油温异常升高，应对以上可能的原因逐一进行检查，作出准确判断并及时作如下处理：

1）若运行仪表指示变压器已过负荷，单相变压器组三相各温度计指示基本一致（可能有几度偏差），变压器及冷却装置无故障迹象，则表示温度升高是由过负荷引起的，应按过负荷处理。

2）若冷却装置未完全投入或有故障，应立即处理，排除故障；若故障不能立即排除，则必须降低变压器运行负荷，按相应冷却装置冷却性能的对应值运行。

3）若远方测温装置发出温度报警信号，且指示温度值很高，而现场温度计指示并不高，变压器又没有其他故障现象，可能是远方测温回路故障误报警，这类故障可在适当的时候予以排除。

4）如果三相变压器组中某一相油温升高，明显高于该相在过去同一负荷、同样冷却条件下的运行油温，而冷却装置、温度计均正常，则过热可能是由变压器内部的某种故障引起的，应通知专业人员立即取油样作色谱分析，进一步查明故障。若色谱分析表明变压器存在内部故障，或变压器在负荷及冷却条件不变的情况下，油温不断上升，则应按规程规定将变压器退出运行。

5）若属于潜油泵阀门未打开，或阀门已打开，但开启不够，应申请停电处理。

三、配电变压器油位异常的原因及处理

变压器的油位是与油温相对应的，生产厂家应提供油位—温度曲线。当油位与温度不符合油位—温度曲线时，则油位异常。

（1）引起油位异常的主要原因。

1）指针式油位计出现卡针等故障。

2）隔膜或胶囊下面储积有气体，使隔膜或胶囊高于实际油位。

3）吸湿器堵塞，使油位下降时空气不能进入，油位指示将偏高。

4）胶囊或隔膜破裂，使油进入胶囊或隔膜以上的空间，油位计指示可能偏低。

5）温度计指示不准确。

6）变压器漏油使油量减少。

7）大修后注油过满或不足。

8）变压器长期在大负荷下运行。

（2）油位异常的处理。

1）发现变压器油位异常，应迅速查明原因，并视具体情况进行处理。特别是当油位指示超过满刻度或降到零刻度时，应立即确认故障原因并及时进行处理，同时应监视变压器的运行状态，出现异常情况，立即采取措施。主变压器油位可通过油位—温度曲线来判断，并通过油位表的微动开关发出油位高或低的信号。

2）检查油箱吸湿器是否堵塞，有无漏油现象。查明原因汇报有关领导。

3）若油位异常降低是由主变压器漏油引起的，则需迅速采取防止漏油措施，并立即通知有关部门安排处理。如大量漏油使油位显著降低时，禁止将气体保护改接信号。若变压器本体无渗漏，且有载调压油箱内油位正常，则可能是属于大修后注油不足（通过检查大修后的巡视记录与当前油位进行对比）。

4）若主油箱油位异常低，而有载调压油箱油位异常高，可能是主油箱与有载调压油箱之间密封损坏，造成主油箱的油向调压油箱内漏。

5）若油位因温度上升而逐渐上升，最高油温下的油位可能高出油位指示（并经分析不是假油位），则应放油至适当的高度以免溢出。应由检修单位处理。

若发现变压器油位异常时，应报缺陷，通知专业人员进行处理。

四、配电变压器油温升高的检查及处理

（1）检查主变压器就地及远方温度计指示是否一致，用手触摸比较各相变压器油温有无明显差别。

（2）检查主变压器是否过负荷。若油温升高是因长期过负荷引起的，应向调度汇报，要求减负荷。

（3）检查冷却设备运行是否正常。若冷却器运行不正常，则应采取相应的措施。

（4）检查主变压器声音是否正常，油温是否正常，有无故障迹象。

（5）若在正常负荷、环境和冷却器正常运行方式下主变压器油温仍不断升高，则可能是变压器内部有故障，应及时向调度汇报，征得调度同意后，申请将变压器退出运行，并做好记录。

（6）判断主变压器油温升高，应以现场指示、远方打印和模拟量报警为依据，并根据温度负荷曲线进行分析。若仅有报警，而打印和现场指示均正常，则可能是误发信号或测温装置本身有误。

五、配电变压器过负荷处理

（1）运行中发现变压器负荷达到相应调压分接头的额定值90%及以上，应立即向调度汇报，并做好记录。

（2）根据变压器允许过负荷情况，及时做好记录，并派专人监视主变压器的负荷及上层油温和绕组温度。

（3）按照变压器特殊巡视的要求及项目，对变压器进行特殊巡视。

（4）过负荷期间，变压器的冷却器应全部投入运行。

（5）过负荷结束后，应及时向调度汇报，并记录过负荷结束时间。

六、配电变压器气体继电器报警原因及处理

（1）变压器气体继电器报警的原因。

1）变压器内部有较轻微故障产生气体。

2）变压器内部进入空气。

3）外部发生穿越性短路故障。

4）油位严重降低至气体继电器以下，使气体继电器动作。

5）直流多点接地、二次回路短路。

6）受强烈振动影响。

7）气体继电器本身问题。

（2）气体继电器报警后的处理。

1）检查是否因主变压器漏油引起。

2）检查主变压器油位和绕组温度，声音是否正常。

3）检查气体继电器内有无气体，若存在气体，应取气体进行分析。

4）检查二次回路有无故障。

5）若气体继电器内气体为无色、无臭、不可燃，色谱分析为空气，则主变压器可继续运行，若信号动作是因为油中剩余空气逸出或强油循环系统吸入空气而动作，而且信号动作时间间隔逐次缩短，造成跳闸时，则应将气体保护改接信号；若气体是可燃的，色谱分析后其含量超过正常值，经常规试验给予综合判断，如说明主变压器内部已有故障，必须将主变压器停运，以便分析动作原因和进行检查、试验。

6）储油柜、压力释放装置有无喷油、冒油，盘根和塞垫有无凸出变形。

七、配电变压器气体继电器动作原因及处理

（1）变压器气体继电器动作的原因。

1）变压器内部故障。

2）二次回路问题。

3）某些情况下，由于储油柜内的胶囊（隔膜）安装不良，造成吸湿器堵塞。油温发生变化后，吸湿器突然冲开，油流冲动使气体继电器误动跳闸。

4）外部发生穿越性短路故障。

5）变压器附近有较强的振动。

（2）变压器气体继电器保护动作后，值班人员应进行下列检查：

1）检查变压器各侧断路器是否跳闸。

2）检查油温、油位、油色情况。

3）变压器差动保护是否掉牌。

4）气体继电器保护动作前，电压、电流有无波动。

5）储油柜、压力释放和吸湿器是否破裂，压力释放装置是否动作。

6）有无其他保护动作信号。

7）外壳有无鼓起变形，套管有无破损裂纹。

8）各法兰连接处、导油管等处有无冒油。

9）气体继电器内有无气体，或收集的气体是否可燃。

10）气体继电器保护掉牌能否复归，直流系统是否接地。

11）检查故障录波器录波情况。

通过上述检查，未发现任何故障象征，可判定气体继电器误动作。

（3）变压器气体继电器动作后的处理。

1）立即投入备用变压器或备用电源，恢复供电，恢复系统之间的并列。若同时分路中有保护动作掉牌时，应先断开该断路器。失压母线上有电容器组（或静补）时，先断开电容器组（或静补）断路器。

2）经判定为内部故障，未经内部检查并试验合格，不得重新投入运行，以防止扩大事故。

3）若外部检查无任何异常，取气分析，无色、无味、不可燃，气体纯净无杂质，同时变压器其他保护未动作，跳闸前气体继电器报警时，变压器声音、油温、油位、油色无异常，则可能属进入空气太多、析出太快，应查明进气的部位并处理。无备用变压器时，根据调度和上级主管领导的命令，试送一次，严密监视运行情况，由检修人员处理密封不良问题。

4）外部检查无任何故障迹象和异常，变压器其他保护未动作，取气分析，气体颜色很淡、无味、不可燃，即气体的性质不易鉴别（可疑），无可靠的根据证明属误动作，且无备用变压器和备用电源者，则根据调度和主管领导命令执行，拉开变压器的各侧隔离开关，遥测绝缘无问题，放出气体后试送一次，若不成功应做内部检查。有备用变压器者，由专业人员取样进行化验，试验合格后方能投运。

5）外部检查无任何故障迹象和异常，气体继电器内无气体，证明确属误动跳闸。若其他线路上有保护动作信号掉牌，气体继电器动作掉牌信号能复归，属外部有穿越性短路引起的误动跳闸，故障线路隔离后，可以投入运行；若其他线路上无保护动作信号掉牌，气体继电器动作掉牌信号能复归，可能属振动过大原因误动跳闸，可以投入运行。

八、压力释放阀动作后的检查及处理

（1）压力释放装置动作的原因。内部故障；变压器承受大的穿越性短路；压力释放装置二次信号回路故障；大修后变压器注油较满；负荷过大，温度过高，致使油位上升而向压力释放装置喷油。

（2）检查及处理。检查压力释放阀是否喷油；检查保护动作情况、气体继电器情况；主变压器油温和绕组温度、运行声音是否正常，有无喷油、冒烟、强烈噪声和振动；是否是压力释放阀误动；在未查明原因前，主变压器不得试送；压力释放阀动作，发出一个连续的报警信号，只能通过恢复指示器人工解除。

储油柜或压力释放装置喷油，表明变压器内部已有严重损伤。喷油使油面降低到油位计最低指示限度时，有可能引起气体保护动作。如果气体保护不动作而油面已低于顶盖时，则会引起出线绝缘降低，造成变压器内部有“吱吱”的放电声；而且，顶盖下形成空气层，使油质劣化，因此，发现这种情况，应立即切断变压器电源，以防事故扩大。

九、冷却装置的故障处理

冷却装置是通过变压器油帮助绕组和铁芯散热的。当冷却设备存在故障或冷却效率达不到设计要求时，变压器是不宜满负荷运行的，更不宜过负荷运行。需要注意的是，在油温上升过程中，绕组和铁芯的温度上升快，而油温上升较慢，可能从表面上看油温上升不多，但铁芯和绕组的温度已经很高了。所以，在冷却装置存在故障时，不仅要观察油温，还应注意变压器运行的其他变化，综合判断变压器的运行状况。

冷却装置常见的故障及处理方法如下：

（1）冷却装置电源故障。冷却装置常见的故障是电源故障，如熔断器熔断、导线接触不良或断线等。当发现冷却装置整组停运或个别风扇停转以及潜油泵停运时，应检查电源，查找故障点，迅速处理。若电源已恢复正常，风扇或潜油泵仍不能运转，则可按动热继电器复归按钮试一下。若电源故障一时来不及修复，且变压器负荷又很大，可采取用临时电源使冷却装置先运行起来，再去检查和处理电源故障。

（2）机械故障。冷却装置的机械故障包括电动机轴承损坏、电动机绕组损坏、风扇叶变形及潜油泵轴承损坏等。这时需要尽快更换或检修。

（3）控制回路故障。控制回路中的各元器件损坏、引线接触不良或断线、触点接触不良时，应查明原因迅速处理。

十、配电变压器跳闸后的检查及处理

（1）根据断路器的跳闸情况、保护的动作掉牌或信号、事件记录器（监控系统）及其监测装置来显示或打印记录，判断是否为变压器故障跳闸，并向调度汇报。

（2）检查变压器跳闸前的负荷、油位、油温、油色，变压器有无喷油、冒烟，瓷套有否闪络破裂，压力释放阀是否动作或有无其他明显的故障迹象，作用于信号的气体继电器内有无气体等。

（3）检查所用电的切换是否正常，直流系统是否正常。

（4）若本站有两台主变压器，应检查另一台变压器冷却器运行是否正常，并严格监视其负荷情况。

（5）分析故障录波的波形和微机保护打印报告。

（6）了解系统情况，如保护区内外有无短路故障及其他故障等。若检查发现下列情况之一者，应认为跳闸由变压器故障引起，则在排除故障后，并经电气试验、色谱分析以及其他针对性的试验证明故障确已排除后，方可重新投入运行。

1）从气体继电器中抽取的气体经分析判断为可燃性气体。

2）变压器有明显的内部故障特征，如外壳变形、油位异常、强烈喷油等。

3）变压器套管有明显的闪络痕迹或破损、断裂等。

十一、配电变压器的应急停运

遇有以下情况时，应立即将变压器停止运行。若有备用变压器，应尽可能将备用变压器投入运行。

（1）变压器内部声响异常或声响明显增大，并伴随有爆裂声。

（2）在正常负荷和冷却条件下，变压器温度不正常并不断上升。

（3）压力释放装置动作或向外喷油。

（4）严重漏油使油面降低，并低于油位计的指示限度。

（5）油色变化过大，油内出现大量杂质等。

（6）套管有严重的破损和放电现象。

（7）冷却系统故障，断水、断电、断油的时间超过了变压器的允许时间。

（8）变压器冒烟、着火、喷油。

（9）变压器已出现故障，而保护装置拒动或动作不明确。

（10）变压器附近着火、爆炸，对变压器构成严重威胁。

十二、配电变压器的着火处理

（1）配电变压器着火时，应立即断开各侧断路器和冷却装置电源，使各侧至少有一个明显的断开点，然后用灭火器进行补救并投入水喷雾装置，同时立即通知消防队。

（2）若油溢在主变压器顶盖上着火时，则应打开下部油门放油至适当油位；若主变压器内部故障引起着火时，则不能放油，以防主变压器发生严重爆炸。

（3）消防队前来灭火，必须指定专人监护，并指明带电部分及注意事项。

第七章 配电网防雷保护

第一节 雷电对配电网的作用及危害

一、雷电及其放电过程

雷电放电是一种气体放电现象，由其引起的过电压，叫做大气过电压。它可以分为直击雷过电压和感应雷过电压两种基本形式。

雷电放电是由于带电荷的雷云引起的。雷云带电原因的解释很多，但还没有获得比较满意的一致的认识。一般认为雷云是在有利的大气和大地条件下，由强大的潮湿的热气流不断上升，进入稀薄的大气层冷凝的结果。强烈的上升气流穿过云层，水滴被撞分裂带电。轻微的水沫带负电，被风吹得较高，形成一些局部带正电的区域。雷云的底部大多数是带负电，它在地面上会感应出大量的正电荷。这样，在带有大量不同极性或不同数量电荷的雷云之间，或者雷云和大地之间形成了强大的电场，其电位差可达数兆伏至数十兆伏。随着雷云的发展和运动，一旦空间电场强度超过了大气游离放电的临界电场强度（大气中约 30kV/cm，有水滴存在时约 10kV/cm）时，就会发生云间或对大地的火花放电，放出几十安乃至几百安的电流，产生强烈的光和热（放电通道温度高达 15000～20000℃），使空气急剧膨胀振动，发生霹雳轰鸣。

大多数雷电发生在雷云之间，它对地面没有什么直接影响。雷云对大地的放电虽然只占少数，但是一旦发生就有可能带来严重的危险。这正是我们主要关心的问题。

实测表明，对地放电的雷云绝大多数带负电荷，根据放电雷云的极性来定义，此时雷电流的极性也为负电荷。雷云中的负电荷逐渐积聚，同时在附近地面上感应出正电荷。当雷云与大地之间局部电场强度超过大气游离临界场强时，就开始有局部放电通道自雷云边缘向大地发展。这一放电阶段称为先导放电。先导放电通道具有导电性，因此雷云中的负电荷沿通道分布，并继续向地面延伸，地面上的感应正电荷也逐渐增多，先导通道发展临近地面时，由于局部空间电场强度的增加，常在地面突起处出现正电荷的先导放电向天空发展，称为迎面先导。

当先导通道到达地面或者与迎面先导相遇以后，就在通道端部因大气强烈游离而产生高密度的等离子区，此区域自下而上迅速传播，形成一条高电导率的等离子通道，使先导通道以及雷云中的负电荷与大地的正电荷迅速中和，这就是主放电过程。

与先导放电和主放电对应的电流变化同时表示时，先导放电发展的平均速度较低，表现出的电流不大，约为数百安。由于主放电的发展速度很高，因此出现较强的脉冲电流，可达几十乃至二三百千安。

以上描述的是雷云负电荷向下对地放电的基本过程，可称为下行负闪电。在地面高耸的突起处（如尖塔或山顶），也可能出现从地面开始的上行正先导向云中的负电荷区域发展的放电，称为上行负闪电。与上面的情况类似，带正电荷的雷云对地放电，也可能是下行正闪电，或上行正闪电。

雷电观测表明，先导放电不是一次贯通全部空间，而是间歇性的脉冲发展过程，称为分级先导。每次间隙时间大约几十微秒，而且，人们眼睛观察到的一次闪电，实际上往往包含多次先导二主放电的重复过程，一般为2～3次，最多可达40多次。

发生多重雷电放电的原因可作如下解释。雷云是一块大介质，电荷在其内部不容易运动。因此如前所述，在雷云积聚电荷的过程中，就可能形成若干个密度较高的电荷中心。第一次先导一主放电冲击，主要是泄放第一个电荷中心及其已传播到先导通道中的负电荷。这时第一次冲击放电过程虽已结束，但是雷云内两个电荷中心之间的流注放电已开始，由于主放电通道仍然保持着高于周围大气的电导率，由第二个及多个电荷中心发展起来的先导一主放电以更快的速度沿着先前的放电通道发展，这就出现了多次重复的冲击放电。实际观测表明，第二次及以后的冲击放电的先导阶段发展时间较短，没有分叉。观测还表明，第一次冲击放电的电流幅值最高，第二次及以后的电流幅值都比较低，但对GIS变电站的运行可能造成一定程度的危险；而且它们增加了雷云放电的总持续时间，对电力系统的运行同样会带来不利的影响。带有大量电荷的雷云（实测表明多为负极性），在其周围的电场强度达到使空气绝缘破坏的程度（25～30kV/cm），空气开始游离，形成导电性的通道，通道从云中带电中心向地面发展。在先导通道发展的初级阶段，其方向受偶然的因素影响而不定。但当距离地面达某一高度时，先导通道的头部至地面某一感应电荷的电场强度超过了其他方向，先导通道大致沿其头部至感应电荷的集中点的方向连续发展，至此放电发展才有方向。如果配电网中的线路或设备遭受雷击时，将通过很大的电流，产生的过电压称为直击雷过电压。

带有负电荷的雷云接近输电线路时，强大的电场在导线上产生静电感应。由于带有负电荷雷云的存在，束缚着导线上的正电荷。当雷云对导线附近地面物体放电后，雷云电荷被中和而失去对导线上电荷的束缚作用，电荷便向导线两侧流动，由此而产生的过电压称为感应过电压。其能量很大，对供电设备的危害也很大。

配电网纵横交错，绵延万里，呈网状分布，很容易遭受雷击，引起停电事故，给国民经济和人们生活带来严重的损失。统计资料表明，雷害是造成高压输电线路停电事故的主要原因。为了确保电力系统安全运行，采取防雷保护措施，做好配电网的防雷工作是相当必要的。

二、雷电参数

雷电参数是雷电过电压计算和防雷设计的基础，参数变化，计算结果随之而变。目前采用的参数是建立在现有雷电观测数据的基础上的。

1. 雷暴日、雷电小时及地面落雷密度

为了评价某地区雷电活动的强度，常用该地区多年统计所得到的平均出现雷暴日或雷电小时来估计。在一天内（或1h内）只要听到雷声就算一个雷暴日（或雷电小时）。据统计，每一雷暴日大致折合为三个雷暴小时。雷暴日的分布与地理位置有关。一般热而潮的地区比冷而干燥的地区多，陆地比海洋多，山区比平原多。就全球而言，雷电最频繁的地区在赤道附近，雷暴日数平均约为100～150日，最多者达300日以上。我国年平均雷暴日分布，西北少于25日，长江以北25～40日，长江以南40～80日，南方大于80日。我国规程规定，等于或少于15日雷暴日的地区称为少雷区，40雷暴日以上的地区称为多雷区，超过90日的地区称为特殊强雷区。在防雷设计中，应根据雷暴日分布因地制宜。

雷暴日和雷电小时的统计中，并没有区分雷云之间的放电与雷云对地的放电。只有落地

雷才可能产生对电力系统造成危害的过电压，因此需要引入地面落雷密度这个参数，它表示每一雷暴日每平方公里地面受到的平均落雷次数，记为 r。根据世界各国及我国的实测结果，有关规程建议取 $r=0.07$，但在雷云经常经过的峡谷，易形成雷云的向阳或迎风的山坡，土壤电阻率突变地带的低电阻率地区的 r 值比一般地区大很多，在选厂选线时应注意调查易击区，以便躲开或加强防护措施。

2. 雷电流幅值、波前时间、波长及陡度

雷电流幅值是表示雷电强度的指标，也是产生雷电过电压的根源，所以是最重要的雷电参数。雷击任一物体时，流过它的电流值与其波阻抗有关，波阻抗越小，电流值越大。流过被击物的电流定义为“雷电流”。实际上，波阻抗是不为零的，因而规程规定，雷电流是指雷击于低接地电阻物体时，流过雷击点的电流。它显然近似等于传播下来的电流入射波的两倍。

雷电流的幅值是根据实测数据整理的结果，我国目前在一般的区域使用的雷电流幅值超过 I 的概率曲线，它也可用经验公式表示为

$$\lg P = \frac{I}{88} \tag{7-1}$$

在平均雷暴日数只有 20 日或更小的部分地区，雷电流幅值也较小，可用下式表示

$$\lg P = \frac{I}{44} \tag{7-2}$$

据统计，雷电流的波前时间多在 1～4μs 内，平均为 2.6μs 左右，波长在 20～100μs。我国规定在防雷设计中采用 2.6/40μs 的波形，波长对防雷计算结果几乎无影响，为简化计算，一般可视波长为无限长。

雷电流的幅值和波前时间决定其上升的陡度——电流时间的变化率。雷电流的陡度对过电压有直接的影响，也是一个常用重要参数。雷电流波前的平均陡度为

$$\alpha = \frac{I}{2.6} \tag{7-3}$$

3. 雷电流极性及波形

国内外实测结果表明，75%～90%的雷电流是负极性的，加之负极性的冲击过电压波沿线路传播衰减，因此电气设备的防雷保护中一般按负极性进行分析研究。

在电力系统的防雷保护计算中，要求将雷电流波形用公式描述，以便处理。

这种表示是与实际雷电流波形最为接近的等值波形，但比较烦琐。当被击物体的阻抗只是电阻 R 时，作用在 R 上的电压波形 u 和电流波形 i 是相同的。双指数波形也取作冲击绝缘强度试验电压的波形，对它定出标准波前和波长为 1.2/50μs。

斜角平顶波，其陡度 α 可由给定的雷电流幅值 I 和波前时间而定。斜角波的数学表达式最简单，便于分析与雷电流波前有关的波程，并且斜角平顶波用于分析发生在 10μs 以内的各种波过程，有很好的等值性。

等值半余弦波，雷电流波形的波前部分，接近半余弦波，可用下式表达

$$i = \frac{I_m}{2}(1 - \cos\omega t) \tag{7-4}$$

这种波形多用于分析雷电流波前的作用，因为用余弦函数波前计算雷电流通过电感支路所引起电压降比较方便。还有在设计特高杆塔时，采用此种表示将使计算更加接近于实际。

4. 雷电波阻抗

雷电通道在主放电时如同导体，使雷电流在其中流动同普通分布参数导线一样，具有某一等值波阻抗，称为雷电波阻抗（Z_0）。也就是说，主放电过程可视为一个电流波阻抗 Z_0 的雷电投射到雷击点 A 的波过程。若设这个电流入射波为 i_0，则对应的电压入射波 $u_0=I_0Z_0$。根据理论研究和实测分析，我国有关规程建议 Z_0 取 300Ω 左右。

三、雷电对配电网的作用

1. 感应过电压的影响及计算

雷云较低部分和先导中的电荷在地面上，并在与地面相连的导电物体上感应出相反的极性的电荷，这里说的与地相连不仅指直接接地的导线（即架空地线）和杆塔，也包括通过变压器中性点与地联系在一起的相线，后者在静电场缓慢的过程中能保持其地电位。

雷云在输电线路附近地区放电时，静电场迅速消失，导线上的束缚电荷被释放。现在导线任一单位长度上的电压等于电荷除以单位长度的电容，这一静止电压可以用两个向导线不同方向传播、幅值只有原幅值一半的行波来表示。在电场迅速消失的瞬间，这两个波互相叠加，大小相等、方向相反的电流互相抵消。实际上，电场的迅速消失不可能是瞬时完成的，所以生成波是在每一时间基元段产生的元波之和，因为元波是连续开始其运动的，所以合成的波前变长了，并与电场迅速消失的时间成正比，波幅值则相应减小。

三相的感应过电压相等，通常是正极性，波幅与雷电流的大小、雷击点的距离、导线的高度、有无屏蔽线有关。因为这种过电压很少超过 200kV，在 35kV 或运行电压更高的输电线路上，由静电感应导致闪络是不大可能的。

但是，由主放电产生的电磁感应是应该注意的。因为由此产生的电流大体上与各导线相垂直，Chowdhuri 和 Gross 用基本场论进行过计算并发现，考虑电磁感应之后得到的感应电压比只考虑静电效应得到的可能要高得多，在某些情况下，过电压可能足以使较高电压范围的输电线路的绝缘发生闪络。实际上这种情况是不常见的，可能是由于这些靠线路很近的足以产生如此高的感应过电压的雷闪多半会落到输电线路上。

可采用下式来估算同时考虑静电感应与电磁感应过电压值

$$U = k\frac{Ih}{s} \tag{7-5}$$

式（7-5）说明，雷击输电线路附近的地面时，输电线上的感应过电压与雷电流的幅值 I、导线的高度 h 成正比，与雷击点的距离 s 成反比。

当输电线路敷设架空地线时，由于避雷线的屏蔽作用，将使输电线路过电压降低，可由下式估计

$$U' = U(1-K) \tag{7-6}$$

雷击杆塔顶部时，若无避雷线，感应过电压的值由下式估算

$$U'' = ah \tag{7-7}$$

若有避雷线，则

$$U'' = (1-K)ah \tag{7-8}$$

2. 雷害事故的原因

6～10kV 配电网无避雷线保护，绝缘水平低，易受直击雷和感应雷的危害。调查发现，河南、浙江、广东等地配电网总故障率中雷击跳闸率大于 80%，柱上开关、刀闸、避雷器、

变压器、套管等设备常遭雷击损坏，甚至有些变电站 10kV 线路在雷电活动强烈时全部跳闸，极大地影响了供电可靠性和电网安全。配电网雷害事故的原因分析如下：

(1) 电网一般靠变电站出线侧和配电变压器高压侧的避雷器保护，线路中间缺少避雷线保护而易受雷击，即使这些避雷器动作，较高的雷电过电压也会使线路绝缘子击穿放电。目前 6～10kV 电网所用避雷器（包括新型氧化锌或老式碳化硅的、带或不带间隙的）较杂，其额定电压、动作电压及其残压差异较大，而配电网又极易由雷电过电压引发弧光接地过电压和铁磁谐振过电压，导致避雷器爆炸。

(2) 电网中避雷器接地存在较多问题。

1) 受场所限制，相当多的配电型避雷器接地电阻超标（达上百欧）。

2) 接地引下线损坏。引下线有些用带绝缘外皮的铝线，内部折断不易发现，两边连接头易锈蚀；还有些在埋入土中时与接地体连接处产生电化学腐蚀至断裂（这在县级配电网中相当严重），使避雷器等防雷设备形同虚设，如某变电站多次发生雷害事故即是该站母线避雷器与地网腐蚀断裂所致。

(3) 柱上开关和刀闸处有些未装避雷器保护或仅装在开关一侧，开关或刀闸断开的线路遭雷击时，雷电压将不沿线路传播，而是在断开处经全反射后升高一倍，危害开关或刀闸的绝缘至击穿。如某变电站一 35kV 备用线路曾遭受雷击，雷电波在 35kV 备用开关断口处全反射，35kV 油开关爆炸，刀闸对地击穿。10kV 柱上开关常被雷击坏的原因也大都如此。

(4) 为节约线路走廊用地和投资，常用多回路同杆架设。一旦雷击线路，绝缘子对地闪络并产生较大工频续流，则持续的接地电弧会波及同杆架设的其他回路而同时接地短路。如某铝箔厂每年都发生 10kV 同杆 4 回线路因雷击同时跳闸至倒杆断线的事故。

(5) 目前大多数配电变压器的防雷保护是只在变压器高压侧装一组避雷器而低压侧不装。这在北方少雷区可行，但在南方多雷区和山区，配电变压器常遭雷击损坏（这主要由逆变换、正变换过电压所致），造成线路接地短路并跳闸。某县曾在 1 年内被雷击坏 30 多台 10kV 配电变压器。

(6) 电网直接向用户供电，用户多无备用电源，线路和防雷设备长期无法正常检修维护，绝缘弱点不能及时消除，耐雷水平下降，雷击跳闸率上升。

(7) 雷电过电压造成的闪络多具瞬时性，绝缘子闪络后一般都能自行恢复绝缘，自动重合闸是减少雷害事故、保证供电可靠性的主要手段。但种种原因使 6～10kV 电网自动重合闸投运率不高，这也是中压电网雷害事故偏高的主要原因。

3. 配电网防雷措施的完善

针对上述配电网雷害事故发生的原因，可以采取以下措施对配电网的防雷进行完善：

(1) 完善配电网中避雷器的保护。用保护性能好的氧化锌避雷器替代碳化硅避雷器，淘汰额定电压和荷电率偏低的碳化硅避雷器；柱上开关和刀闸两侧装避雷器保护；35kV 进线终端杆加线路避雷器保护，线路备用时可防沿线侵入的雷电波开路反射击坏开关设备，正常运行时可限制沿线侵入变电站的雷电波；配电变压器高、低压侧同时装合适的避雷器进行保护，防止正变换、逆变换过电压损坏配电变压器；加强避雷器的运行维护和试验，防止因避雷器自身故障而造成电网接地短路。在雷电活动频繁地区或易遭雷击的线路杆塔加装线路避雷针进行保护，线路杆塔的塔顶用钢管焊接钢绞线制作简易的杆顶避雷针即有效。

(2) 改善配电网杆塔和防雷装置的接地。35kV 进线段有架空地线杆塔的接地电阻应不大于10Ω，终端杆接地电阻应不大于4Ω；避雷器和配电变压器的接地电阻应不大于10Ω，避雷器和重要变压器的接地电阻应不大于4Ω；避雷器等防雷设备的接地引下线要用圆钢或扁钢，应防止连接处锈蚀和地下部分锈蚀开路。

(3) 电容电流大于10A的电网安装自动跟踪补偿消弧装置，可有效降低线路建弧率，提高供电可靠性。雷电过电压虽幅值很高，但作用时间很短，绝缘子的热破坏多由雷电流过后的工频续流即电网的电容电流引起，而某些型号的自动跟踪补偿消弧装置能把补偿后的残流控制在5A以下，为雷电流过后的可靠熄弧创造条件。如某铝箔厂四路电源加装ZXB系列自动跟踪补偿消弧装置后，彻底解决了其频遭雷害的问题，还有效防止了弧光接地过电压和铁磁谐振过电压。

(4) 提高自动重合闸的投运率，加强中压电网的运行维护，及时排除绝缘缺陷，提高电网耐雷水平，以减少雷击跳闸率，保证电网安全。

中性点非有效接地的6～35kV配电系统中雷害事故往往伴随产生一些内过电压，因而配电网防雷是系统工程，只有全方位采取综合治理措施，才能有效防止雷害故障，从而提高电网安全运行水平。

第二节　配电线路的防雷保护

一、防止雷直击线路

配电线路绝缘水平低，即便装避雷线也极易反击，防止直接雷击的作用不大。所以，一般线路都不装避雷线，对个别或局部易受雷击地段和杆塔，可采用独立避雷针或避雷器保护，或将架空线路改为电缆线路。

独立避雷针可防止线路遭受直击雷，但避雷针的引雷作用，增大了感应雷过电压使线路闪络的概率。

二、减少雷击后冲击闪络的概率

加强线路绝缘是减小冲击闪络、提高耐雷水平的有效措施。按我国有关规定，3～10kV钢筋混凝土杆配电线路，一般采用瓷横担；若是铁横担，宜采用高一级绝缘水平的绝缘子。如10kV线路，可用P-15型绝缘子，其冲击绝缘水平比P-10型高30%以上。在我国南方地区，雨量多，混凝土杆用瓷横担，其冲击绝缘水平可与木横担线路媲美，但机械强度稍差，导线型号大于A-70及档距大于100m时不宜采用。瓷横担宜用于以农业供电为主的线路，城镇居民区尽量不用瓷横担。在个别乡镇和林区，因地制宜，也可采用木横担提高线路冲击绝缘水平。

对污秽地区，为了防止工频污闪，需增大绝缘子爬距，可将线路绝缘再提高一级，如10kV线路用P-20型绝缘子，从而使线路冲击绝缘水平也随之提高。

当线路采用不同型号绝缘子组合相导线绝缘时，则要考虑绝缘本身的容量不等对组合绝缘冲击耐受电压的影响。

线路绝缘水平的提高，也将明显地减小感应雷过电压造成线路闪络的概率。

从限制感应雷过电压考虑，若空旷地区架空配电线路设置接地避雷线，将会收到一定的效果。避雷线的接地电阻不作严格要求，只要取得低电位，能起屏蔽作用就可以了，这点与防护直击雷是不同的。另外，直击雷的波头短，避雷器或保护间隙的保护范围不大，而感应雷过电压波头较长，在线路适当间隔内装置避雷器或火花间隙，也许能限制感应雷过电压。这些方面目前缺乏运行经验，尚待进一步探讨。

三、减小建立相间稳定工频电弧的概率

采用瓷横担、木横担增大绝缘距离，减小相间闪络弧道上的平均工频电场强度 E 值，可有效地降低由冲击电弧转变为工频稳定电弧的概率。若使 $E \leqslant 6\text{kV/m}$，则基本上不会建立工频稳定电弧。

采用不平衡绝缘是减小相间闪络的另一有效措施。对三角排列的导线，一般顶相采用弱绝缘，两边相采用强绝缘。例如顶相用 P-10 型针式绝缘子，两边相用悬式 X-4.5 型绝缘子，或用瓷横担 DC-230/250，并注意杆塔接地。当顶相受雷击闪络接地后，系统仍可继续运行。此时顶相导线起到耦合地线的作用，降低了两边相绝缘上承受的电压，减小了相间闪络的概率。个别地区运行经验表明，不平衡绝缘可使线路跳闸率降至三相平衡正常绝缘线路的 1/5。不平衡绝缘也可只用于易击段或配电变压器前级基杆上，其他杆塔仍可加强绝缘。不过，边相绝缘不宜用 P-15 替代 P-10，因它们的冲击耐受电压都低，替代后作用不大。

电网中性点经消弧线圈接地，是消除单相接地电弧的有效措施。雷击闪络大多数是从单相发展为相间的。所以，正确整定消弧线圈的运行，可明显减小相间闪络建立工频电弧的概率。

四、避免中断供电

在各条线路上装设自动重合闸装置是减少供电中断的重要技术措施。我国 35kV 及以下线路重合闸成功率达 60%～80%。对重要线路，条件许可时，可采用二次自动重合闸。对多支线配电线路，可在支线上装一次重合熔断器，以利缩小故障范围，提高供电可靠性。

采用环网供电或不同杆的双回路供电，是避免不中断供电的另一有效措施。

配电网中雷击引起的导线断线时有发生，给用户造成了长时间停电，甚至造成人、畜触电伤亡事故。产生断线的主要原因是线路继电保护整定不当，断路器跳闸时间过长及冲击闪络后工频短路电流过大，致使工频电弧烧断导线。正常不断股的架空导线，雷电流是烧不断的。据某地区在一年内发生 56 次断线事故分析，其中有 46 次断线的过电流保护动作时间为 1s，占全部断线次数的 82%；有 10 次断线的过电流保护为 0.5s，只占全部断线次数的 18%。同年，又对 32 次配电线路跳闸而未造成断线事故的情况作了分析，其中 25 次线路过电流保护动作时间为 0.5s，占 78%；7 次过电流保护动作时间为 1s，占 22%。此实例说明，断路器跳闸时间越短，发生断线的可能性越小；反之，则迅速增大。但系统中继电保护整定时是逐级配合的，减少配电线路动作时间会遇到困难。因此，要综合考虑，尽量缩短切除故障的时间。另外，慎重选择配电线路导线截面也是十分重要的。运行经验表明，断线事故中约占 90%是在铝导线截面积为 25mm^2 及以下时发生的。所以，最小线号应为 A-25。

对某些特殊的配电网，在防雷上有其特殊的要求。如油田配电网，它处于空旷野地，地下金属管道纵横交错，易形成雷闪易击区。油田配电网的主要负荷是油井电机及注水电机，要求供电性能可靠性很高，即使雷击跳闸后 1s 而自动重合闸成功，也会打乱油井的正常生产秩序。因此，油田配电网要千方百计使其不间断供电。

架空线路交叉处的防雷，也是配电网中需注意的问题。若在不同电压等级架空线交叉处发生闪络，将给较低电压等级的配电线路带来严重危害。为了安全运行，线路交叉档两端因覆冰、过载温升、短路电流过热而增大弧垂的影响。线路交叉处空气间隙的冲击绝缘强度不低于两侧杆塔上导线对地绝缘的冲击强度。同级电压线路相互交叉处或与较低电压线路、通信线路交叉时，两交叉线路导线间的垂直距离 s，在导线温度为 40℃时，不得小于表 7-1 所列数值。当 s 大于表 1-1 中“无保护措施”一栏中的数值时，交叉档不需任何保护措施，也不会发生两条线路间的雷击放电；若不满足无保护的 s 值，则需在交叉档两端杆塔采取措施，并使 s 值满足表 7-1 中“有保护措施”一栏中的数值。

表 7-1　　线路交叉的交叉距离

额定电压（kV）		1 以下	3～10	20～110	154～220	330	500
交叉距离 s（m）	无保护措施	2	4	5	6	7	9
	有保护措施	1	2	3	4	5	6

交叉档两端的保护措施有以下几种：

(1) 交叉档两端的钢筋混凝土杆塔或铁塔（上、下方线路共 4 基）不论有无避雷线，均应接地。

(2) 3kV 及以上电力线路交叉档两端为木杆或木横担钢筋混凝土杆且无避雷线时，应装设管式避雷器或保护间隙。

(3) 与 3kV 及以上电路线路交叉的低压线、通信线、交叉档两端为木杆时，应装设保护间隙。以上杆塔、管式避雷器和保护间隙的接地电阻应尽量小，要满足有关规程规定的线路杆塔接地电阻值。根据土壤电阻率大小不同，接地电阻要在 10～30Ω 以下。当交叉点至最近杆塔的距离不大于 40m 时，可不在线路交叉档的另一杆塔上装交叉保护用的接地装置、管式避雷器或保护间隙。

上述保护措施是以具有较大陡度和幅值的雷电流直击于线路交叉处为条件的。被击导线上电压随雷电流波头上升而增大，直到最近的杆塔的负反射波返回雷击处为止，不再增大。再假设交叉处另一线路导线仍保持零电位，是以被击线路上的雷电压完全作用在 s 距离的空气间隙上为条件的。在实际当中并非如此，所以，某些情况下，可参考类似线路的运行经验，适当降低交叉跨越线路防雷保护要求。

配电线路的高杆大跨越档，要增强绝缘，装设避雷器或保护间隙，杆塔接地电阻应满足规程要求。新建 35kV 线路宜在跨越档架设避雷线。采用木杆或木横担的大跨越，其避雷线两端杆塔应装避雷器或保护间隙。

第三节　配电所的防雷保护

配电所是电力系统的枢纽，担负着电网的供变电重要任务，一旦遭受雷击损坏，影响严重，因此要求有可靠的防雷措施。

配电所的雷害来源有：①雷直击变电站；②沿线线路传过来过电压波。每个配电所每年落雷次数可按下式计算

$$N = 0.015KT(A + 10h)(b + 10h) \times 10^{6} \tag{7-9}$$

式中：T 为每年雷暴日数；a、b、h 为变电站的长、宽、高，m；K 为选择性雷击系数（在一般地区，$K=1$；在选择性雷击区，如有水的山谷及土壤电阻率 ρ 突变处的低处、矿区等，K 可到 10 左右）。

配电所防直击雷用避雷针（线），装针（线）后只有绕击、反击或感应时会发生事故。每年每100个配电所的绕击事故约为0.3次，反击事故也约为0.3次。35kV及更低电压的一侧的感应过电压事故每年每100个配电所约为1次。沿线路侵入雷电波造成的配电所事故，在采取合理保护后每年每100个配电所可控制在0.5～0.67次。

一、配电所直击雷保护

下面主要讨论配电所安装避雷针（线）的注意事项，由于发电厂与配电所在防直击雷方面有很多共同点，因此也一并讨论。

发电厂、配电所的屋外配电装置，较高建（构）筑物以及易燃易爆对象，都应加直击雷保护。独立避雷针（线）与被保护物之间应有一定距离，以免雷击避雷针（线）时造成反击。

在雷击避雷针时，避雷针上离被保护物最近的A点的电位为

$$u_A = iR_{ch} + L\frac{di}{dt} \tag{7-10}$$

式中：L为从A到地面这段避雷针的电感；取雷电流i的幅值为150kV，波头为斜角坡，波头长2.6μs，即$\frac{di}{dt}=\frac{150}{2.6}=57.7$（kA/μs）。

避雷针的电感取为$1.3h$（μH）（h是A点高度，m），于是

$$\mu_A = 150R_{ch} + 75h(\text{kV}) \tag{7-11}$$

式（7-11）右侧前一项存在时间较长（波尾），后一项存在时间较短（波头）。对前者，空气的耐压约为500kV/m；对后者，空气的耐压约为750kV/m。于是可求出不发生反击的空气距离s_k为

$$s_k \geqslant \frac{150R_{ch}}{500} + \frac{75h}{750} = 0.3R_{ch} + 0.1h(\text{m}) \tag{7-12}$$

独立避雷针的接地装置与被保护物的接地装置之间在土中也应保持一定距离S_d，以免击穿，S_d应为

$$S_d \geqslant 0.3R_{ch}(\text{m}) \tag{7-13}$$

在一般情况下，S_k不应小于5m，S_d不应小于3m。有时由于布置上的困难，S_d无法保证，此时可将两个接地装置相连。但为避免设备反击，该连接点到35kV及以下设备的接地线入地点，沿接地体的地中距离应大于15m。因冲击波沿地中埋线流动15m后，在$\rho \leqslant 500\Omega \cdot \text{m}$时，幅值可衰减到原来的20%左右，一般不会引起事故。

对于60kV级以上的配电装置，由于绝缘较强，不易反击，一般可将避雷针（线）装设在架构上。装于架构上的避雷针利用配电所的主接地网接地，但应根据土质，在附近加设3～5根垂直接地体或水平接地带。由于主变压器的绝缘较弱而且设备重要，因此在变压器的门形架上不应安装避雷针。其他构架避雷针的接地引下线入地点到变压器接地线入地点，沿接地体的地中距离应大于15m。

安装避雷针（线）时还应注意以下几点：

（1）独立避雷针应距道路3m以上，否则应铺碎石或沥青路面（厚5～8cm），以保人身不受跨步电压的危害。

（2）严禁将架空照明线、电话线、广播线、天线等装在避雷针上或其下的架构上。

（3）如在独立针上或在装有针的架构上装设照明灯，这些灯的电源必须用铅皮电缆，或

将全部导线装在金属管内，并应将电缆或金属管直接埋入地中长度 10m 以上，才允许与 35kV 及以下配电装置的接地网相连，或者与屋内低压配电装置相连。机力通风冷却塔上电动机的电源线也照此办理，烟囱下引风机的电源线也应如此办理。

（4）发电厂主厂房上一般不装设避雷针，以免发生感应或反击使继电保护误动作或造成绝缘损坏。

由于避雷线有两端分流的特点，因此对线路终端上的避雷线能否与配电所构架相连，规定比避雷针放宽一些。110kV 及以下电压时，允许相连，但 $\rho>1000\Omega\cdot m$ 时应加装 3～5 根接地体；35～60kV 时，只有在 $\rho\leqslant500\Omega\cdot m$ 的情况下才允许相连，但需加装 3～5 根接地体，终端塔上则允许装设避雷针以保护最后一档线路。

二、配电所侵入波过电压

雷直击线路的几率远比雷直击配电所的几率大，所以沿线路入侵配电所的雷过电压行波是很常见的。因线路的绝缘水平要比变压器（或其他设备）的冲击试验电压高得多，所以配电所侵入波的保护十分重要。

配电所所有的电气设备绝缘都应当受到阀型避雷器的可靠保护，为了避免阀型避雷器和被保护设备伏秒特性相互接近或交叉，而使被保护设备绝缘击穿，必须使二者的平均伏秒特性相差 15%～20%，这样才能起到较好的保护作用。但是阀型避雷器应尽量靠近被保护设备，尤其是在终端配电所。阀型避雷器最好与变压器直接并联在一起，否则会由于波的反射而使阀型避雷器起不到应有的保护作用，后果将是十分严重的。根据理论计算，阀型避雷器离开变压器的最大允许电气距离可用下式求出

$$L=\frac{U_{B}-U_{F}(t_{p})}{2\alpha} \tag{7-14}$$

式中：U_B 为变压器绝缘的 2～3μs 时的击穿强度；$U_F(t_p)$ 为预放电时间为 t 时避雷器的冲击放电电压；α 为侵入配电所雷电波的陡度。

由式（7-14）可见，侵入配电所雷电波的陡度越大，则其最大允许距离 l 就越小。雷电波的陡度（kV/m），可以由进线保护段的长度来决定，见表 7-2。对一般配电所来说，这样选择尚有一定安全裕度。由于其他电气设备的冲击强度比变压器高，阀型避雷器至其他电气设备之间的距离允许再增加 35%。

表 7-2　侵入变电站雷电波波头 α 值与进线保护段长度的关系

额定电压（kV）	波头 α 值（kV/m）		额定电压（kV）	波头 α 值（kV/m）	
	进线长度 1km	沿线路全长有避雷线		进线长度 1km	沿线路全长有避雷线
35	1.0	0.5	154	1.0	1.0
60	1.1	0.6	220	1.5	1.5
110	1.5	0.75	330	2.2	2.2

对两路及以上进线的配电所，一路来波可以从另外几路分流出一部分，因此进线数超过两路时，阀型避雷器到被保护设备之间的允许电气距离可相应增大，三路进线的配电所允许的距离比两路进线的增大 20%，四路进线的可增加 35%。

对于电气接线比较特殊的配电所，可以通过计算或模拟试验来核定允许的电气距离。模拟试验通常在防雷分析仪上进行。配电所的防雷性能通常用危险波曲线来说明。在防雷分析

仪上，危险波曲线可以通过下述方法获得。在某一运行方式下，固定入侵的幅值，改变其陡度直到配电所某设备的电压为止。记下这一侵入波的幅值与陡度作为危险波曲线上的一点，然后改变侵入波幅值，重复上述实验，可得出曲线。若侵入波的参数处在曲线右上方，则配电所将发生危险；反之，若侵入波的参数处在曲线左下方，则配电所将不会发生危险。由此即可判明在线路上临近配电所有多长的线段上（进线）发生绕击或反击时会使配电所发生危险，从而可算出配电所的耐雷指标，必要时可采取措施加强进线段的保护以提高配电所的耐雷指标。

三、配电所的进线保护

配电所的全部保护措施，可根据送电线路、被保护的高压设备及结构方式等具体条件确定。

对35～110kV无避雷线的线路，为了保护配电所的安全，应在配电所的进线段2km长度内加装避雷线，其保护角一般小于20°，这样在这一段雷绕击或反击于导线的机会就会大大减少。在进线以外落雷时，由于进线段导线的阻抗，使避雷器电流I_{BL}受到限制，而且沿导线的来波陡度α也将由于冲击电晕作用而降低。此外，导线及大地的电阻对波的衰减变形也会有一定的影响。

对沿全线有避雷线的线路来说，把配电所附近2km长的一段线路称进线段。线路其余长度的避雷线是为了防雷用的，而这2km进线段的避雷线除为了线路防雷，还担负着避免或减少配电所雷电侵入波事故的作用。

有些配电所的进线保护段是较老的线路，从杆塔条件来看架设避雷线有困难，或由于线路经过地区的土壤电阻率较高，降低接地电阻很不容易，进线保护段所需耐雷水平很难达到要求时，可以考虑在进线保护段的终端杆上安装一组电抗线圈来代替进线保护段，如图7-1所示。

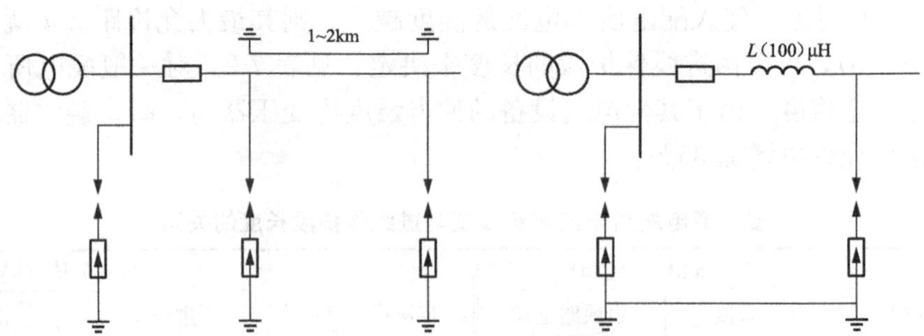

图7-1 用电抗线圈代替变电站进线保护段的接线

长期的运行经验证明，电抗线圈对电力设备的防雷保护作用是很明显的，不论是保护发电机还是变压器都十分有效，所以有些地区把电抗线圈称作“防雷线圈”。

如果配电所的进出线（35～330kV）采用电缆，在电缆和架空线路的连接处应装设避雷器保护，其接地必须与电缆的金属外皮相连接。三芯与单芯电缆保护接线不同，图7-2（a）所示为三芯电缆保护接线，图7-2（b）所示为单芯电缆保护接线。但线路传来雷电波、产生操作过电压或发生短路故障时，电缆金属外皮上感应的高电压可以由电缆一端的接地和另一端接地体或间隙来保护。当电缆长度超过 50m 或经过验算装设一组避雷器即能满足保护要求时，可只装一组。

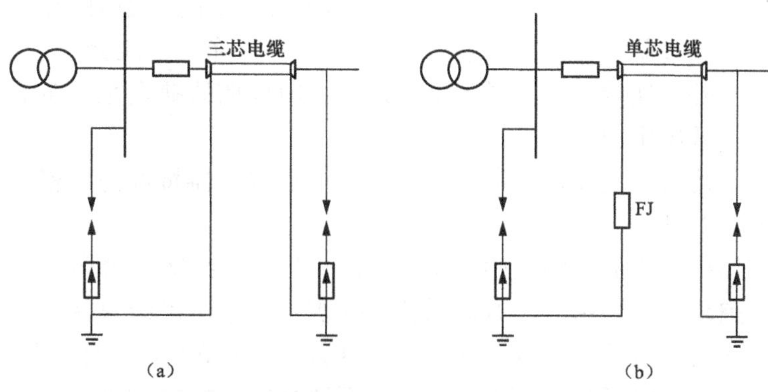

图 7-2　具有 35kV 及以上电缆段的变电站进线保护接线

(a) 三芯电缆保护接线；(b) 单芯电缆保护接线

若电缆长度超过 50m，且断路器在雷季有时开路运行时，应在电缆末端加装间隙保护。此外，靠近电缆段的 1km 线路上还应装设避雷线保护。为使电缆头上的避雷器易于放电，条件许可时可在电缆与架空线连接处加装一组电抗线圈，避雷器应装在电抗线圈的外侧。

第四节　配电变压器的防雷保护

6～35kV 配电网络，是我国的主要配电网络，该网络由于网状的网络结构且电网的绝缘水平较低，最容易发生雷害事故。配电网最为频繁的雷害事故是雷击跳闸和配电设备被雷击坏。配电变压器是向广大用户分配电能、变换电压的主要设备。在配电网中，经常发生的雷害事故就是雷电击坏配电变压器事故。每年都要损坏几百台，其影响范围是很广的，经济损失也很大。

一般配电变压器高压侧应装设氧化锌、阀式避雷器保护，避雷器应尽可能靠近变压器装设，其接地线应与变压器的金属外壳以及低压侧中性点（变压器中性点绝缘时则为中性点的击穿熔断器的接地端）连在一起共同接地，如图 7-3 所示。之所以要三点连在一起共同接地，

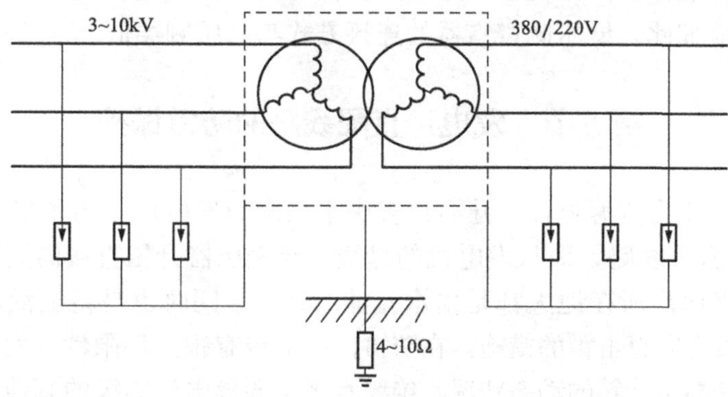

图 7-3　配电网变压器的保护接线

是因为考虑到在雷电波侵袭时，避雷器动作，若避雷器独立接地，则雷电流通过接地电阻的压降可能比避雷器上的残压还大，变压器将承受这两者叠加的过电压作用，危害性大大增加。现将避雷器接地线连至变压器外壳上，则变压器绝缘只承受残压的作用，只是外壳电位大大增加，其值等于通过避雷器雷电流在接地装置上的压降，可能会反击低压绕组。为此，需将低压侧中性点与外壳连接，免除逆闪络。这种共同接地的缺点是避雷器动作时引起的地电位升高，可能危害低压用户的安全。

在运行中，按上述接法装设避雷器，变压器绝缘和避雷器特性都合格，仍有不少变压器遭受雷击损坏，经分析其原因如下：

（1）雷直击低压线路或低压线有感应雷过电压，低压侧绝缘被损坏。

（2）低压侧线路落雷时，由于没有避雷器的保护，雷电波沿线直接侵入低压绕组，经其中性点接地体入地，雷电流 I_L，在接地电阻上产生压降 $U=RI_L$，使低压侧中性点电位偏移。此压降一方面叠加在低压绕组相电压上，另一方面通过铁芯按电磁感应定律以变比的倍数升高到高压侧，与高压绕组相电压叠加，使高压绕组出现危险过电压，这种引起高压侧中性点过电压的现象叫“正变换”过电压。此电压的大小与进波电压的幅值、变比成正比，与接地电阻的大小成反比。根据雷电侵入波幅值的大小，高压绕组中性点附近电位约高于额定值的十几倍，导致变压器高压绕组绝缘击穿。

（3）保护变压器的避雷器安装在高压侧，与低压侧中性线变压器金属外壳连接在一起，共用一个接地体。雷直击高压线路或高压线遭受感应雷，高压侧避雷器动作，雷电流 I 通过避雷器和接地装置侵入大地，使接地体呈现电压 $U=R_{ch}I$（R_{ch}为接地体的冲击接地电阻）。由于配电变压器低压侧绕组中性点与外壳相连，所以此 U 值就作用在低压侧绕组及与其相连接的线路上，又因为低压绕组波阻比低压线路波阻大得多，U 的绝大部分都加在低压绕组上，由于配电变压器低压侧没有避雷器保护，通过高、低压绕组的电磁耦合作用，将按配电变压器变比比例在高压绕组上产生一个很高的过电压（称为反变换过程），使高压绕组绝缘损坏，这种引起高压侧中性点过电压的现象叫“反变换”过电压。

此逆变换过电压幅值取决于进波电流幅值、波长、接地电阻及变压器变比等因素。此电压可达到额定值十几倍，大大超过了变压器绝缘的耐压值，导致变压器中性点附近的绝缘击穿。

由上述可知，限制低压绕组两端的过电压值，不仅能保护低压绕组，而且无论发生正变换或反变换过程，都能保护高压绕组。显然，在低压侧装设氧化锌避雷器是十分必要的，尤其是在多雷区，更应如此。低压侧避雷器的连接方式与高压侧类似。

第五节　发电厂直配线路的防雷保护

在南方各省由于水力资源充沛，建有许多中小型水力发电厂，为了供电方便和经济效益大都带有 6～10kV 直配线路，即从发电机的母线不经变压器升压直接向周围的用户供电。由于这些中小型水力发电厂所在地大都是雨水充沛的地区，同时也是雷电活动频繁的地区，而6～10kV 直配线路没有防直击雷的措施，在防雷保护上带有很大局限性。发电机的绝缘，由于是靠空气绝缘，又是高速旋转的动态状况，绝缘水平与同等电压等级的其他设备，比如对变压器来讲要低得多，因而直配线路的雷电活动对发电机构成了极大的威胁。因此对发电机和直配线路的防雷措施和现状进行认真的分析研究，找出可靠的防雷保护措施是非常必要的。

一、6～10kV直配线路防雷现状分析

由于管理体制上的原因，目前许多水力发电厂的直配线路的运行、维护归水利部门或用户负责，因而与供电企业相比就不是那么规范。比如作者调查了解了若干座水力发电厂，其防雷保护还主要是采用碳化硅避雷器保护，其进线段有的通过电缆段，有的甚至直接采用架空线出线。由于水力发电厂大都建在雷电活动频繁的山区，有的直配线路在山上，最容易遭受雷击，而6～10kV直配线路的主要防雷措施是装在配电变压器处和装在发电厂侧的避雷器保护，线路遭雷后，雷电波就会沿着直配线路侵入到发电厂，而发电厂一般采用如图7-4和图7-5所示的防雷保护方案。在图7-4中，发电机出线直接与架空线相连，一般是在高压室出线处有一组配电型阀式避雷器，在距高压室约100m处安装另一组配电型避雷器。发电机母线装有保护旋转电机用的避雷器，一般是FCD型磁吹避雷器和防雷容器。发电机中性点装有保护中性点的避雷器。

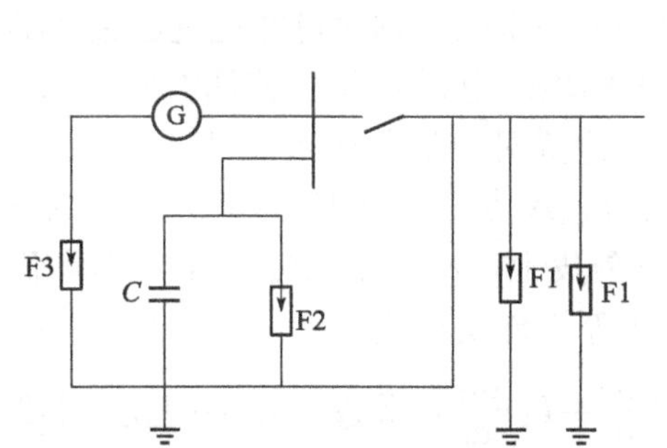

图7-4　直配线采用架空线出线

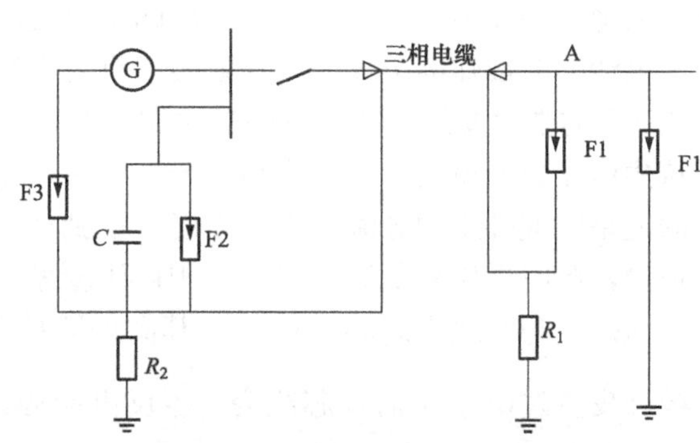

图7-5　采用电缆进线段的直配线

图7-4中，F1为普通阀式避雷器；F2为磁吹避雷器；F3为中性点避雷器；C为电容器；G为发电机。图7-5是在图7-4的基础上增加了电缆进线段保护。

发电机的绝缘强度要比同一额定电压等级的电气设备的绝缘强度低，其出厂耐压值只有同级变压器的1/3左右。这是因为发电机绕组不能像变压器那样浸在变压器油中，而且嵌入槽中时绝缘可能擦伤或产生气隙，也不可能像变压器那样采用电容环等措施改善冲击电压分布，并且一般发电机绝缘的冲击系数很低，接近于1，而变压器的冲击系数为2～3。发电机的运行环境恶劣，时常出现绝缘弱点。在估算绝缘水平时，通常以预防性试验电压为标准，即发电机主绝缘的冲击电压允许值相当于1min工频耐压的幅值（考虑冲击系数为1）。目前我国对发电机采用的预防性试验电压为交流1.5倍额定电压和直流2.5倍额定电压。对一些运行多年的发电机，考虑到绝缘老化，还要降低预防性试验标准。发电机耐压值与同级变压器及避雷器比较见表7-3。

表7-3　发电机耐压值与同级变压器及避雷器比较　单位：kV

发电机额定电压（有效值）	发电机出厂工频耐压（有效值）	发电机出厂冲击耐压（幅值）	发电机运行中工频耐压（有效值）	同级变压器出厂冲击耐压（幅值）	FCD避雷器3kA残压（幅值）	ZnO避雷器2.5kA残（幅值）
6.3	$2U_e+1$	22.3	$1.5U_e$	60	19	19
10.5	$2U_e+3$	34	$1.5U_e$	75	31	31

从表 7-3 可以得出如下结论：

(1) 发电机的绝缘耐压值与同级变压器相比，只有同级变压器的 1/3～1/2。

(2) 保护旋转电机用的磁吹避雷器或氧化锌避雷器与电机的绝缘水平之间的绝缘配合裕度很小，要保证发电机的安全必须有效地限制侵入的雷电流幅值，使其不大于 3kA。

此外，由于发电机绕组的结构特点，其匝间电容小，起不了改善冲击电位分布的作用，又不能采用电容环等改善措施。当冲击电压作用于电机绕组时，绕组匝间电压 U_n 与侵入波的陡度直接相关，陡度越大，匝间承受的电压越高。要使电机绕组匝间绝缘不受损坏，必须严格控制侵入雷电波的陡度。

图 7-4 所示的保护方式只是靠前面的两组配电型避雷器进行保护，用于限制侵入波的陡度和幅值，发电机主要靠装在母线上的避雷器保护。该保护方式只适应少雷区的直配线保护，但大多数水力发电厂处于雷电活动频繁的多雷区，且避雷器的接地电阻一般都较高。据对浙江某水力发电厂调查，其整个发电厂的接地电阻为 70Ω，线路上避雷器的接地电阻大多在数十欧姆，因而很难把侵入到发电厂的雷电流限制在 3kA 以下。湖南某水电厂曾发生避雷器在雷电活动时爆炸的事故，就更证实了有时沿线路侵入的雷电流幅值可能远远超过 3kA。

图 7-5 的情况要好一些，主要是比图 7-4 增加了电缆段。电缆是具有较低波阻抗的传输线，从集中参数的角度看，电缆相当于一个接地电容，这些对于削弱侵入波是有利的，但更主要的还是电缆外皮的分流效应。当侵入波到达 A 点后，A 点避雷器 F2 动作，电缆芯线与外皮短接，此时电压降低 iR_1，同时加压到电缆芯线和外皮上，由于雷电流的等值频率很高，而且电缆外皮与芯线为同心圆柱体，其间的互感 M 就等于外皮的自感 L_2（$M=L_2$）。因此，当电缆外皮流过电流 i_2 时，芯线会产生反电动势，$M\dfrac{di}{dt}=L_2\dfrac{di_2}{dt}$，此反电动势阻止沿芯线流向发电机的电流 i，使绝大部分雷电流都从电缆外皮流走，减小电缆芯线的电流也就减小了流过母线避雷器的电流，而使残压降低。但是，电缆的限流作用是以电缆首端 A 点的避雷器 F1 动作为前提的。因电缆的波阻抗远低于架空线路，雷电波到达 A 点后会发生负反射，使 A 点电压降低，另外再加上避雷器 F1 动作的分散性，F1 可能不动作，而失去电缆的保护作用，这就是这种接线方式的最大弱点。

二、6～10kV 直配线路防雷改进方案

为了有效地限制侵入到发电机母线的雷电流幅值和陡度，特推荐如图 7-6 所示的防雷保护接线。

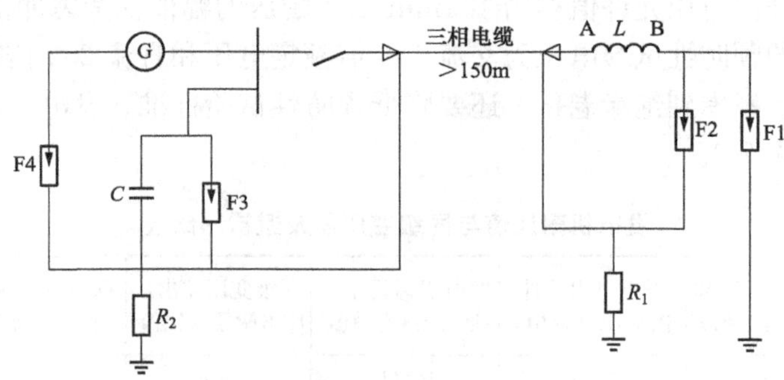

图 7-6 采用电抗器、电缆进线段保护的直配线路

在该方案中主要是在电缆的首端增加了一组 $L=100\sim200\mu H$ 的电感线圈，该电感线圈的主要作用是当雷电波沿线路到达电感线圈时，由于电感中的电流不能突变，将发生正的反射，而使B点电位升高，穿过电感线圈到达A点的是折射电压 U_A，只能随电流的逐渐增加而增大，其波头陡度和幅值都得到有效的削减，其等值回路如图7-7所示。

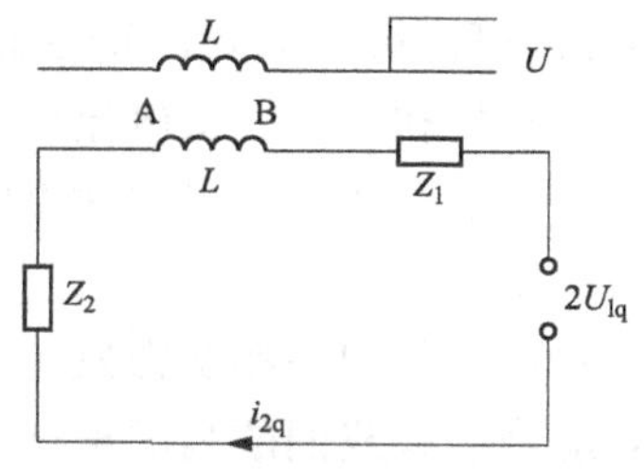

图7-7　接线圈及等值电路

由图7-7可得

$$2U_{1q}=i_{2q}(Z_1+Z_2)+L\frac{di_{2q}}{dt} \tag{7-15}$$

式中：Z_1 为线路波阻抗；Z_2 为电缆段的波阻抗；i_{2q}为电缆中的前行电流波。

解得

$$i_{2q}=\frac{2U_{1q}}{Z_1+Z_2}\left(1-e\frac{t}{\tau}\right) \tag{7-16}$$

$$U_{2q}=i_{2q}Z_2=\frac{2Z_2}{Z_1+Z_2}U_{1q}(1-e^{-\frac{t}{\tau}})=\alpha U_{1q}(1-e^{-\frac{t}{\tau}}) \tag{7-17}$$

$$\tau=\frac{L}{Z_1+Z_2} \tag{7-18}$$

式中：t 为该电路时间常数；τ 为折射系数。

因为线路 Z_1 与电缆串联，故 Z_1 中电流 i_1 与 Z_2 中电流 i_{2q}应相等，即

$$i_1=\frac{U_{1q}}{Z_1}-\frac{U_{1B}}{Z_1}=i_{2q}=\frac{U_{2q}}{Z_2} \tag{7-19}$$

式中：U_{1B}为 Z_1 中的反射电压波。

将式（7-17）、式（7-18）代入式（7-19）得

$$U_{1B}=\frac{Z_2-Z_1}{Z_1+Z_2}U_{1q}+\frac{2Z_1}{Z_1+Z_2}U_{1q}e^{-\frac{t}{\tau}} \tag{7-20}$$

当 $t=0$ 时，$U_{1B}=U_{1q}$。这是由于电感中电流不能突变，波到达电感的瞬间相当于开路，此时全部磁场能转变为电场能，使电压由于全反射而升高一倍，将迫使装在B点的避雷器动作。

折射电压 U_{2q}的陡度可由式（7-19）求得，即

$$\frac{du_{2q}}{dt}=\frac{2u_{1q}Z_2}{L}e^{-\frac{t}{\tau}} \tag{7-21}$$

当 $t=0$ 时，陡度最大，其值为

$$\left(\frac{du_{2q}}{dt}\right)_{max}=\frac{2u_{1q}Z_2}{L} \tag{7-22}$$

也就是说，最大陡度与 Z_1 无关，仅由 Z_2 和 L 决定，L 越大，Z_2 越小，则陡度降低越多，波头就越平缓。

此外，从式（7-17）还可得出折射电压为

$$U_{2q}=\alpha U_{1q}(1-e^{-\frac{t}{\tau}}) \tag{7-23}$$

由于 Z_2 为电缆的波阻抗，其远小于架空线路的波阻抗，因而折射系数远小于1，也就是说经由电缆传向发电机母线的电压幅值和陡度都得到了有效的控制，电缆的长度一般大于

150m即可。再经B点的避雷器动作后，通过电缆外皮与芯线的互感效应，会使由电缆芯线流向发电机和母线的雷电流得到进一步的限制，此时再由接在发电机母线上的防雷电容器和母线避雷器以及发电机中性点的避雷器的联合保护，再加上良好的接地，基本上可以保证发电机的安全。

目前一些中小型水力发电厂直配线路在防雷保护上存在的一些问题和隐患是相当严重的，应当引起我们的高度重视，对发电机直配线路的防雷是非常必要的。我们推荐的整改措施，并不要过多的投资费用，且简单可行。该措施能有效地把沿直配线路侵入雷电波的幅值和陡度控制在一定范围之内，与母线防雷措施配合，能起到很好的保护作用。

第六节 接 地 装 置

为了达到接地的目的，在地下人为敷设的接地导体称为人工接地体；兼作接地用的直接与大地接触的各种金属构件、钢筋混凝土建筑物及构筑物的基础等，称为自然接地体。防雷装置或指定的接地部位与接地体连接的导线，称为接地线。接地体与接地线的总和称为接地装置。

一、接地装置的分类

1. 防雷接地

为使防雷装置，如避雷针、避雷线、避雷器及防雷间隙，受到雷电作用时，将雷电流经过接地装置引入大地，以防止雷害为目的的接地，称为防雷接地。

2. 工作接地

为保证电力系统正常或故障状态下可靠工作的需要，而将电气设备的特定部位接地，称为工作接地。如变压器的中性点、消弧线圈等的接地。

3. 防护接地

将电气设备平时不带电，但因绝缘损坏时可能带电的金属部分（如电气设备外壳或框架等）接地，保护人身安全，称为防护接地，也叫保护接地。

4. 重复接地

在中性点直接接地的配电系统中，为确保中性线可靠接地，除变压器中性点接地外，还要在低压线路的分支、终端重复接地，防止在中性线的断线点以下电气设备中造成接近线电压的相电压。

接地体必须和土壤有良好的接触，使电流入地时能均匀地扩散出去。接地装置由单独或联合的水平电极和垂直电极所组成。水平电极在土壤中的埋置深度一般为0.6～0.8m，而垂直电极则是在水平电极的埋置深度处打入地中的，接地装置的接地电阻，原则上说应越小越好，但是接地电阻值的变化与消耗钢材成正比，当然这是以土壤电阻率为常量而言。因此还是应该从安全经济的观点出发，使之在满足防雷保护要求的条件下，为国家节约钢材与投资。

二、接地电阻的计算

人工接地体或自然接地体的对地电阻和接地线电阻的总和，称为接地装置的接地电阻。接地电阻的数值等于接地装置对地电压与通过接地体流入地中电流的比值。按通过接地体流入地中冲击电流求得的接地电阻，称为冲击接地电阻；按通过接地体流入地中工频电流求得的电阻，称为工频接地电阻。

当垂直接地体的长度为L、直径为D、土壤电阻率为ρ时，其接地电阻为

$$R_c=\frac{\rho}{2\pi L}\ln\frac{4L}{D}\text{或}R_c=\frac{\rho}{2\pi L}\left(2.3\lg\frac{4L}{r}-1\right)\tag{7-24}$$

土壤电阻率见表7-4。若采用其他型钢时，式（7-24）的直径D分别代以：扁钢为宽度的一半；等边角钢为B的0.84倍；不等边角钢$D=0.714\sqrt{b_1b_2}(b_1^2+b_2^2)$；钢管应以外径计算。

当水平接地体的总长度为L、直径为D、埋置深度为h及屏蔽系数为A时，其接地电阻为

$$R_S=\frac{\rho}{2\pi L}\left(\ln\frac{L^2}{Dh}+A\right)\tag{7-25}$$

从式（7-25）中看出，在L不变时，屏蔽系数A越大，电阻值也越大，即钢材没得到充分利用。

如设$A=0.6\text{m}$、$D=0.008\text{m}$时，式（7-25）可改写成

$$R_S=\frac{\rho}{2\pi L}(\ln L^2+5.34+A)\tag{7-26}$$

对小型接地体而言，当$L\approx10\text{m}$时，则$\ln L^2\approx4.6$，则括号中前两项之和接近于10。

表7-4　　土　壤　电　阻　率

类别	土壤名称	ρ的近似值（Ω·m）	变动范围		
			较湿（多雨区）	较干（少雨区）	地下含盐碱
泥土	冲击土	5	—	—	1～5
	陶黏土	10	5～20	10～100	3～10
	泥炭、泥炭岩、沼泽地	20	10～30	50～300	3～30
	黑土、田园土、陶土、白垩土	50	30～100	50～300	10～30
	黏土	60			
	砂质黏土	100	30～300	80～1000	10～30
	黄土	200	100～200	250	30
	含沙泥土	300	100～1000	10000以上	30～100
	多石土壤	400	—	—	—
砂	沙子、砂砾	1000	250～1000	1000～2500	—
岩石	碎石、砾石	5000	3000	10000	—
	多岩石地	4000	—	—	—
	花岗岩	20000	200000	—	—

对于大型接地体，$L\approx100\text{m}$，$\ln L^2\approx9.2$，式（7-26）的前两项之和接近于14.5。规程中将式（7-24）及式（7-25）简化成$R_S\approx0.3\rho$及$R_\tau\approx0.03\rho$，适用范围是垂直电极长度为3m左右，水平电极长度为6m左右。

这里引出两个系数，即冲击系数α及利用系数η。α的含意是接地体的冲击电阻与工频电阻之比。在雷电放电时，流过接地装置的电流密度很大，波头陡度也很高，使接地体周围的土壤中产生局部火花放电，其效果相当于增大了接地体的尺寸，从而起到降低接地电阻的效果。因此，冲击接地电阻实质上就是冲击接地电流作用下的接地装置的接地电阻。电流的密度越大，土壤电阻率越高，土壤组成越不均匀，接地电阻值下降也越多。

单独接地体的冲击接地电阻为

$$R'_c = \alpha R_c \tag{7-27}$$

式中：R_c 为单独接地体，是按稳态公式算出的工频小电流下的测量电阻值。

长 2～3m、直径 6cm 以下的垂直接地体，冲击电流波头陡度为 3～6μs 的冲击系数，列于表 7-5 中。

表 7-5　冲击系数表一

土壤电阻率 ρ（Ω·m）	雷电流 I（kA）			
	5	10	20	40
100	0.85～0.9	0.75～0.85	0.6～0.75	0.5～0.6
500	0.6～0.7	0.5～0.6	0.35～0.45	0.25～0.3
1000	0.45～0.55	0.34～0.45	0.25～0.3	—

宽 2～4cm 扁钢或直径 1～2cm 圆钢水平接地体，有一端引入雷电流时，冲击电流波头陡度为 3～6μs 的冲击系数，列于表 7-6 中。

表 7-6　冲击系数表二

土壤电阻率 ρ（Ω·m）	长度（m）	雷电流 I（kA）		
		10	20	40
100	5	0.75	0.65	0.50
	10	1.00	0.90	0.80
	20	1.15	1.05	0.95
500	5	0.55	0.45	0.30
	10	0.75	0.60	0.45
	20	0.90	0.75	0.60
	30	1.00	0.90	0.80
1000	10	0.55	0.45	0.35
	20	0.75	0.60	0.50
	40	0.95	0.85	0.75
	60	1.15	1.10	0.95
2000	20	0.60	0.50	0.40
	40	0.75	0.65	0.55
	60	0.90	0.80	0.75
	80	1.05	0.95	0.90
	100	1.20	1.10	1.05

埋置基坑底部，宽 2～4cm 扁钢或直径 1～2cm 圆钢水平环形接地体，有环形中心引入雷电流，引入处 3～4 个连线时的冲击系数，列于表 7-7 中。用钢筋混凝土的电杆或基础作为天然接地体时的冲击系数（$\rho \leqslant 300\Omega \cdot m$），见表 7-8。

应该说明，钢筋混凝土杆基础的利用，只有在土壤电阻率 $\rho \leqslant 300\Omega \cdot m$ 时，才有适用价值，因为电阻值较大，详见表 7-9。

表 7-7　　冲击系数表三

土壤电阻率 ρ（Ω·m）	100			500			1000		
雷电流 I（kA）	20	40	80	20	40	80	20	40	80
D=4m	0.6	0.45	0.35	—	—	—	—	—	—
D=5m	0.75	0.65	0.5	0.55	0.45	0.3	0.40	0.30	0.25
D=6m	0.8	0.7	0.6	0.6	0.5	0.35	0.45	0.40	0.30

表 7-8　　冲击系数表四

基础形式	雷电流 I（kA）			
	5	10	15	20
带底盘的钢筋混凝土杆或钢筋混凝土基础	0.9	0.6	0.4	0.3
不带底盘的钢筋混凝土杆或钢筋混凝土基础	0.7	0.5	0.4	0.3

表 7-9　　杆塔基础的电阻值

杆塔形式	钢筋混凝土杆			铁塔	
	单杆	双杆	有 3～4 条拉线的单双杆	单柱式	门型
R（Ω）	0.3ρ	0.2ρ	0.1ρ	0.1ρ	0.06ρ

接地装置的各接地体之间相互影响，使每个接地体不能发挥其本身的效能，利用系数的含义就是接地装置中每个接地体的平均接地电阻与单根接地体接地电阻之比。

工频利用系数 $\eta \approx \eta_c/0.9$，η_c、η 是冲击利用系数，$\eta \leqslant 1$。

各种形式接地体的冲击利用系数，可按表 7-10 查取。拉线棒与拉线盘间，以及铁塔的各基础之间，包括深埋式接地或自然接地，$\eta = \eta_c/0.7$。

表 7-10　　杆塔基础的电阻值

接地装置型式	接地体个数	冲击利用系数 η
n 根水平射线且每根 10～80m	2	0.83～1.0
	3	0.75～0.9
	4～6	0.65～0.8
以 n 个水平接地连接的垂直接地线	2	0.8～0.85
	3	0.7～0.8
	4	0.7～0.75
	6	0.65～0.7

由 n 个相同水平射线接地体组成的接地装置，其冲击接地电阻 R'_c 为

$$R'_c = \frac{R_a}{n} \times \frac{1}{\eta_c} \tag{7-28}$$

式中：R_a 为冲击单根；η_c 为冲击利用系数。

由 n 个水平接地体连接的垂直接地体组成的接地装置，总接地电阻为

$$R'' = \frac{\frac{R_S}{n} \times R_n}{\frac{R_S}{n} + R_n} \times \frac{1}{\eta_c} \tag{7-29}$$

式中：R_S 为冲击垂直；R_n 为冲击水平。

三、对接地装置及接地电阻的要求

1. 应设接地装置的设备及接地电阻值

设在非沥青地面的居民区内，无避雷线小接地短路电流架空电力线路的金属杆塔、钢筋混凝土，接地电阻均不宜大于 30Ω。

装在配电线路上的开关设备、变压器和电容器，总容量小于 100kVA 的变压器及柱上油开关，接地电阻应不大于 10Ω；总容量为 100kVA 及以上的变压器，接地电阻应不大于 4Ω。

在中性点直接接地的低压电网中，中性线应在变压器出口接地之后，在干线、分支线及终端以及沿线每隔 1km 处重复接地。在总容量大于 100kVA 的变压器中，每个重复接地电阻应不大于 10Ω；小于 100kVA 的变压器应不大于 30Ω，接地长度应不少于 3km 处，每处接地电阻不大于 10Ω。

防止雷电波沿低压线路入侵建筑物，接户线上的绝缘子铁脚应接地，接地电阻不宜大于 30Ω。

中性点直接接地的低压网和高低压并架电力网的钢筋混凝土电杆的铁横担或铁杆，应与中性线连接；钢筋混凝土杆的钢筋宜与中性线连接；中性点非直接接地的低压电网，其钢筋混凝土杆宜接地，铁杆应接地，接地电阻不宜超过 50Ω。

有避雷线的配电线路，其接地装置在雷雨季节干燥时期的工频电阻，不宜大于表 7-11 中所列的数值。

表 7-11　有避雷线的配电线路的工频电阻

土壤电阻率 ρ（Ω・m）	工频接地电阻（Ω）	土壤电阻率 ρ（Ω・m）	工频接地电阻（Ω）
100 及以下	10	1000 以上至 2000	25
100 以上至 500	15	2000 以上	30
500 以上至 1000	20	1000 以上至 2000	

雷电流的特性是幅值大、时间短。因此，在伸长的接地体中，由于接地体的电杆作用使冲击接地电阻增大。若在接地体长、土壤电阻率高、雷电流陡度大的情况下，采用伸长的接地装置时 R_c 增加越大。所以，接地体过分伸长，效果并不理想。因此规程中规定，放射形接地体每根的最大长度，根据土壤电阻率确定，见表 7-12。

表 7-12　放射形接地体每根最大长度

土壤电阻率 ρ（Ω・m）	≤500	≤2000	≤5000
最大长度（m）	40	80	100

若接地装置由很多水平与垂直接地体组成时，为减少相互屏蔽作用，垂直接地体的间距不应小于其长度的 2 倍；水平接地体的间隔可根据具体条件而定，但不宜小于 5m。

2. 接地体的规格及连接

人工接地的水平接地体可采用圆钢、扁钢；垂直接地体可采用角钢、圆钢及钢管。截面积应符合热稳定要求及均压的要求，且不应小于表 7-13 的规定。低压设备用裸或绝缘铝接地线截面积不小于 $6mm^2$ 或 $2.5mm^2$。

表 7-13　人工接地的水平接地体的截面积

种类	规格	地上		地下
		屋内	屋外	
圆钢	直径（mm）	5	6	6
扁钢	截面积（mm^2）	24	48	48
	厚度（mm）	3	4	4
角钢	厚度（mm）	2	2.5	4
钢管	壁厚（mm）	2.5	2.5	3.5

敷设在腐蚀性较强处的接地装置，应根据腐蚀的性质采取热镀锡、热镀锌等防腐措施，或者适当增大接地体的截面积。

接地体的接续应采用焊接。搭焊接时，搭接的长度应为扁钢宽的 2 倍，圆钢直径的 6 倍。接地线与接地体的连接，宜采用焊接；接地线与电力设备的连接，可用螺栓连接或焊接。用螺栓连接时应采用防松螺帽或弹簧垫。

四、接地降阻剂

关于降阻剂的降阻效果是不可置疑的，因为降阻剂已在实际的接地工程中得到大量的、长期的应用，并被写进国家标准和相关行业标准。但是降阻剂在实际的工程应用中确实存在一系列的问题，比如降阻剂的腐蚀性问题、降阻效果问题、降阻稳定性问题，以及对地下水资源的污染问题。这主要是前一个时期降阻剂市场混乱、缺乏监督，一些厂家片面追求短期的降阻效果而忽略了降阻稳定性、长效性和对钢接地体的腐蚀，有的还对环境构成了污染，降阻效果也随着时间的推移迅速下降，接地电阻反弹，接地体受到严重的腐蚀，形成了很大的负面影响，造成一些用户对降阻剂产生了抵触情绪，有些单位甚至下文规定不准使用降阻剂。这大多是由降阻剂的产品质量引起的，但也有一些是由于使用方法不当造成的。另外，也有一些降阻剂的降阻效果和防腐效果都很好，且性能稳定、寿命长，长期以来在接地工程中得到成功的应用。在此，对降阻剂的性能、选择、使用等方面进行分析和讨论，以便广大接地工程研究工作者能正确合理地使用降阻剂。

（一）降阻剂的降阻机理

降阻剂的降阻机理一般有以下几个方面：

（1）由于降阻剂的扩散和渗透作用，降低了接地体周围的土壤电阻率。关于扩散和渗透作用，一般化学降阻剂强于其他类型的降阻剂，膨润土类的降阻剂扩散和渗透作用较差，但降阻剂的稳定性和长效性与扩散和渗透作用是矛盾的。扩散和渗透性好的降阻剂其稳定性和长效性都比较差，因为容易随雨水而流失。

（2）在接地体周围施加降阻剂后，相当于扩大了接地体的有效截面，这机理对固体降阻剂最为明显，而化学降阻剂和树脂状的降阻剂随着时间的流逝，有效截面的增大不明显，反而会越来越小。

（3）消除接触电阻。接地体的接地电阻可以分为两部分：①接地体与周围的大地所呈现的电阻 R_d；②接地体与周围土壤的接触电阻 R_j。$R=R_d+R_j$，R_j 的大小与接地极周围的土壤有关，一般土质越密实，接触电阻越小；土壤越松散，接触电阻越大。接触电阻还与电极表面状况有关，接地极表面越光滑，接触电阻越小；接地极表面越粗糙，接触电阻越大。接地极生锈后，接触电阻会逐渐增大。接地体施加降阻剂后，会减少或消除接触电阻，但只有某些物理降阻剂和膨润土类降阻剂才具有这方面的功能，而化学降阻剂和流质降阻剂则不具有这方面的功能，有些降阻剂由于腐蚀还会使接触电阻变大。

（4）改善吸水性和保水性，并保持土壤的导电性能。土壤的导电性能除了与土壤所含金属导电离子的浓度有关外，还与土壤的含水量有关。某些降阻剂具有较强的吸水性和保水性，如膨润土类降阻剂，具有较强的吸水性，吸水后体积膨胀并能长期保持水分成为糨糊状，使接地电阻一直保持稳定，不受气候的影响。

（二）降阻剂在使用中存在的问题分析

目前对降阻剂在工程应用中反应最为强烈的有以下几方面的问题：

（1）对接地体的腐蚀问题。这是电力系统中反应最为强烈的问题。一些化学降阻剂和火山灰降阻剂，以及一些矿渣降阻剂对钢接地体具有强烈的腐蚀性。这些降阻剂虽然在刚施加后的短期内起到了一定的降阻作用，但却对钢接地体造成了严重的腐蚀，降阻效果随着时间的推移会迅速下降。如某发电厂，由于施加了腐蚀严重的降阻剂，接地网所用的 40mm×4mm 的扁钢已基本全部腐蚀烂掉，降阻剂还对埋设在地下的消防水管系统造成了严重的腐蚀。

（2）降阻剂稳定性问题。这也是用户反应较为强烈的问题，特别是一些化学降阻剂和流质降阻剂。厂家追求短期的降阻效果，在降阻剂中加入大量的无机盐类，虽然能在短期内有效降低接地装置的接地电阻，但降阻效果是不稳定的。因为这类降阻剂中所含的无机盐会随着雨水迅速流失而使降阻剂失去降阻效果，使接地装置的接地电阻迅速反弹回升，如广东韶关地区的 110kV 大桥变电站、洛阳变电站和长江变电站接地工程，原来使用的降阻剂已为灰褐色的残渣，经测试其导电性能已非常差。尤其是 110kV 大桥变电站和洛阳变电站两接地工程，经检查发现在工程中所使用的降阻剂，工程还没完结，降阻剂已经失效。

（3）降阻效果问题。降阻剂的降阻效果是降阻剂厂家和用户共同追求的目标，一些降阻剂厂家宣传他们的降阻剂能把接地装置的接地电阻降到多少等，这其实是不负责任的。对中小型接地装置，降阻剂的降阻效果是不可置疑的；对大型接地装置，降阻剂的降阻效果要通过一定的设计和施工工艺才能体现出来。因为大型接地装置施加降阻剂同样存在着相互屏蔽的问题，如何有效地减少屏蔽，发挥最大的降阻效果是设计者的事，不是仅靠某种牌号的降阻剂所能办到的。

（4）施工工艺问题。各项指标都合格的降阻剂还要通过合理的、正确的施工才能把降阻剂的降阻效果体现出来，如不能正确施工同样会对接地体产生腐蚀，或不能发挥应有的降阻效果。比如降阻剂的均匀施加问题、埋深问题、回填土问题，如果有一个环节发生问题，就会影响降阻剂的降阻效果或对接地体造成腐蚀。如某电业局在线路杆塔接地中发现，按要求均匀施加降阻剂，接地体被均匀包裹在降阻剂中间的就没发生腐蚀，而降阻剂施加不均匀、中间有脱节现象的就会发生锈蚀。另外，对降阻剂的埋深，上面的回填土不合要求时也会发生不良后果或对接地体造成腐蚀。

（5）对环境的污染问题。降阻剂由于直接埋在地下，降阻剂中如含有重金属等有毒物质就会对地下水资源造成污染，尤其是一些变电站直接取井水作生活用水的就应特别重视。降阻剂的毒性和污染问题正是一些厂家和用户都容易忽略的问题，应该引起足够的重视，尽可能避免对环境和资源造成污染。

（三）降阻剂的选择与使用

1. 降阻剂的选择

在选择使用降阻剂时应注意如下指标：

（1）降阻剂的电阻率。要想获得理想的降阻效果，首先降阻剂本身的电阻率值要小。

（2）降阻剂对钢接地体的腐蚀率。降阻剂对钢接地体的腐蚀率要低，一些降阻剂对钢接地体有腐蚀作用，但也有一些降阻剂对钢接地体有防腐保护作用。降阻剂是否具有防腐作用，一般要看其对钢接地的平均年腐蚀率是否低于当地土壤对钢接地的腐蚀率，一般土壤对钢接地体的平均年腐蚀率为扁钢 0.05～0.2mm，圆钢 0.07～0.3mm。

（3）降阻剂的稳定性和长效性。我们希望接地装置的接地电阻一直稳定在某个值以下、不希望其经常变化，而某些降阻剂的降阻效果会随土壤干湿度的变化而变化，特别是一些化学降阻剂、离子类降阻剂，一旦缺水，就会析出颗粒状的晶体，失去导电特性；还有一些靠非电解质导电的粉末降阻剂或固体降阻剂、导电水泥等，其降阻效果受土壤干湿度的影响也较大。应该注意的是，有些降阻剂虽然具有较强的渗透性、扩散性，在短期内降阻效果好，但容易随水分而流失，随着时间的推移逐渐失去降阻效果，使接地电阻回升。

（4）对环境有无污染。选择降阻剂时一定要选无污染、无毒性、使用安全的降阻剂，对降阻剂要看其组分，要查有无环保部门的检测报告。

（5）使用是否方便，价格是否便宜。降阻剂的使用，特别是在山区送电线路杆塔接地使用时，应便于操作、方法简单，最后才是价格问题。要做综合的技术经济分析，既要满足性能上的要求，又要价格合理、经济。

2. 降阻剂的使用

降阻剂用在小型接地装置的降阻效果是作常有效的，如 35kV 及以下的变电站接地、送电线路杆塔接地、避雷针接地和微波通信站的接地，使用降阻剂进行降阻是非常有效的。选用合适的降阻剂很关键，其次要按要求严把施工工艺关，把降阻剂均匀施加在接地体周围，是降低这类接地装置接地电阻行之有效的办法。该方法已被大量的实践证明。

大、中型接地装置由于其相互屏蔽作用，在接地网内部施加降阻剂效果并不明显，这时要结合合理的设计来体现降阻剂的降阻效果，把降阻剂用在接地网四周，外延接地或深井式接地。如我们曾用 GPF-94 高效膨润土降阻剂结合外延法处理了 110kV 七里岗变电站、宝石桥变电站、洛阳变电站、来龙变电站和仁化变电站等多座大中型接地网的降阻防腐问题，都获得了成功，且降阻效果稳定。

关于降阻剂的施工工艺，一定要按厂家说明书上的方法使用和施工，要注意以下几点：

（1）降阻剂要均匀地施加在接地体的周围，不能有脱节现象。

（2）对施加降阻剂和不施加降阻剂的地方要有过渡措施。

（3）降阻剂的埋深要足够，回填土要合格。

（四）GPF-94 高效膨润土降阻防腐剂及其应用

GPF-94 高效膨润土降阻防腐剂，是采用优质钙基膨润土加入一定比例的添加剂，用科学的方法研制而成的。它显示出良好的性能，在接地工程中发挥了很大的作用。

1. 性能特点

（1）降阻剂本身的电阻率低（$\rho \leqslant 0.35\Omega \cdot m$），具有良好的降阻性能。

（2）降阻剂结构致密，对钢接地体有较强的钝化作用。本身呈碱性，pH 值在 9～10 之间。内部含有阴极保护元素，能防止钢接地体的电化学腐蚀，对钢接地体的年腐蚀率不大于0.0035mm，远远低于一般土壤对钢的腐蚀率，因而对钢接地体具有良好的防腐作用。

（3）降阻剂具有较强的吸水性、保水性，1kg 降阻剂能吸收并长期保持 5kg 的水。吸水后体积膨胀到原来的 2～3 倍，长期呈糨糊状，因而降阻性能稳定，降阻效果不受气候和土壤湿度的影响。

（4）降阻剂的胶质价高、黏度大、附着力强，除了具有一定的渗透扩散性外，降阻剂本身不会随雨水流失，因而寿命长，理论寿命可达 80 年以上。

（5）降阻剂经环保部门检测，对环境无污染、无毒性，不含重金属，不会污染地下水资源，使用安全。

2. 使用方法

（1）中小型接地装置的降阻。可直接把降阻剂加在接地体的四周，埋深应达 80cm 以上，回填土要分层夯实，降阻效果和用量可按下式及表 7-14 计算

$$R_{g2} = R_{g1} K_f \tag{7-30}$$

式中：R_{g2} 为加降阻剂后的工频接地电阻，Ω；R_{g1} 为不加降阻剂接地装置的工频接地电阻，Ω；K_f 为降阻剂的降阻系数，其值与降阻剂的施加截面尺寸有关，可由表 7-14 查得。

表 7-14　GPF-94 降阻剂的降阻系数和用量

降阻剂截面尺寸（m²）	0.4×0.4	0.4×0.3	0.3×0.3	0.3×0.2	0.2×0.2	0.2×0.15	0.15×0.15
降阻系数 K_f	0.175	0.25	0.3	0.35	0.45	0.5	0.68
用量（kg/m）	7	60	45	30	20	15	11

（2）大中型接地装置的降阻。大中型接地装置存在着屏蔽效应，接地装置的降阻处理可结合外延接地法或深井式接地法，把 PGF-94 高效膨润土降阻防腐剂加在外延接地体或垂直接地体上，对接地网内的接地体少加或不加，对施加降阻剂和不施加降阻剂的交接地方要采取过渡防腐处理措施。

3. GPF-94 高效膨润土降阻剂的工程应用情况

自 1988 年第一代降阻剂研制出后，就成功解决了鸡公山微波站的降阻防腐问题，使接地电阻从 17Ω 降到 2.6Ω，至今效果很好。1991～1993 年先后解决了 110kV 七里岗变电站、明港变电站、宝石桥变电站及 500kV 凤凰山变电站的降阻防腐问题。2000～2001 年结合外延法成功地解决了 110kV 洛阳变电站、来龙变电站和长江变电站的降阻难题。该降阻剂在河南、湖北、江西、安徽、山东、辽宁、江苏、福建、广东、广西、四川等省的发电厂、变电站、输电线路杆塔接地处理上起了很好的作用。

第七节　关于配电网防雷保护的分析与研究

6～35kV 属于中压网络，也是我国的主要配电网络，该网络由于网状的网络结构，且电网的绝缘水平较低，最容易发生雷害事故。据统计，在该电压等级的电网中，雷击跳闸率居高不下，且经常发生配电变压器、柱上开关、刀闸被雷击坏的事故。虽然经过农网和城网改造后状况有所好转，但在防止雷害事故，特别是防止雷击跳闸事故方面并没有发生根本的好转。在雷电活动频繁的地区，雷害事故仍经常发生，极大地影响了中压电网的供电可靠性，

影响了电网的安全稳定运行。因此，对中压网络的防护现状进行认真地分析和研究，找出雷害事故频发的原因，找出改进和完善措施是非常必要的。

一、中压电网防雷现状分析

6～35kV电网，一般没有避雷线保护且线路绝缘水平较低，再加上如蜘蛛网状的网络结构，不但直击雷能造成雷害事故，且感应雷也能造成较大的危害。据调查，在中压电网中，雷击跳闸率占其总故障率的80%以上，且经常有柱上开关、刀闸、避雷器、变压器、套管等设备在雷电活动时损坏，有些变电站在雷电活动强烈时，所有6～10kV线路全部跳光，极大地影响了供电可靠性和电网安全。分析主要有以下一些原因：

(1) 在6～10kV电网，沿线路没有避雷线，主要是靠安装在线路上的避雷器进行保护，而这些避雷器一般安装在变电站的出线侧和配电变压器的高压侧，线路中间缺少保护，如线路遭受雷击，即使这些避雷器动作，线路绝缘子在较高的雷电过电压作用下也会击穿放电。目前6～10kV电网所用的避雷器比较杂，既有新型的氧化锌避雷器，又有老式的碳化硅避雷器；既有带间隙的，又有不带间隙的，其额定电压、动作电压及动作后的残压有较大的差异。6～10kV电网特别容易发生弧光接地过电压和铁磁谐振过电压，特别是在雷电活动时，往往由雷电过电压造成绝缘子的击穿、雷电流过后的工频续流，即单相接地电容电流。如果这个电流在10～300A的范围之内，就不能可靠熄弧而形成间歇性的电弧接地。由于电网是由电感和电容元件组成的网络，电弧的间歇性熄灭与重燃会引起网络电磁能的强烈振荡，产生较高的过渡过程过电压，即弧光接地过电压。该过电压可达$3.5U_P$（U_P为最高相电压），且持续时间长，遍及全网，会引起避雷器爆炸。另外，雷电过电压作为一种扰动，还会激发电磁式电压互感器产生铁磁谐振过电压，铁磁谐振过电压可达$3.0U_P$，也会对避雷器的运行产生不利的影响。在雷电活动时经常发生避雷器爆炸的事故，往往是由于雷电过电压激发引起这两种内过电压的作用引起的。另外，还有些避雷器由于质量的原因在运行中受潮，或间隙动作后不能可靠熄弧引起爆炸，从而造成电网接地短路事故，也对电网的安全稳定运行造成了很大影响。

(2) 避雷器的接地问题。据调查，6～10kV电网中避雷器的接地存在问题较多，主要表现在两个方面：①接地电阻问题。6～10kV配电型避雷器接地由于受其场所的限制有相当一部分接地电阻超标。②接地引下线问题。接地引下线存在问题较多，如一些避雷器的接地引下线采用带绝缘外皮的铝线作接地引下线。其内部如果折断不容易发现，两边的连接头容易锈蚀。避雷器的接地引下线在埋入土中与接地体连接处由于腐蚀电位差不同最容易发生电化学腐蚀。据检查，这类问题相当严重。运行部门往往只注意按期对避雷器进行试验校核，而对避雷器的接地重视不够，而避雷器只有通过良好的接地才能发挥作用，如果接地不良，避雷器等防雷设备则形同虚设。

(3) 为了电网运行方面的需要，在6～10kV电网上安装了一定的柱上开关和刀闸，这对保证电网运行方式的灵活性、提高供电的可靠性起了很大的作用。但仔细检查发现，在这些柱上开关和刀闸的防雷保护上存在有严重的缺陷，即在柱上开关和刀闸处没有安装避雷器保护，或者仅在开关的一侧装避雷器保护。这样当开关或刀闸断开时，线路遭受雷击，雷电波沿线路传播，到开关或刀闸开断处，将发生雷电波的全反射。反射后雷电压将升高一倍，这个电压会危及开关或刀闸的绝缘，使开关内部或外部绝缘发生击穿，柱上开关被雷电击坏的原因大都是如此。

(4) 多回路同杆架设问题。为了节约线路走廊、减少占地、节约投资，往往采用多路同杆架设，大多三回、四回线路同杆架设，有的甚至达到 6～8 回同杆架设。但这样带来的问题是，一旦线路遭受雷击，引起线路绝缘子对地击穿，如果击穿后工频续流较大，则持续的接地电弧将使空气发生热游离和光游离，由于同杆架设的各回路之间距离较小，那么电弧的游离会波及其他回路，引起同杆架设的各回线路同时发生接地短路事故。

(5) 配电变压器雷害事故。目前大多数配电变压器的防雷保护，只是在变压器的高压侧安装有一组避雷器进行保护，低压侧不装避雷器，这在北方少雷区是可行的，但是在南方多雷区和山区、雷电活动频繁的地区，就经常发生配电变压器雷击损坏的事故。这主要是由逆变换过电压和正变换过电压造成的，据调查曾有一个县一年内就有 30 多台 10kV 配电变压器被雷击坏。由于变压器损坏的同时还造成了线路接地短路引起线路跳闸，影响了电网的安全和供电可靠性。

(6) 35kV 线路由于在变压站处有 1～2km 的进线段保护，且线路的绝缘水平较高，比较而言雷击跳闸故障要少得多，雷害事故也比 6～10kV 少。但 35kV 网络中有一个问题要特别注意，那就是备用线路的防雷问题，这些开关断开而线路刀闸在合闸状态的热备用线路，一旦遭受雷击，雷电波沿线路向变电站传播到开关断开处，会发生全反射，形成两倍的过电压，造成开关损坏事故。

(7) 运行维护方面。6～10kV 电网担负着直接向用户供电的任务，由于大多数用户是单电源供电，缺少备用电源，造成线路长期无法正常检修，绝缘弱点得不到及时消除，防雷设备得不到正常的维护，使线路耐雷水平下降，这是雷击跳闸率上升的主要原因之一。

(8) 因为雷电过电压造成的击穿大都是瞬时性故障，绝缘子放电后一般都能自行恢复绝缘，自动重合闸是减少雷害事故、保证供电可靠性的主要手段。可是由于种种原因，在 6～10kV 电网自动重合闸的投运率并不高，这也是中压电网雷害事故偏高的主要原因。

二、整改完善措施

针对以上分析，对 6～35kV 中压电网可采用如下措施进行整改和治理。

(1) 加强完善避雷器保护，因中压电网的主要防雷措施是避雷器，那么规范、完善避雷器的保护就非常重要。根据 6～35kV 中压电网的现状，在避雷器的保护上可在如下一些方面进行治理：

1) 在避雷器的选型上应选用保护性能好的氧化锌避雷器，逐步淘汰碳化硅避雷器。为了保证避雷器适应中压电网的内过电压状况，不在内过电压下损坏，可适当提高氧化锌避雷器的额定电压。

2) 在柱上开关和刀闸两侧装避雷器保护，以防止线路遭雷时的开路反射击坏开关和刀闸。

3) 在 35kV 进线终端杆加线路避雷器保护，用以防止线路备用时，沿线路侵入的雷电波开路反射击坏开关设备。此避雷器在线路正常运行时，可用来限制沿线路侵入变电站的雷电波。

4) 在配电变压器的高、低压侧同时装合适的避雷器进行保护，防止正变换过电压和逆变换过电压造成配电变压器的损坏。

5) 加强避雷器的运行维护和试验，防止因避雷器自身故障而造成的电网接地短路事故。

6) 在雷电活动频繁地区，或者容易遭受雷击的线路杆塔加装线路避雷器进行保护。根据经验，为了减少维护工作量，可以安装复合绝缘的氧化锌线路避雷器进行保护。

（2）改善中压电网杆塔和防雷装置的接地。

1）35kV进线段有架空地线杆塔的接地电阻不应大于10Ω，终端杆接地电阻不应大于4Ω。

2）避雷器和配电变压器的接地电阻不应大于10Ω，重要变压器和避雷器的接地电阻不应大于4Ω。

3）避雷器等防雷设备的接地引下线要用圆钢或扁钢，要有防止连接处锈蚀和地下部分因锈蚀开路的措施。

（3）对35kV线路容易遭受雷击的杆塔，可在杆顶装避雷针，或在若干基杆塔上架设避雷线，经大量的现场运行经验证明，这是非常有效的。

（4）对电容电流超过10A的电网安装自动跟踪补偿消弧装置进行补偿，这是降低线路建弧率、提高供电可靠性的非常有效的措施。因为雷电过电压虽然幅值很高，但作用时间很短，绝缘子发生的热破坏大都是由于雷电流过后的工频续流引起的，而工频续流实际就是电网的电容电流，某些型号的自动跟踪补偿消弧装置能把补偿后的残流控制在5A以下，这就为雷电流过后的可靠熄弧创造了条件。

（5）提高自动重合闸的投运率，并加强中压电网的运行维护，及时排除绝缘缺陷，提高电网的耐雷水平，是减少雷击跳闸率、提高供电可靠性、保证电网安全的有效措施。

三、低压配电网的防雷保护

低压架空线路和进户线遭受雷击主要有以下几种情况：

（1）架空进户线遭受直击雷或感应雷。

（2）雷击配电变压器高压侧后，转入低压进户线。

（3）雷击到进户线或低压照明线路及其他用电设备上。

（4）雷击建筑物后，反击到用户线或照明线上。

低压配电网防雷保护的主要措施有：

（1）在低压架空线进入建筑前50m处装设低压避雷器。

（2）采用绝缘子铁件接地，相当于间隙保护。

（3）雷雨季节高吊灯距人不应少于3m，以保证人身安全。

（4）遇雷雨时应关闭门窗和通风孔。

6～35kV中压网络属于中性点非有效接地系统，在该系统中雷害事故往往伴随着内过电压的发生。因而中压电网的防雷是一个系统工程，需要多方位全面地考虑采取综合的治理措施，才能有效地防止雷害事故，提高电网的安全运行水平。配电网是直接向某个地区供电的网络，它的安全与否直接影响到人们群众的生产、生活用电。因而应充分重视配电网，研究配电网的问题，对配电网进行全面的治理，控制配电网故障，提高配电网的供电可靠性和安全运行水平。

第八章 电气设备的选择

第一节 电气设备选择的一般原则

电气设备的选择是供配电系统设计的重要内容之一。安全、可靠、经济、合理是选择电气设备的基本要求。在进行设备选择时，应根据工程实际情况，在保证安全、可靠的前提下，选择合适的电气设备，尽量采用新技术，节约投资。

电气设备选择的一般原则为：按正常工作条件选择额定电流、额定电压及型号，按短路情况校验开关的开断能力、短路热稳定和动稳定。

一、按正常工作条件选择电气设备

1. 电气设备的额定电压 U_N

电气设备的额定电压 U_N 不得低于所接电网的最高运行电压 U_{wmax}，即

$$U_N \geqslant U_{wmax} \tag{8-1}$$

2. 电气设备的额定电流 I_N

电气设备的额定电流 I_N 不得小于该回路的最大持续工作电流 I_{wmax}或计算电流 I_{ca}，即

$$I_N \geqslant I_{wmax} \text{ 或 } I_N \geqslant I_{ca} \tag{8-2}$$

3. 电气设备的型号

选择电气设备时还应考虑设备的安装地点、环境及工作条件，合理地选择设备的类型，如户内户外、海拔、环境温度及防尘、防腐、防爆等。

二、按短路情况进行校验

1. 短路热稳定校验

当系统发生短路，有短路电流通过电气设备时，导体和电器各部件温度（或热量）不应超过允许值，即满足热稳定的条件

$$I_{\infty}^2 t_{ima} \leqslant I_t^2 t \tag{8-3}$$

式中：I_{∞}为短路电流的稳态值，kA；t_{ima}为短路电流的假想时间，s；I_t 为设备允许通过的短时热稳定电流，kA；t 为设备的热稳定时间，s。

2. 短路动稳定校验

当短路电流通过电气设备时，短路电流产生的电动力应不超过设备的允许应力，即满足动稳定的条件

$$i_{sh} \leqslant i_{max} \text{ 或 } I_{sh} \leqslant I_{max} \tag{8-4}$$

式中：i_{sh}、I_{sh}为短路电流的冲击值和冲击有效值，kA；i_{max}、I_{max}为设备允许通过的极限电流峰值和有效值，kA。

3. 开关设备断流能力校验

对要求能开断短路电流的开关设备，如断路器、熔断器，其断流容量不小于安装处的最大三相短路容量，即

$$S_{OFF} \geqslant S_{kmax} \text{ 或 } I_{OFF} \geqslant I_{kmax}^{(3)} \tag{8-5}$$

式中：$I_{kmax}^{(3)}$、S_{kmax}为三相最大短路电流与最大短路容量；I_{OFF}、S_{OFF}为断路器的开断电流与开断容量。

三、常用电气设备的选择及校验项目

供配电系统中的各种电气设备由于工作原理和特性不同，选择及校验的项目也有所不同，常用高、低压一次设备的选择校验项目见表 8-1 和表 8-2。

表 8-1　　高压一次设备的选择校验项目

设备名称	选择项目				校验项目			
	额定电压	额定电流	装置类型（户内/户外）	准确等级	短路电流		开断能力	二次容量
					热稳定	动稳定		
高压断路器	√	√	√			√	√	
高压负荷开关	√	√	√			√	√	
高压隔离开关	√	√	√			√		
高压熔断器	√	√	√				√	
电流互感器	√	√	√	√	√	√		√
电压互感器	√		√	√	√			√
母线		√	√			√		
电缆	√	√						
支柱绝缘子	√		√			√		
穿墙套管	√	√	√			√		

注　“√”表示选择及校验的项目。

表 8-2　　低压一次设备的选择校验项目

设备名称	额定电压	额定电流	短路电流		开断能力
			热稳定	动稳定	
低压断路器	√	√	√	√	√
低压负荷开关	√	√	√	√	√
低压刀开关	√	√	√	√	√
低压熔断器	√	√			√

注　1. 对于低压一次设备，热稳定和动稳定一般可不校验。
2. “√”表示选择及校验的项目。

需要指出的是，在校验电气设备短路情况下的动、热稳定性时，应考虑在最大运行方式下的短路电流。

第二节　高压开关设备的选择

高压断路器、负荷开关、隔离开关和熔断器的选择条件基本相同，从表 8-1 中可以看出，除了按电压、电流、装置类型选择，校验热、动稳定性外，对高压断路器、负荷开关和熔断器还应校验其开断能力。

一、高压断路器的选择

1. 断路器的种类和类型

应根据设备安装的条件、环境等来选择高压断路器的类型和种类。常用的断路器类型主要有少油断路器、真空断路器、SF_6 断路器。由于真空断路器、SF_6 断路器技术特性比较好，

少油断路器已经逐渐被它们所代替。

2. 开断电流的选择

高压断路器运行时应能开断短路电流，所以断路器的额定开断电流应不小于短路电流周期分量的有效值，实际计算中一般根据次暂态电流来进行选择，即

$$I_{OFF} \geqslant I'' \text{或} S_{OFF} \geqslant S'' \tag{8-6}$$

式中：I''、S''为短路电流与短路容量的次暂态值；I_{OFF}、S_{OFF}为断路器的开断电流与开断容量。

3. 短路关合电流的选择

在断路器准备合闸时，若线路上已存在短路故障，则在断路器合闸过程中，触头间在未接触时即有巨大的短路电流通过（预击穿），较易发生触头熔焊和遭受电动力而损坏。断路器在关合短路电流后，将不可避免地在接通后又自动跳闸，此时要求能切断短路电流，因此，额定关合电流是断路器的重要参数之一。为了保证断路器在关合短路电流时的安全，断路器的额定关合电流需满足

$$i_{mc} \geqslant i_{sh} \tag{8-7}$$

式中：i_{mc}为断路器的额定关合电流，kA。

一般断路器的额定关合电流不会大于断路器允许短时通过的极限电流。

二、高压隔离开关的选择

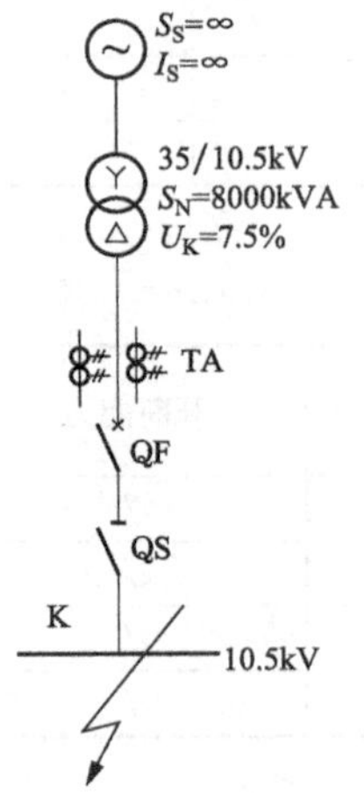

图 8-1 ［例 8-1］的图

高压隔离开关的选择和校验与高压断路器类似，详见［例 8-1］。屋外的隔离开关形式规格较多，选择时应根据配电装置的布置特点和使用要求等因素，进行综合比较后确定。

【例 8-1】 试选择图 8-1 所示变压器的 10.5kV 侧高压断路器 QF 和高压隔离开关 QS。已知图中 K 点短路时 $I''=I_\infty=4.8$kA，继电保护动作时间 $t_{ac}=1$s。拟采用快速开断的高压断路器，其固有分闸的时间 $t_{tr}=0.1$s。采用弹簧操动机构。

解 变压器的额定电流：$I_{ca}=\dfrac{S_N}{\sqrt{3}U_N}=\dfrac{800}{\sqrt{3}\times 10.5}=439.9$（A）

短路电流的冲击值：$i_{sh}=2.55I''=2.55\times 4.8=12.24$（kA）

短路容量：$S_K=S''=S_\infty=\sqrt{3}\times 10.5\times 4.8=87.29$（MVA）

短路电流假想时间：$t_{imar}=t_{ac}=t_{tr}=1+0.1=1.1$（s）

根据上述计算数据，结合具体的情况和选择条件，初步选择 ZN12-10Ⅰ型 630A 的真空断路器和 GN6-10 型 600A 的隔离开关。断路器及隔离开关的选择计算结果见表 8-3，经校验完全符合要求，断路器配 CT8 型弹簧操动机构，隔离开关配 CS6-1T 型手动操动机构。

表 8-3 断路器及隔离开关的选择计算结果

计算数据		ZN12-10Ⅰ型断路器		GN6-10 型隔离开关
工作电压	10kV	额定电压	U_N=10kV	U_N=10kV
最大工作电流	439.9A	额定电流	I_N=630A	I_N=630A
短路电流	4.8kA	额定开断电流	I_{OFF}=25kA	
短路电流冲击电流	12.24kA	极限过电流峰值	i_{max}=80kA	i_{max}=50kA
热稳定性校验	$I_\infty^2 t_{imar}=4.8^2\times 1.1$ =25.34（A²·s）	热稳定值	$I_t^2 t=25^2\times 3$ =1875（A²·s）	$I_t^2 t=14^2\times 5$ =980（A²·s）

三、高压熔断器的选择

高压熔断器选择时应根据负荷的大小、重要程度、短路电流大小、使用环境及安装条件等综合考虑决定。

1. 额定电压的选择

对于一般的高压熔断器，其额定电压必须大于或等于电网的额定电压。对于充填石英砂具有限流作用的熔断器，则只能用在等于其额定电压的电网中，因为这种类型的熔断器能在电流达到最大值之前就将电流截断，致使熔断器熔断时产生过电压。

2. 熔断器熔体额定电流的选择

熔断器额定电流应大于或等于所装熔体额定电流，即

$$I_{NFU} \geqslant I_{NFE} \tag{8-8}$$

式中：I_{NFU}为熔断器额定电流，A；I_{NFE}为熔体额定电流，A。

此外熔体额定电流的选择应必须满足以下几个条件：

(1) 正常工作时熔断器的熔体不应熔断，因此，要求熔体额定电流大于或等于通过熔体的最大工作电流，即

$$I_{NFE} \geqslant I_{wmax} \tag{8-9}$$

式中：I_{wmax}为通过熔体的最大工作电流。

(2) 在电动机启动时，熔断器的熔体在尖峰电流的作用下不应熔断。因此，要求满足下式

$$I_{NFE} \geqslant KI_{pk} \tag{8-10}$$

式中：K 为计算系数。当电动机启动时间 t_{st}＜3s 时，取 K＝0.25～0.4；当 t_{st}＝3～8s 时，取 K＝0.35～0.5；当 t_{st}＞8s 或者电动机为频繁启动、反接制动时，取 K＝0.5～0.6；I_{pk}为电动机启动时通过熔体的尖峰电流，A。

对单一台电动机的分支线路，尖峰电流即为该电动机启动电流，即

$$I_{pk} = I_{stM} \tag{8-11}$$

式中：I_{stM}为电动机启动电流。

对于多台电动机运行的干线尖峰电流，若为同时启动，其尖峰电流则为所有启动电动机的启动电流之和；若为分散启动，其尖峰电流取超出工作电流最大一台的启动电流与其他 (n－1) 台计算电流之和，即

$$I_{pk} = I_{stM} + I_{ca(n-1)} \tag{8-12}$$

式中：I_{pk}为电动机启动电流与工作电流差值最大的一台电动机的启动电流；$I_{ca(n-1)}$为除上述一台电动机外，其余各台电动机的计算电流。

(3) 熔断器保护变压器时，熔体额定电流的选择：对于 6～10kV 变压器，凡容量在 1000kVA 及以下者，均可采用熔断器作为变压器的短路及过载保护，其熔体额定电流 I_{NFE}可取变压器一次侧额定电流的 1.4～2 倍，即

$$I_{NFE} = (1.4 \sim 2)I_{1NT} \tag{8-13}$$

(4) 熔断器之间保护选择性配合：低压网络中用熔断器作为保护时，为了保证熔断器保护动作的选择性，一般要求上级熔断器的熔体额定电流比下级熔断器的熔体额定电流大两级以上。

(5) 熔断器熔体额定电流与导线或电缆之间的配合：为了保证线路在过载或短路时，熔断器熔体未熔断前，导线或电缆不至于过热而损坏，一般要求满足

$$I_{NFE} \leqslant K_{OL} I_{al} \tag{8-14}$$

式中：I_{al}为导线或电缆的载流量；K_{OL}为导线或电缆的允许短时过负荷系数。

一般情况下若熔断器仅作为短路保护，且导线是明敷设，取 $K_{OL}=1.5$；若导线为穿管敷设或为电缆时，取 $K_{OL}=2.5$；若熔断器既作为短路保护又作为过负荷保护时，取 $K_{OL}=0.8\sim1$。

3. 熔断器极限熔断电流或极限熔断容量的校验

（1）对有限流作用的熔断器，由于它们会在短路电流到达冲击值之前熔断，因此可按下式校验断流能力

$$I_{OFF} \geqslant I'' \text{ 或 } S_{OFF} \geqslant S'' \tag{8-15}$$

式中：I_{OFF}、S_{OFF}为熔断器极限熔断电流和容量；S''、I''为熔断器安装处三相短路次暂态有效值和短路容量。

（2）对无限流作用的熔断器，由于它们会在短路电流到达冲击值之后熔断，因此可按下式校验断流能力

$$I_{OFF} \geqslant I_{sh} \text{ 或 } S_{OFF} \geqslant S_{sh} \tag{8-16}$$

式中：I_{sh}、S_{sh}为熔断器安装处三相短路冲击电流有效值和短路容量。

（3）对有断流容量上、下限值的熔断器，其断流容量的上限值，按式（8-16）进行校验；其断流容量的下限值，在小电流接地系统中按下式校验

$$I_{OFFmin} \leqslant I_{kmin}^{(2)} \text{ 或 } S_{OFFmin} \geqslant S_{kmin}^{(2)} \tag{8-17}$$

式中：I_{OFFmin}、S_{OFFmin}为熔断器的开断电流和断流容量的下限值；$I_{kmin}^{(2)}$、$S_{kmin}^{(2)}$为最小运行方式下熔断器所保护线路末端两相短路电流的有效值和短路容量。

4. 熔断器保护灵敏度的校验

为了保证熔断器在其保护范围内发生短路故障时能可靠地熔断，因此要求满足

$$I_{kmin} \geqslant (4 \sim 7) I_{NFE} \tag{8-18}$$

式中：I_{kmin}为熔断器保护范围末端短路故障时流过熔断器的最小短路电流。

第三节　低压开关电器的选择

一、低压断路器的选择

低压断路器的选择和校验项自详见表 8-2。选择时应根据低压断路器负荷的大小、重要程度、短路电流大小、使用环境及安装条件等因素综合考虑决定。

1. 低压断路器的种类和类型

低压断路器也称为自动空气开关，常用于配电线路和电气设备的过载、欠压、失压和短路保护。按用途常分为：①配电用断路器，主要用于电源总开关和靠近变压器的干线和支线，具有瞬时、短延时和长延时保护，电流较大；②电动机保护用断路器，主要用于保护笼型和绕线型电动机，具有瞬时和长延时保护；③照明用断路器，主要用于照明线路、发电厂及变电站的二次回路，具有瞬时和长延时保护，电流较小；④漏电保护用断路器，电流多为 200A 以下，漏电电流达到 30mA 时，自动分断，确保人身安全。按结构形式分有塑壳式和框架式两大类，其中框架式保护方案和操作方式较多，装设地点较为灵活，也称为万能式断路器。

2. 低压断路器脱扣电流的整定

（1）低压断路器过电流脱扣器额定电流的选择。过电流脱扣器额定电流应大于或等于线路的计算电流，即

$$I_{NOR} \geqslant I_{ca} \tag{8-19}$$

式中：I_{NOR}为过电流脱扣器额定电流；I_{ca}为线路的计算电流。

（2）瞬时和短延时脱扣器的动作电流的整定。瞬时和短延时脱扣器的动作电流应躲过线路的尖峰电流，即

$$I_{ops} \geqslant K_{rel} I_{pk} \tag{8-20}$$

式中：I_{ops}为瞬时和短延时脱扣器的动作电流整定值；I_{pk}为线路的尖峰电流；K_{rel}为可靠系数，对于动作时间在 0.02s 以上的框架断路器取 1.3～1.35，对于动作时间在 0.02s 以下的塑壳断路器取 1.7～2.0。

短延时脱扣器的动作时间一般有 0.2、0.4、0.6s，选择时应按保护装置的选择性来选取，使前一级保护动作时间比后一级长一个时间级差。

（3）长延时脱扣器的动作电流的整定。长延时脱扣器的动作电流应大于或等于线路的计算电流，即

$$I_{opl} \geqslant K_{rel} I_{ca} \tag{8-21}$$

式中：I_{opl}为长延时脱扣器的动作电流整定值；K_{rel}为可靠系数，取 1.1。

长延时脱扣器的动作时间应躲过允许过负荷的持续时间，其动作特性通常是反时限的。

（4）过电流脱扣器与导线允许电流的配合。为使断路器在线路过负荷或短路时，能可靠地保护导线或电缆，防止其因过热而损坏，过电流脱扣器的整定电流与导线或电缆的允许电流（修正值）应按下式配合

$$I_{ops} \leqslant K_{OL} I_{al} \tag{8-22}$$

式中：I_{al}为导线或电缆的允许载流量；K_{OL}为导线或电缆允许短时过负荷系数，对瞬时和短延时脱扣器一般取 4.5，对长延时脱扣器取 1。

3. 低压断路器保护灵敏度和断流能力的校验

（1）低压断路器保护灵敏度的校验。为了保证低压断路器的瞬时或短延时过电流脱扣器在系统最小运行方式下发生故障时能可靠动作，其保护灵敏度应满足

$$K_S^{(1)} = \frac{I_{kmin}^{(1)}}{I_{OPS}} \geqslant 2 \tag{8-23}$$

$$K_S^{(2)} = \frac{I_{kmin}^{(2)}}{I_{OPS}} \geqslant 1.5 \sim 2 \tag{8-24}$$

式中：$I_{kmin}^{(2)}$、$I_{kmin}^{(1)}$为在最小运行方式下线路末端发生两相或单相短路时的短路电流；$K_S^{(2)}$为两相短路时的灵敏度，一般取 2；$K_S^{(1)}$为单相短路时的灵敏度，对于框架开关和装于防爆车间的开关一取 2，对于塑壳开关一般取 1.5。

（2）低压断路器断流能力的校验。对于动作时间在 0.02s 以上的框架断路器，其极限断电流应不小于通过它的最大三相短路电流的周期分量有效值，即

$$I_{OFF} \geqslant I_k^{(3)} \tag{8-25}$$

式中：I_{OFF}为框架断路器的极限分断电流；$I_k^{(3)}$为三相短路电流的周期分量有效值。

对于动作时间在 0.02s 以下的塑壳断路器，其极限分断电流应不小于通过它的最大三短

路电流冲击值，即

$$I_{OFF} \geqslant I_{sh} \tag{8-26}$$

式中：I_{OFF}为塑壳断路器的极限分断电流峰值、有效值；I_{sh}为三相短路电流冲击值、冲击有效值。

二、低压刀开关的选择

低压刀开关选择和校验项目详见表 8-2。选择时还应注意以下几点：

（1）极数和类型。包括单极、双极、三极，单投、双投，操作手柄或操动机构形式，有无灭弧罩，有无速断触头等。

（2）开断能力。一般低压刀开关，多用于工厂配电设备中，作为不频繁手动接通和切断电路或隔离作用。对于带各种杠杆操动机构的单投或双头刀开关，主要装在配电屏或动力配电箱，以切断额定电流以下的负荷电流。

第四节　母线、支柱绝缘子和穿墙套管的选择

一、母线的选择

裸露母线的选择应考虑到母线的材料、类型和敷设方式，选择合适截面并校验其动稳定性及热稳定性，对 110kV 以上母线还应校验电晕电压。

1. 母线材料和类型的选择

母线的材料有铜和铝，铜的特点是电阻率低、抗腐蚀性强、机械强度较大，但价格较贵。铝的电导率为铜的 30%，机械强度较差，但价格较低。实际应用中，应根据负荷电流的大小、使用场所及经济等因素综合考虑，确定母线的材料。

母线的截面形状有矩形、槽形和管型。矩形母线散热条件较好，有一定的机械强度，便于固定和连接，但集肤效应较大，一般只用于 35kV 及以下、4000A 以下的配电装置中；槽形母线机械强度较高，载流量较大，集肤效应也较小，一般多用于 4000～8000A 的配电装置中；管型母线的集肤效应更小，机械强度又高，管内可以通风或通水，常用于 8000A 以上的大电流母线。供配电系统中，负荷电流较小，为了安装维护的方便，一般采用矩形母线，少数电流较大的场合可采用槽形母线。

矩形母线的散热和机械强度与放置方式有关。当三相母线水平布置时，母线立放比平放散热好，允许电流大，但机械强度较低，而平放则相反。如果三相母线垂直布置又立放，则可兼顾前两者的优点，但三相垂直布置会使配电装置的高度有所增加。因此，应根据载流量、短路电流的大小以及配电装置的具体情况确定母线的布置方式。

2. 母线截面的选择

（1）一般汇流母线按长期允许发热条件选择截面。要求母线允许载流量 I_{al}不小于通过母线的计算电流 I_{ca}，即

$$I_{al} \geqslant I_{ca} \tag{8-27}$$

式中：I_{al}为母线允许载流量（修正值），A；I_{ca}为通过母线的计算电流，A。

（2）当母线较长或传输容量较大时，按经济电流密度选择母线截面。应根据母线的年最大负荷利用小时数 T_{max}，查出经济电流密度 J_{ec}，母线经济截面为

$$S_{ec} = I_{ca}/J_{ec} \tag{8-28}$$

式中：S_{ec}为经济截面，mm^2；I_{ca}为通过母线的计算电流，A；J_{ec}为经济电流密度，A/mm^2。

为节约投资，应选择相邻较小的标准截面，同时还必须满足式（8-27）的要求。

3. 母线热稳定性校验

当系统发生短路时，母线上最高温度不应超过母线短时允许最高温度。母线的热稳定校验方法为

$$S \geqslant S_{min} = \frac{I_{\infty}}{C}\sqrt{t_{ima}} \tag{8-29}$$

式中：S、S_{min}为母线截面积及最小允许截面，mm^2；C为热稳定系数，与导体材料及发热温度有关，见表8-4；t_{ima}为短路电流的假想时间，s；I_{∞}为短路电流的稳态值，A。

表 8-4　　热稳定系数

导线种类和材料		最高允许温度（℃）	热稳定系数	导线种类和材料		最高允许温度（℃）	热稳定系数
母线	铜	300	171	油浸纸绝缘电缆	铜芯 10kV 及以下	250	165
	铝	200	87		铝芯 10kV 及以下	200	95
	钢（与电器非直线连接）	400	70		铜芯 20～35kV	175	—
	钢（与电器直线连接）	300	63				

4. 母线动稳定性校验

当短路冲击电流通过母线时，母线将承受很大的电动力，如果母线间的电动力超过允许值，会使母线弯曲变形，因此，必须校验固定于支柱绝缘子上的每跨母线是否满足动稳定性要求。要求每跨母线中产生的最大应力计算值不大于母线材料允许的抗弯应力，即

$$\sigma_{ca} \leqslant \sigma_{al} \tag{8-30}$$

式中：σ_{ca}为短路时每跨母线中的最大计算应力，Pa；σ_{al}为母线允许抗弯应力，Pa。

允许抗弯应力σ_{al}与母线材质有关，铜为137.29MPa，铝为68.6MPa，硬质铝为88.26MPa，钢为156.90MPa。

根据材料力学的原理，母线在弯曲时最大相间计算应力为

$$\sigma_{ca} = \frac{M}{W} \tag{8-31}$$

式中：W为母线对垂直于作用力方向轴的截面系数，又称抗弯矩，m^3。

母线抗弯矩W与母线截面形状、布置方式有关，其计算公式由图8-2中查得。

当母线只有两段跨距时，最大弯矩M为

$$M = \frac{Fl}{8} \tag{8-32}$$

当母线跨距数目在两个以上时，最大弯矩M为

$$M = \frac{Fl}{10} \tag{8-33}$$

式中：F为跨距长度母线所受电动力，N；l为

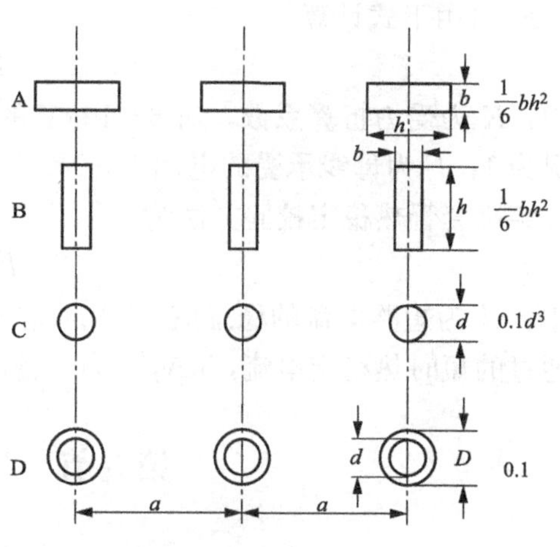

图 8-2　母线抗弯矩 W 计算

母线跨距长度，m。

校验母线动稳定性时，也可根据母线允许应力 σ_{al} 计算出最大允许跨距，与实际跨距值比较，即要求

$$l \leqslant l_{max} = \sqrt{\frac{10\sigma_{al}W}{F_1}} \tag{8-34}$$

式中：F_1 为单位长度母线上所受电动力，N/m。

校验时，如果 $\sigma_{ca} \geqslant \sigma_{al}$ 或 $l \geqslant l_{max}$，则必须采取措施以减小母线计算应力，具体方法如下：

(1) 降低短路电流，但需增加电抗器。

(2) 增大母线相间距离，但需增加配电装置尺寸。

(3) 增大母线截面，但需增加投资。

(4) 减小母线跨距尺寸，但需增加绝缘子。

(5) 将立放的母线改为平放，但散热效果变差。

在实际工程中，应根据具体情况进行方案的技术经济比较，然后再决定采取哪种措施。对于每相有两根及以上组合母线的应力的计算和校验方法，可参考有关设计手册。

二、支柱绝缘子与穿墙套管的选择

支柱绝缘子与穿墙套管是母线结构的重要组成部分。支柱绝缘子主要用来固定导线，并使导线与设备或基础绝缘。穿墙套管主要用于导线穿过墙壁、接地隔板及封闭配电机构时，作绝缘支持和与外部导线间连接之用。

支柱绝缘子与穿墙套管的选择方法分别如下：

(1) 对支柱绝缘子，按额定电压条件选择，校验短路时动稳定性。

(2) 穿墙套管按额定电压和额定电流条件选择，校验短路时热稳定性和动稳定性。

母线型穿墙套管不需按额定电流条件选择，只需保证套管与母线的尺寸相配合。

母线所受电动力将作用于支柱绝缘子和穿墙套管上，校验支柱绝缘子和穿墙套管的动稳定计算方法如下

$$F_{ca} \leqslant 0.6F_{al} \tag{8-35}$$

式中：F_{ca} 为在短路时作用于绝缘子的计算力，N；F_{al} 为绝缘子允许的抗弯强度，N，其值可查有关设计手册。

F_{ca} 可由下式计算

$$F_{ca} = KF \tag{8-36}$$

式中：K 为受力折算系数，对 6～10kV 的绝缘子，当为水平布置且母线立放时为 1.4，其他情况为 1；F 为母线承受的电动力，N。

穿墙套管热稳定校验方法为

$$I_{\infty}^2 t_{ima} \leqslant I_t^2 t \tag{8-37}$$

式中：I_{∞}^2 为短路电流的稳态值，kA；t_{ima} 为短路电流的假想时间，s；I_t 为设备在 t 时间内允许通过的短时热稳定电流，kA；t 为设备的热稳定时间，s。

第五节 互感器的选择

互感器主要包括电压互感器和电流互感器，其主要作用如下：

(1) 将一次回路的高电压和大电流变为二次回路标准的低电压和小电流。

(2) 使二次设备与高压部分隔离，且互感器二次侧均接地，从而保证了设备和人身的安全。

一、电流互感器的选择

1. 额定电压和额定电流的选择

电流互感器的额定电压和一次侧额定电流应满足式（8-1）和式（8-2）的要求，二次侧额定电流一般为5A，也有用1A的。

2. 装置类别和结构的确定

电流互感器按安装方式可分为穿墙式、支持式和装入式；按绝缘方式可分为干式、浇注式、油浸式。具体选择时应满足安装条件和工作环境的要求。

3. 准确度级的确定

电流互感器的准确度级数较多，应根据实际需要选取。例如用于计量电费的电能表用电流互感器，一般选用0.2级；作为运行监视、估算电能的电能表，发电厂变电站的功率表和电流表等所用电流互感器，可选用0.5级；一般保护装置所用电流互感器，其准确度可选为5级或5P、10P级，对差动保护应选用0.5级或D级。如果同一个电流互感器，既供测量仪表又供保护装置使用，应选两个二次绕组不同准确度级的电流互感器。

4. 二次负荷或容量校验

电流互感器的技术参数均给出某一准确度级所允许接入的负载，即要求电流互感器二次侧所接实际负荷 Z_2 或容量 S_2 不超过该准确度级下的最大允许负荷 Z_{N2} 或容量 S_{N2}，即

$$Z_{N2} \geqslant Z_2 \text{ 或 } S_{N2} \geqslant S_2 \tag{8-38}$$

式中：Z_{N2}、S_{N2} 为电流互感器某一准确度级的允许负荷和容量，可从产品样本查得；Z_2、S_2 为电流互感器二次侧所接实际负荷和容量。

Z_2、S_2 可由下面两式求得

$$Z_2 \approx \sum r_i + r_{wl} + r_{tou} \tag{8-39}$$

$$S_2 \approx \sum S_i + I_{N2}^2 r_{wl} + I_{N2}^2 r_{tou} \tag{8-40}$$

式中：r_{wl} 为电流互感器二次侧连接导线电阻；r_{tou} 为电流互感器二次回路接触电阻；$\sum r_i$、$\sum S_i$ 为电流互感器一次侧所接仪表的内阻总和与仪表容量总和。

S_i 与 r_i 之间关系为 $S_i = I_{N2}^2 r_i$，两者均可从仪表产品样本查得。连接导线按规程要求，一般采用截面积不小于2.5mm^2 的铜线。当连接导线材质和截面选定后，为了计算连接导线电阻，就必须求得连接导线计算长度。电流互感器一次回路连接导线的计算长度 l_{ca}，与互感器接线方式有关。设从电流互感器二次端子到仪表、继电器接线端子的单向长度为 l，则互感器二次采用单相接线时，$l_{ca}=2l$；互感器二次为三相完全星形接线时，$l_{ca}=l$；互感器二次接成不完全星形，即V形接线时，$l_{ca}=\sqrt{3}l$。

假如最后计算校验的结果不满足要求，则应适当放大选择连接导线截面，或者重新选择二次侧负载较大的电流互感器，直至满足要求为止。

5. 动稳定性校验

电流互感器厂家通常给出的动稳定性倍数 K_{es} 是指电流互感器允许短时极限通过电流峰

值与电流互感器一次侧额定电流峰值之比，即

$$K_{es} = i_{OFF} / \sqrt{2} I_{N1} \tag{8-41}$$

因此，电流互感器的动稳定性校验条件为

$$\sqrt{2} K_{es} I_{N1} \geqslant i_{sh} \tag{8-42}$$

6. 热稳定性校验

电流互感器厂家给出的热稳定性倍数 K_t 是指在规定时间（通常取 1s）内所允许通过电流互感器的热稳定电流与其一次侧额定电流之比，即

$$K_t = I_t / I_{N1} \tag{8-43}$$

因此，电流互感器的热稳定性校验条件为

$$(K_t I_{N1})^2 t \geqslant I_{\infty}^2 t_{ima} \tag{8-44}$$

如果动、热稳定性校验不满足要求时，应选择额定电流大一级的电流互感器再进行校验，直至满足要求为止。

二、电压互感器的选择

1. 额定电压的选择

电压互感器一次绕组额定电压应不低于所接电网的额定电压，二次绕组额定电压一般为100V，与二次侧所接的仪表或继电器相适应。

2. 类型及结构的确定

电压互感器按照安装条件和工作环境要求确定合适的类型及结构，如户内、户外，单相、三相等。

3. 准确度级的选择

供测量仪表和功率方向继电器用的电压互感器，应选 0.2 级或 0.5 级；供一般监视仪表和电压继电器用的电压互感器，应选用 1～3 级。

4. 二次容量的校验

要求所接测量仪表和继电器电压线圈的总负荷 S_2 不应超过所要求准确度级下的允许负荷容量 S_{N2}，即

$$S_{N2} \geqslant S_2 \tag{8-45}$$

$$S_2 = \sqrt{\left(\sum P\right)^2 + \left(\sum Q\right)^2} \tag{8-46}$$

式中：S_{N2} 为电压互感器二次侧允许负荷容量。

三、互感器在主接线中的配置原则

典型工业企业变电站的电流互感器、电压互感器配置如图 8-3 所示，互感器的配置一般遵循以下原则。

1. 电流互感器的配置原则

（1）凡装有断路器的回路均装设电流互感器，其数量应满足仪表、保护和自动装置的要求。

（2）发电机和变压器的中性点侧、发电机和变压器的出口端及桥式接线的跨接桥上等均应装设电流互感器。

（3）对大接地电流系统线路，一般按三相配置；对小接地电流系统线路，依具体要求按两相或三相配置。

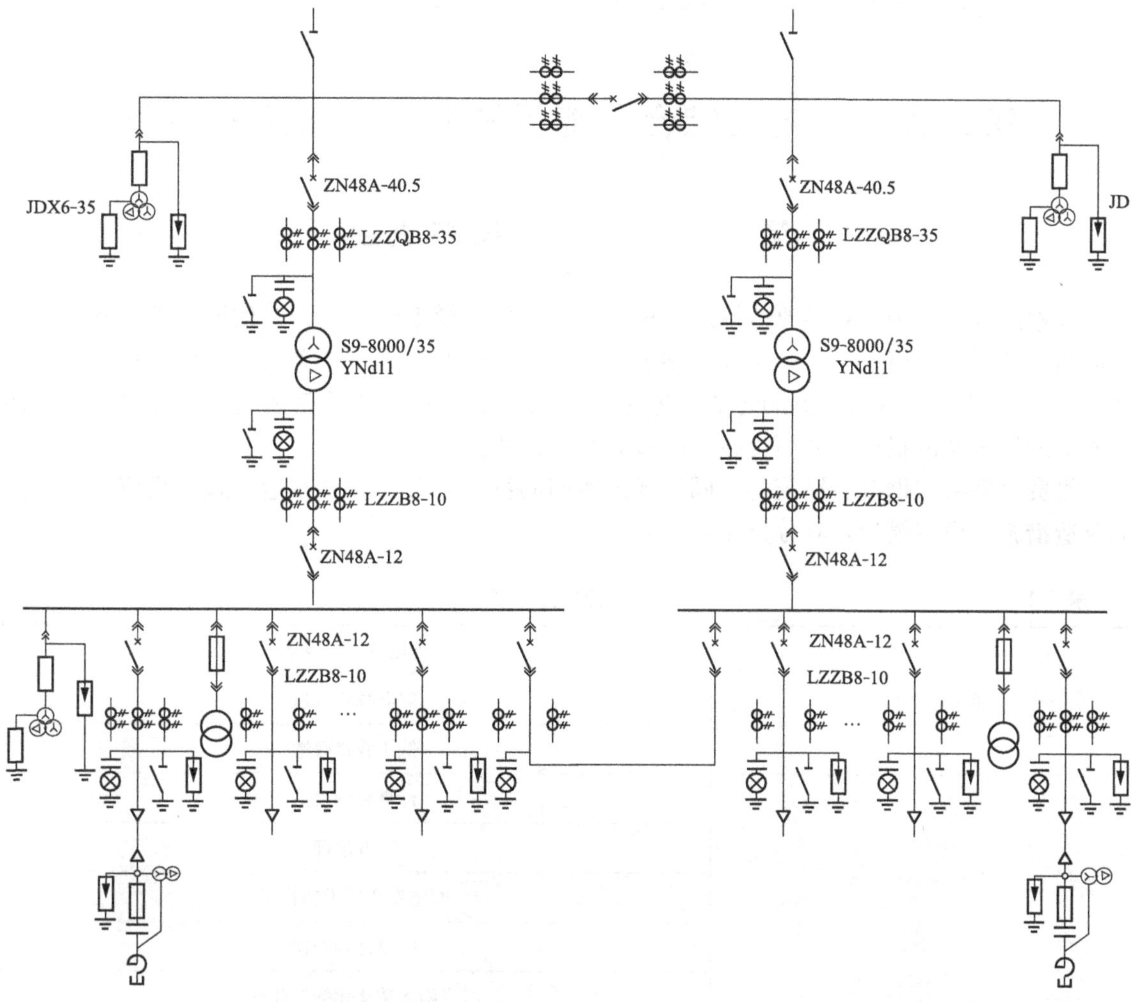

图 8-3　典型工业企业变电站的电流互感器、电压互感器配置图

2. 电压互感器的配置原则

(1) 电压互感器的数量和配置与主接线方式有关，并应能满足测量、保护、同期和自动装置的要求。

(2) 6～220kV 电压等级的每组主母线的三相均应装设电压互感器。

(3) 当需要监视和检测线路侧有无电压时，出线侧的一相上应装设电压互感器。

第九章 配电网综合节能投资决策技术经济模型

第一节 技术经济模型概述

技术经济模型中将对各改造措施的投资、效益进行模型的创建，并依据其投资和效益给出适当的经济性评价方法。技术经济模型对不同的技术改造措施结合全寿命周期理论（LCC）进行投资、效益模型的建立。通过投资回收期等相应的计算模型，即可得到不同改造方案的技术经济指标，从而为技术改造方案的优化提供基础。

投资模型将依据改造措施的不同呈现出不同的特点，分为重要改造措施的投资模型和其他改造措施的投资模型，其分类见表9-1。

表9-1 改造措施分类表

重要改造措施	配电变电压改造
	配电线路改造
	低压线路改造
其他改造措施	计量装置改造
	谐波治理
	配电变压器无功补偿
	线路无功补偿
	应用无功优化配置软件
	应用配电变压器经济运行系统
	使用单相配电变压器
	使用线路调压器
	电网升压改造
	高电压引入负荷中心

对于重要改造措施，引入全寿命周期的算法，将考虑设备整个寿命周期内的费用，而不仅仅只考虑设备的初次投资费用。其他改造措施的投资集中于设备的投资费用，其他的费用可忽略不计，因此，将重点考察改造措施的设备投资费用。

各改造措施的效益模型计算方式相似，将在效益模型中统一介绍。

实际的改造方案往往存在多种类型的风险，如征地、赔偿、气候环境等，这些都是电网公司不得不考虑的问题，而以往的书籍和资料对这一部分往往疏于整理分析。基于此，本文首先提出了配电网综合节能改造风险评估的实用性模型，将配电网技术改造方案的风险纳入考核范围，以期提供更科学、更合理的配电网改造甄选方案。

第二节　理论效益模型

一、计量装置改造理论效益模型

1. 低压计量装置改造理论效益模型

在低压计量装置改造的技术经济模型部分，只提供了部分改造形式的效益。因为计量装置改造模型并不进入优化流程，而且一些改造形式的投资和效益是不清晰的，故仅提供部分改造形式的效益。

(1) 一户一表改造效益。一户一表改造，首先有利于降低电价，提高用电水平，真正使城乡居民得到实惠，做到用放心电、用得起电；其次对电费回收有好处，可以对单户欠电费进行停电，不影响别的用户用电；再次由于以前的连表由于管理不善，造成偷漏电多，线损增大，导致分摊电价偏高，用户与用户之间发生矛盾。一户一表改造、直抄到户后，就不存在这个问题了。但城乡居民在实施一户一表后，由于计量点发生了变化，过去由城乡居民承担的一部分线损及表计本身的损耗改由供电企业承担，加大了供电企业的线损。

(2) 准确度等级不符合要求计量装置改造效益。此改造有利于提高计量的准确度，促进供电、用电公平、公正环境。这种改造形式的具体投资如何计算还比较麻烦，故本模型没有提供具体效益计算方法。

(3) 机械式电能表改造效益。对于老式感应式电能表的平均功耗约为 1.5W，而单相电子式电能表功耗为 0.4～0.5W，计算时取 0.5W。对于老式感应式电能表，它每年的耗电量实际为 13.14kWh。对于单相电子式电能表，它每年的耗电量实际为 4.38kWh。

根据以上参数，计算更换电能表的效益：假设重庆地区需要更换的电能表为 n 块，则在换表一年后的降损电量为

$$\Delta W = n(13.14 - 4.38) = 8.76\text{kWh} \tag{9-1}$$

降损效益为

$$Q = \Delta W \times a \tag{9-2}$$

式中：a 为当地电价，用户最初设置。

2. 中压计量装置改造理论效益模型

(1) 高供高计改造效益。高供低计改造为高供高计的效益计算公式，具体如下

$$\Delta A = (\Delta P_0 + \beta^2 \Delta P_k) \times T \times a \tag{9-3}$$

式中：ΔA 为年理论效益，元；ΔP_0 为变压器的空载损耗，W；ΔP_k 为变压器的短路损耗，W；β 为变压器的平均负载率需人工输入，%；T 为变压器年运行时间；a 为当地电价，需人工输入。

(2) 110kV 及以上的电磁式电压互感器更换为电容式电压互感器改造效益。与常规的电磁式电压互感器相比，电容式电压互感器除可防止因电压互感器铁芯饱和引起铁磁谐振外，在经济和安全上还有很多优越之处。本改造准则无具体效益的计算。

(3) 中压互感器 10 年进行一次现场检验。检验结果不合格进行改造的效益计算公式为

$$\Delta A = (\alpha_1 - \alpha_2) \times A \times a \tag{9-4}$$

式中：α_1 为改造或更换前的误差绝对值；α_2 为改造或更换后的误差绝对值；A 为年中流过该互感器的电量，kWh；a 为当地电价，需人工输入，元/kWh。

(4) 更换精确度不够的计量装置效益。其效益计算公式为

$$\Delta A=(\alpha_1-\alpha_2)\times A\times a \tag{9-5}$$

式中：α_1 为更换前的误差绝对值；α_2 为更换后的误差绝对值；A 为年中流过该计量装置的电量，kWh；a 为当地电价，需人工输入，元/kWh。

(5) 台区的总表、客户电能表、互感器等计量装置进行加封的效益。本准则的效益主要从防窃电的效果出发。

二、谐波治理理论效益模型

谐波的效益主要是为提高设备使用寿命，降低和减少电力生产的事故率，确保电力生产安全可靠运行，采取了谐波综合治理措施后，可以将公共连接点谐波指标控制在标准限值以内，减少谐波对供/用电设备的干扰，从而降低和减少电力生产的事故率，确保电力生产安全可靠运行，同时可以减除谐波对计量装置的影响。

对于谐波治理所带来的降损效益，为附带的，不是谐波治理的主要目的。

对于不同设备，谐波对其产生的损耗也不同，见表 9-2。

表 9-2　主要电力设备的谐波附加损耗倍数

<table>
<tr><th>设备名称</th><th>谐波附加损耗类别</th><th>附加倍数 K</th></tr>
<tr><td rowspan="3">变压器</td><td>绕组的附加损耗</td><td>$\sum_{n=2}^{\infty} nHRI_n^2$</td></tr>
<tr><td>铁芯的磁滞附加损耗</td><td>$\sum_{n=2}^{\infty} nHRI_n^{1.6}$</td></tr>
<tr><td>铁芯的涡流的附加损耗</td><td>$\sum_{n=2}^{\infty} n^2 HRI_n^2$</td></tr>
<tr><td rowspan="2">电缆</td><td>电缆导体附加损耗</td><td>$\sum_{n=2}^{\infty} \sqrt{n}HRI_n^2$</td></tr>
<tr><td>介质附加损耗</td><td rowspan="2">$\sum_{n=2}^{\infty} nHRI_n^2$</td></tr>
<tr><td>电容器</td><td>介质附加损耗</td></tr>
</table>

n 次谐波电流与基波电流的比值为

$$HRI_n=\frac{I_n}{I_1} \tag{9-6}$$

式中：HRI_n 为 n 次谐波电流含有率；I_n 为电力设备 n 次谐波电流值。

由用户输入的谐波电流值是谐波源的谐波电流，如果要计算污染范围内所有电力设备的谐波电流，需要采用“谐波潮流”计算方法，才能将该子网内所有电力设备的谐波电流计算出来。考虑到谐波主要污染范围为谐波源的 10kV 主干线以及下面的电力设备，电气距离并不远，同时考虑到“谐波潮流计算”系统实现的问题，这里假设谐波电流分流到每台变压器的谐波电流相等，即平均分配谐波电流。各分支线路上的谐波电流也按照平均分配后的谐波电流取值。

所以，谐波治理所带来的降损效益主要为谐波污染范围内所有变压器、电缆、电容器的附加损耗的减少。

当各个电力设备的谐波电流 I_n 确定后，各系数被确定，设备附加损耗见表 9-3。

表 9-3　　设备附加损耗

设备名称	谐波附加损耗类别	附加倍数 K	标记形式
变压器	绕组的附加损耗	$\sum_{n=2}^{\infty} nHRI_n^2$	$K_{变压器绕组}$
	铁芯的磁滞附加损耗	$\sum_{n=2}^{\infty} nHRI_n^{1.6}$	$K_{变压器铁芯磁滞}$
	铁芯的涡流的附加损耗	$\sum_{n=2}^{\infty} n^2 HRI_n^2$	$K_{变压器铁芯涡流}$
电缆	电缆导体附加损耗	$\sum_{n=2}^{\infty} \sqrt{n}HRI_n^2$	$K_{电缆导体}$
	介质附加损耗	$\sum_{n=2}^{\infty} nHRI_n^2$	$K_{电缆介质}$
电容器	介质附加损耗		$K_{电容介质}$

谐波治理总的降损效益为

$$\Delta S = \Big[\Big(\sum K_{变压器绕组} \times \Delta P_{变压器绕组损耗} + K_{变压器铁芯磁滞} \times \Delta P_{变压器磁滞损耗} + K_{变压器铁芯涡流} \times \Delta P_{变压器磁滞损耗}\Big) + \Big(\sum K_{电缆导体} \times \Delta P_{电缆导体损耗} + K_{电缆介质} \times \Delta P_{电缆介质损耗}\Big) + \Big(\sum K_{电容介质} \times \Delta P_{电容介质损耗}\Big)\Big] \times T \times a \tag{9-7}$$

考虑到实际情况，变压器的磁滞损耗和涡流损耗，以及电缆和电容器的介质损耗无法获取数据，因此，将公式简化如下

$$\Delta S = \Big(\sum_{i=1}^{n_1} K_{i变压器绕组} \times \Delta P_{i变压器绕组损耗} + \sum_{i=1}^{n_2} K_{i电缆导体} \times \Delta P_{i电缆导体损耗} + K_{主干线电缆} \times \Delta P_{主干线电缆损耗}\Big) \times T \times a \tag{9-8}$$

式中：ΔS 为谐波治理降损效益；n_1 为该主干线下所带的配电变压器台数；$K_{i变压器绕组}$ 为第 i 个配电变压器附加损耗倍数；$\Delta P_{i变压器绕组损耗}$ 为第 i 条电缆附加损耗倍数变压器绕组损耗，即变压器可变损耗，$\Delta P_{i变压器绕组损耗} = \Delta P_i - P_{i0}$，$\Delta P_i$ 为第 i 个配电变压器有功功率损耗，从对象模型中获取数据；P_{i0} 为第 i 个配电变压器空载损耗，从对象模型中获取数据；n_2 为该主干线下电缆条数，包括低压电缆；$K_{i导体电缆}$ 为第 i 条电缆附加损耗倍数；$\Delta P_{i电缆导体损耗}$ 为第 i 条电缆的导体损耗，取对象模型中该电缆线路潮流计算结果中有功功率损耗；$K_{主干线电缆}$ 为主干线电缆附加损耗倍数；$\Delta P_{主干线电缆损耗}$ 为主干线电缆的导体损耗，取对象模型中该电缆线路潮流计算结果中有功功率损耗，对于主干线电缆的损耗，在主干线为电缆时计及此项，当主干线为架空线时，效益计算中无此项；T 为时间，一年按 8760h 计算，用户可调整；a 为当地电价，元/kWh，用户可调整。

三、配电变压器无功补偿理论效益模型

理论效益模型建立的目的是为了计算理论投资效益比。根据理论投资效益比的计算结果实现改造方案优化前的初步筛选，这样做，一方面可以更有效地将投资效益比高的方案挑选出来，另一方面也减小了后期优化的组合数量，可提高优化速度。

根据线损的形成原因以及其与功率因数的关系分析，参阅《线损管理手册》，整理得到配电变压器无功补偿的理论效益模型。

其理论效益函数如下

$$\left.\begin{aligned}\Delta A_1 &= (\Delta P_1-\Delta P_2)\times T\times a=\frac{2Q_cQ_2-Q_c^2}{S_e^2}\Delta P_{k1}\times a\times T\\ \Delta A_2 &= \frac{2Q_cQ_2-Q_c^2}{U^2}(R-jX)\times a\times T\\ \Delta A &= \Delta A_1+\Delta A_2\end{aligned}\right\}\tag{9-9}$$

式中：ΔA 为配电变压器无功补偿降损总效益；ΔA_1 为配电变压器无功补偿效益；ΔA_2 为配电变压器所连线路无功补偿效益；ΔP_{k1} 为配电变压器的短路损耗，W；Q_1 为年平均负荷断面下配电变压器的低压无功负荷，kvar；Q_2 为年平均负荷断面下配电变压器所接 10kV 线路的无功负荷，kvar；U 为 10kV 线路额定电压，kV；R 为 10kV 线路始端至该配电变压器的线路电阻；X 为 10kV 线路始端至该配电变压器的线路电抗；Q_c 为配电变压器增设的无功补偿的容量，kvar；S_e 为配电变压器额定容量，kVA；T 为设备年运行时间，此处默认年运行时间为 8760h，用户可修改；a 为单位电量售电电价，元/kWh，用户可修改。

四、线路无功补偿理论效益模型

依据相关文献和实际经验，当线路上进行补偿时，其降损的效益见表 9-4。

表 9-4　降损效益表

安装组数 n	安装位置	单组容量	补偿总容量	降低线损
1	$\frac{2}{3}L$	$\frac{2}{3}Q$	$\frac{2}{3}Q$	88.9%
2	$\frac{2}{5}L$、$\frac{4}{5}L$	$\frac{2}{5}Q$	$\frac{4}{5}Q$	96%
3	$\frac{2}{7}L$、$\frac{4}{7}L$、$\frac{6}{7}L$	$\frac{2}{7}Q$	$\frac{6}{7}Q$	98%

Q 为线路首端的无功负荷，则降损效益为

$$\Delta A=A\times d\times T\times a\tag{9-10}$$

式中：ΔA 为线路无功补偿后的年降损效益；A 为线路无功补偿前的损耗，从对象模型中获取数据；d 为降低的线损百分数；T 为年运行时间，此处默认为一年，即 8760h，需由用户在平台使用前进行初始化；a 为当地电价，元/kWh。

五、应用无功优化配置软件理论效益模型

无功优化配置软件采用之后可以实现电网中无功补偿的合理分配，极大地降低了无功在电网中的传输，进而起到节能降损的效果。但是，软件应用之后的降损效益和当地的实际负荷水平、整体的无功配置都有关系，如果系统平台中有这种软件可以进行模拟仿真，分析应用前后的线损情况进而得到降损效益。该模型最终实现的是通过对电网的分析评判，推荐用户是否采用无功优化配置软件。

六、应用配电变压器经济运行系统理论效益模型

应用经济运行系统后的年降损效益为

$$\Delta A' = (\Delta P_1 - \Delta P_2) \times T \times a \tag{9-11}$$

式中：$\Delta A'$为年效益，元；ΔP_1 为使用经济运行系统之前各月用户或城市公用配电房平均负荷条件下配电房变压器的有功功率损耗之和，kW；ΔP_2 为使用经济运行系统之后各月用户或城市公用配电房平均负荷条件下配电房变压器的有功功率损耗之和，kW；T 为年经济运行时间，根据某地区 10kV 配电变压器自动投切功能研究的运行报告，大概可知夏季和冬季为高峰负荷，春秋两季为低负荷，春秋两季可实现变压器的单台运行，从而实现降损节能的目的，所以，此处默认推荐年经济运行时间为半年，即 4380h，需由用户在平台使用前进行初始化；a 为当地电价，元/kWh。

七、配电变压器改造理论效益模型

1. 应用调容变压器理论效益模型

应用调容变压器之后的实际降损效益计算需要确定在一年内调容变压器在小容量范围内的工作时间。根据调容变压器的应用情况、调容变压器的高峰负荷时间一般都在农忙季节，一般为 6～8 三个月份，其他月份负荷较轻。故此处进行简化计算，只考虑在轻负荷时间内调容变压器比原变压器减少的功率损耗。

$$\Delta A = (\Delta P_1 - \Delta P_2) \times T \times a = (\Delta P_{01} + \beta_1^2 \Delta P_{k1} + \Delta P_{02} - \beta_2^2) \times T \times a \tag{9-12}$$

$$\beta_2 = \frac{\sqrt{P^2 + Q^2}}{S_{2N}} \tag{9-13}$$

式中：ΔA 为年降损效益，元；ΔP_{01} 为原配电变压器的空载损耗，kW；ΔP_{02} 为新调容变压器小容量运行下的空载损耗，kW；ΔP_{k1} 为原配电变压器的短路损耗，kW；β_1 为原变压器的当前负载率，%；β_2 为新配电变压器小容量运行的负载率，%；P 为改造前低压侧负荷有功功率，kW；Q 为改造前低压侧负荷有功功率，kvar；S_{2N} 为调容变压器小容量的额定容量；T 为配电变压器一年中低负荷运行时间，此处默认调容变压器小容量运行工况下年运行时间为 6570h，用户可修改；a 为单位电量售电电价，元/kWh，用户可修改。

2. 新增配电变压器的年理论效益模型

新增配电变压器的年理论效益函数如下

$$\begin{aligned}\Delta A &= (\Delta P_1' - \Delta P_1 - \Delta P_2) \times T \times a \\ &= (\Delta P_{01}' + \beta_1'^2 \Delta P_{k1}' - \Delta P_{01} - \beta_1^2 \Delta P_{k1} - \Delta P_{02} - \beta_2^2 \Delta P_{k2}) \times T \times a \\ &= (\beta_1'^2 \Delta P_{k1}' - \beta_1^2 \Delta P_{k1} - \Delta P_{02} - \beta_2^2 \Delta P_{k2}) \times T \times a\end{aligned} \tag{9-14}$$

式中：ΔA 为年理论效益，元；$\Delta P_{01}'$为原配电变压器的空载损耗，W；ΔP_{01} 为新增配电变压器的空载损耗，W；ΔP_{02} 为新配电变压器的空载损耗，W；$\Delta P_{k1}'$ 为原配电变压器的短路损耗，W；ΔP_{k1} 为新增后原配电变压器的短路损耗，W；ΔP_{k2} 为新配电变压器的短路损耗，W；β_1'为原变压器的平均负载率，%；β_1 为新增后原变压器的平均负载率，%；β_2 为新配电变压器的平均负载率，%；T 为配电变压器年运行时间，此处默认运行时间为一年，即 8760h，用户可修改；a 为单位电量售电电价，元/kWh，用户可修改。

效益计算需要的参数从变压器参数表中取得，运行时间和电价是系统中统一设置的。

3. 使用其他变压器理论效益模型

根据对配电变压器损耗的形成原因以及组成部分的分析，参阅《线损管理手册》，整理得到配电变压器改造的理论效益模型。

其理论效益函数如下

$$\Delta A=(\Delta P_1-\Delta P_2)\times T\times \mathrm{a}$$
$$=(\Delta P_{01}+\beta_1^2\Delta P_{k1}-\Delta P_{02}-\beta_2^2\Delta P_{k2})\times T\times a \tag{9-15}$$

式中：ΔA 为年理论效益，元；ΔP_{01}为原配电变压器的空载损耗，W；ΔP_{02}为新配电变压器的空载损耗，W；ΔP_{k1}为原配电变压器的短路损耗，W；ΔP_{k2}为新配电变压器的短路损耗，W；β_1 为原变压器的平均负载率，%；β_2 为新配电变压器的平均负载率，%；T 为配电变压器年运行时间，此处默认运行时间为一年，即 8760h，用户可修改；a 为单位电址售电电价，元/kWh，用户可修改。

效益计算需要的参数从变压器参数表中取到，运行时间和电价是系统中统一设置的。

八、配电线路改造理论效益模型

1. 双电源改造理论效益模型

对开闭所的单电源线路进行双电源改造，根据调研结果，这两条线路多数情况下线路型号一致。所以，假设这里新建的 10kV 线路与原线路型号一致、长度相等，则双电源供电后，两条线路平均承担开闭所的所有负荷。

根据有功功率损耗公式，原线路有功功率损耗为

$$\Delta P=\frac{P^2+Q^2}{U^2}R \tag{9-16}$$

可知双电源供电后有功功率损耗为

$$\Delta P=\frac{\left(\frac{P}{2}\right)^2+\left(\frac{Q}{2}\right)^2}{U^2}R+\frac{\left(\frac{P}{2}\right)^2+\left(\frac{Q}{2}\right)^2}{U^2}R=\frac{1}{2}\left(\frac{P^2+Q^2}{U^2}R\right) \tag{9-17}$$

所以，改造后减少的功率损耗为$\frac{1}{2}\left(\frac{P^2+Q^2}{U^2}R\right)$。

因为需要计算年降损效益，所以需要年平均负荷断面的相关数据。

其理论效益函数如下

$$\Delta A=\frac{1}{2}\left(\frac{P^2+Q^2}{U^2}R\right)\times T\times a \tag{9-18}$$

式中：ΔA 为双电源改造后的年降损效益；R 为原线路的电阻值；P 为年平均负荷断面下线路传输的有功功率；Q 为年平均负荷断面下线路传输的无功功率；T 为线路运行时间，默认值为 8760h，用户可修改；a 为当地电价。

2. 配电室切改理论效益模型

配电室切改后的实际降损效益计算公式为

$$C_J=[\Delta P_1-(\Delta P_1'+\Delta P_2')]\times T\times a \tag{9-19}$$

式中：C_J 为电力设备或元件改造前后年降损效益；ΔP_1 为负载率超标的配电线路 1 所属子网改造前的有功功率损耗，取自改造前线损计算软件潮流计算结果；$\Delta P_1'$为负载率超标的配电线路 1 所属子网改造后的有功功率损耗，取自改造后（重新建模后）线损计算软件潮流计算结果；$\Delta P_2'$为配电室切改后，新建 10kV 线路的有功功率损耗，取自改造后（重新建模后）线损计算软件潮流计算结果；T 为线路年运行时间，此处默认年运行时间为 8760h，用户可修改；a 为单位电量售电电价，元/kWh，用户可修改。

3. 线路更换理论效益模型

根据对线路损耗的形成原因以及组成部分的分析，参阅《线损管理手册》，整理得到配

电线路更换的理论效益模型。

因为需要计算年降损效益，所以需要年平均负荷断面的相关数据。

其理论效益函数如下

$$\Delta A=\left(1-\frac{R_2}{R_1}\right)\times\Delta P_1\times T\times a \tag{9-20}$$

式中：ΔA 为线路更换后的年降损效益；R_1 为线路更换前的电阻值；R_2 为线路更换后的电阻值；ΔP_1 为年平均负荷断面下线路的有功功率损耗；T 为线路运行时间，默认值为 8760h，用户可修改；a 为当地电价。

4. 配电室改造为小开闭所理论效益模型

配电室改造为小型开闭所的实际降损效益计算公式为

$$C_J=[\Delta P_1-\Delta P_1'-\Delta P_2']\times T\times a \tag{9-21}$$

式中：ΔP_1 为配电室改造成开闭所前，原配电室所属子网的有功功率损耗，取自改造前线损计算软件潮流计算结果；$\Delta P_1'$为配电室改造成开闭所后，原配电室所属子网改造后的有功功率损耗，取自改造后（重新建模后）线损计算软件潮流计算结果；$\Delta P_2'$为配电室改造成开闭所后，小型开闭所下所有子网的有功功率损耗，取自改造后（重新建模后）线损计算软件潮流计算结果；T 为线路年运行时间，此处默认年运行时间为 8760h，用户可修改；a 为单位电量售电电价，用户可修改。

5. 线路切改理论效益模型

10kV 线路切改后的实际降损效益计算公式为

$$C_J=[\Delta P_1-(\Delta P_1'+\Delta P_2')]\times T\times a \tag{9-22}$$

式中：ΔP_1 为切改前原重载线路 1 的有功功率损耗，取自改造前线损计算软件潮流计算结果；$\Delta P_1'$为切改后线路 1 的有功功率损耗，取自改造后（重新建模后）线损计算软件潮流计算结果；$\Delta P_2'$为新建线路 2 的有功功率损耗，取自改造后（重新建模后）线损计算软件潮流计算结果；T 为线路年运行时间，此处默认年运行时间为 8760h，用户可修改；a 为单位电量售电电价。

九、低压线路改造理论效益模型

1. 线路更换理论效益模型

根据对线路损耗的形成原因以及组成部分的分析，参阅《线损管理手册》，整理得到配电线路更换的理论效益模型。

因为需要计算降损年效益，所以需要年平均负荷断面的相关数据。

其理论效益函数如下

$$\Delta A=\left(1-\frac{R_2}{R_1}\right)\times\Delta P_1\times T\times a \tag{9-23}$$

式中：ΔA 为线路更换后的年降损效益；R_1 为线路更换前的电阻值；R_2 为线路更换后的电阻值；ΔP_1 为年平均负荷断面下线路的有功功率损耗；T 为线路运行时间，默认值为 8760h，用户可修改；a 为当地电价。

2. 新增配电变压器理论效益模型

对于低压线路新增配电变压器的改造方式，对负荷分配和线路阻抗等进行简化，如图 9-1 所示。

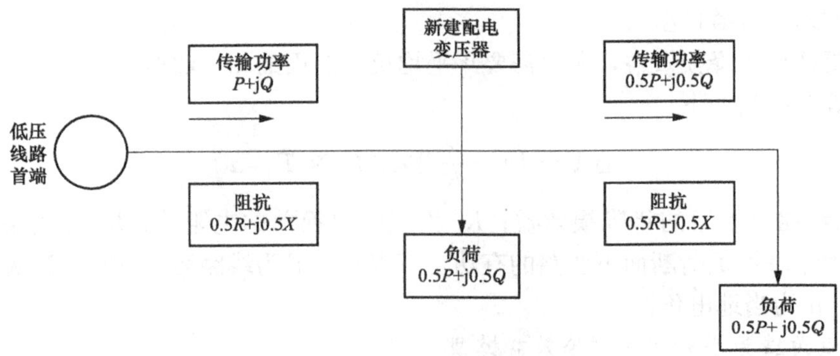

图 9-1 新增配电变压器简化模型图

实际工作中，新增配电变压器的位置往往在线路负荷的一半处，将线路负荷基本平均分配，由新建配电变压器承担后半部分的负荷，因此，可从数学上做如下简化：

（1）假设由于新增配电变压器而新建的 10kV 进线所产生的功率损耗忽略不计。

（2）认为配电变压器距离原低压线路很近，通过新建配电变压器，线路后半段的负荷由新建配电变压器承担，线路前半段的负荷依旧由原线路承担。

（3）认为线路负荷集中于线路的末端和线路中间，线路中间和末端负荷均为 $0.5P+j0.5Q$，因此，线路前半段传输功率为 $P+jQ$，线路后半段传输功率为 $0.5P+j0.5Q$。

（4）认为线路阻抗分布均匀，前半段和后半段线路的阻抗均为 $0.5R+j0.5X$。

新建配电变压器前的功率损耗为

$$\Delta W_1=\frac{P^2+Q^2}{U^2}(0.5R+j0.5X)+\frac{(0.5P)^2+(0.5Q)^2}{U^2}(0.5R+j0.5X)$$
$$=\frac{P^2+Q^2}{U^2}(0.625R+j0.625X) \tag{9-24}$$

则新建配电变压器后原线路的功率损耗为

$$\Delta W_2=\frac{(0.5P)^2+(0.5Q)^2}{U^2}(0.5R+j0.5X)$$
$$+\frac{(0.5P)^2+(0.5Q)^2}{U^2}(0.5R+j0.5X)$$
$$=\frac{P^2+Q^2}{U^2}(0.25R+j0.25X) \tag{9-25}$$

则新建配电变压器后降低损耗为

$$\Delta W=\Delta W_1-\Delta W_2=\frac{P^2+Q^2}{U^2}(0.375R+j0.375X) \tag{9-26}$$

其年降损效益为

$$\Delta A=\Delta W\times T\times a=\frac{P^2+Q^2}{U^2}(0.375R+j0.375X)\times T\times a \tag{9-27}$$

式中：P 为原线路末端有功负荷；Q 为原线路末端无功负荷；R 为原线路电阻值；X 为原线路电抗值；T 为线路年运行时间，此处默认年运行时间为 8760h，用户可修改；a 为单位电量售电电价，元/kWh。

十、应用单项配电变压器理论效益模型

应用单相配电变压器改造产生的降损效益计算函数为

$$C_J = (\Delta P_1 - \Delta P_1') \times T \times a \tag{9-28}$$

式中：ΔP_1 为原配电变压器所属子网的有功功率损耗，kW，取自改造前线损计算软件潮流计算结果；$\Delta P_1'$ 为应用单相配电变压器之后所属子网的有功功率损耗，kW，取自改造后（重新建模后）线损计算软件潮流计算结果；T 为线路年运行时间，此处默认年运行时间为8760h，用户可修改；a 为单位电量售电电价，元/kWh。

十一、使用线路调压器理论效益模型

根据某实际应用案例，可以假设认为该 10kV 线路应用调压器后电压完全合格，而且该10kV 线路带的所有配电变压器下所有低压线路的电压也完全合格，故应用线路调压器后的年降损效益为

$$\Delta A = (\Delta P_1 - \Delta P_1') \times T \times a \tag{9-29}$$

式中：ΔA 为年降损效益，元；ΔP_1 为线路调压器应用前该 10kV 馈线子网整体（包括低压线）有功损耗功率值，kW，调用改造前潮流计算结果；$\Delta P_1'$为将该子网 10kV 线路和下面所有低压线路的电压都达到额定电压水平，然后计算该子网的整体有功损耗功率值，kW，调用电压调整后潮流计算结果；T 为线路年运行时间，此处默认年运行时间为 8760h，用户可修改；a 为单位电量售电电价，元/kWh。

十二、电网升压改造理论效益模型

1. 原 10kV 电网升压改造理论效益模型

电网升压后可以降低功率损耗，在假定电网输送功率不变的情况下，电网功率损耗降低的百分数为

$$\Delta P_{jd} = \frac{\Delta P_1 + \Delta Q_2}{\Delta P_1} \times 100\% = \left(1 - \frac{U_1^2}{U_2^2}\right) \times 100\% \tag{9-30}$$

式中：ΔP_{jd}为电网功率损耗降低百分数，%；ΔP_1、ΔP_2 为升压前后电网的功率损耗，kW；U_1、U_2 为升压前后电网的电压，kV。

将 10kV 升压为 20kV 电网后，其 ΔP_{jd}为

$$\Delta P_{jd} = \left(1 - \frac{U_1^2}{U_2^2}\right) \times 100\% = \left(1 - \frac{10^2}{20^2}\right) \times 100\% = 75\% \tag{9-31}$$

则其年理论效益为

$$\Delta A = \Delta P_{jd} \times \Delta P_1 \times T \times a \tag{9-32}$$

式中：ΔP_{jd}为电网功率损耗降低百分数，%；ΔP_1 为升压前电网平均负荷断面下功率损耗，kW（升压前电网中所有元件平均负荷断面下功率损耗之和，从对象模型中获取数据）；T 为运行时间，取 8760h；a 为当地电价，元/kWh。

2. 新建配网采用 20kV 电压等级理论效益模型

新建工业园所带负荷为新建该工业园的效益，则其年理论效益为

$$\Delta A = P \times T \times a \tag{9-33}$$

式中：P 为该地区电网平均负荷断面下总负荷，kW；T 为运行时间，取 8760h；a 为当地电价，元/kWh。

十三、高电压引入负荷中心理论效益模型

建立该效益模型的目的是得到新建 110kV 变电站引入负荷中心后取得的节能降损效益。经济效益是有用成果与劳动耗费的比较，是供电企业市场化进程中最关心的问题，线损率降低情

况反映了企业将不该损耗的电量转化为效益的情况；运行维护成本，引入新建 110kV 变电站后，新建 110kV 变电站检修周期延长，检修次数减少，因此会大幅度减少运行维护费用。

第三节 实际效益模型

实际效益模型建立的依据是利用当前平台中线损计算程序提供的改造前后的损耗功率变化数据，进而得到潮流变化后所带来的实际效益。系统平台优化过程中都利用实际效益模型而不是理论效益模型。

实际效益模型需要从线损软件计算结果中提取部分数据，再根据下面公式计算求得，实际效益函数如下

$$\Delta A' = (\Delta P_1 - \Delta P_1') \times T \times a \tag{9-34}$$

式中：$\Delta A'$为实际年效益，元；ΔP_1 为改造前有功损耗功率，kW，改造后有功损耗功率通过调用重新计算潮流后的潮流计算结果得到；$\Delta P_1'$为改造后有功损耗功率，kW，改造前有功损耗功率通过调用潮流计算结果得到；T 为年运行时间，此处默认运行时间为一年，即 8760h，用户可修改；a 为单位电量售电电价，元/kWh。

第四节 年理论投资效益比模型

一、年理论投资效益比在决策体系中的作用

通过计算各方案的理论投资效益比，对其由小到大进行排序，对于专家准则挑选出的元件，当数量非常庞大以至于计算机优化困难时，可依据理论投资效益比对其进行筛选，如可以，取前 50%的配电变压器无功补偿。这样既实现了投资效益比的优选，又可以提高优化速度。

二、年理论投资

电力设备的全寿命周期往往比较长，因此在运用全寿命周期费用方法对设备投资方案进行分析时，必须考虑到资金的时间价值。资金在周转过程中由于时间因素而形成的差额价值称为资金的时间价值，表现为资金所有者所获得的利息。

由于资金时间价值的存在，发生在不同时刻的等额资金其实际价值不相等。不同时间点上的现金流量不能直接加以比较。因此，全寿命费用分析计算所得的各项费用，因发生的时间不同，不能直接相加，必须将各项费用折算到某个标准时刻才具有可比性，这样才能使得经济方案的评价和选择更切合实际。

根据本项目的实际情况，为了在技术改造之前能够评价出各种技术改造措施的“年理论投资效益比”的优劣，需要将所有的费用核算到现值再进行比较。

把不同时刻的资金换算为当前时刻的金额，此金额称为现值。这种换算称为折现计算，现值也称为折现值。

第 n 年末的将来值 F 与现值 P 的关系为

$$F = P(1+i)^n = P(F/P,i,n) \tag{9-35}$$

$$(F/P,i,n) = (1+i)^n \tag{9-36}$$

式中：$(F/P,\ i,\ n)$ 为一次支付本利和系数；i 为贴现率，一般取 8%。

由将来值 F 求现值 P 的计算称为折现计算，其关系为

$$F=P(1+i)^n=P(F/P,i,n) \tag{9-37}$$

$$(F/P,i,n)=(1+i)^n \tag{9-38}$$

式中：$(F/P,\ i,\ n)$ 为一次支付本利和系数，为一次支付本利和系数的倒数；i 为贴现率，一般取 8%。

根据全寿命周期成本算法和投资模型中的论述可知，设备投资费用是现值。运行维护费、设备残值和停电损失费需要进行折现值计算。

假设设备投资费用 C_{iA}表示；各年的运行维护费用 C_{M1}、C_{M2}、…、C_{Mn}表示，n 表示投运第 n 年；各年的停电损失费用 C_{L1}、C_{L2}、…、C_{Ln}表示，n 表示投运第 n 年；设备达到使用年限后，设备残值用 C_{rA}表示。

各年的运行维护费 C_{M1}、C_{M2}、…、C_{Mn}，各年的停电损失费 C_{L1}、C_{L2}、…、C_{Ln}，设备残值 C_{rA}需要调研之后才能得到。

所以，根据将来值和现值之间的关系得到

$$\text{设备购置费现值}=C_{iA} \tag{9-39}$$

$$\text{运行维护费用的折现值}=C_{M1}+\frac{C_{M2}}{1+i}+\cdots+\frac{C_{Mn}}{(1+i)^{14}} \tag{9-40}$$

$$\text{停电损失费的折现值}=C_{L1}+\frac{C_{L2}}{1+i}+\cdots+\frac{C_{Ln}}{(1+i)^{14}} \tag{9-41}$$

$$\text{设备残值的折现值}=\frac{C_{rA}}{(1+i)^{14}} \tag{9-42}$$

整理可得全寿命周期成本的折现值为

$$\begin{aligned}\text{全寿命周期成本的折现值}=&C_{iA}+C_{M1}+\frac{C_{M2}}{1+i}+\cdots+\frac{C_{Mn}}{(1+i)^{14}}\\&+C_{L1}+\frac{C_{L2}}{1+i}+\cdots+\frac{C_{Ln}}{(1+i)^{14}}-\frac{C_{rA}}{(1+i)^{14}}\end{aligned} \tag{9-43}$$

三、年理论投资效益比

根据效益模型的描述可知，理论效益模型计算出来的结果是当年的理论效益，即理论效益的现值。年理论投资效益比为

$$\text{年理论投资效益比}=\frac{\text{年理论投资的折现值}}{\text{理论效益}}=\frac{\text{全寿命周期成本的折现值}}{n\times\text{理论效益}} \tag{9-44}$$

式中：n 为运行年限，通过实地调研，配电变压器 n 取 15 年，配电线路 n 取 20 年，低压线路 n 取 20 年，配电变压器无功补偿装置 n 取 10 年。

对无法使用全寿命周期的模型，其全寿命周期成本即为其投资模型计算出的成本。

第五节　投资回收期模型

投资回收期是指项目以每年的净收益抵偿其全部投资（包括固定投资和流动资金）所需要的时间，其单位通常用“年”表示。按是否考虑资金的时间价值可分为静态投资回收期和动态投资回收期。投资回收期又称为投资还本期，是反映一个项目财务偿还能力的重要指标。

一、静态投资回收期 T_0

$$P_0 = \sum_{t=1}^{T_0} R_t \tag{9-45}$$

式中：P_0 为初投资；R_t 为每年的净收益。

若每天净收益相同，即 $R_1=R_2=\cdots=R_m=R$，则

$$T_0 = \frac{P_0}{R} \tag{9-46}$$

二、动态投资回收期 T

$$P_0 = \sum_{t=1}^{T} \frac{R_t}{(1+i)^t} \tag{9-47}$$

式中：i 为基准收益率；P_0 为初投资；R_t 为每年的净收益。

同样，若 $R_1=R_2=\cdots=R_m=R$，则

$$(P/A,i,T) = P_0/R \text{或}(A/P,i,T) = R/P_0 \tag{9-48}$$

从而可通过查利率或公式计算求得 T。

三、实际应用

运用投资回收期指标法，考虑到项目的实际情况，拟采用动态投资回收期算法

$$P_0 = \sum_{t=1}^{T} \frac{R_t}{(1+i)^t} \tag{9-49}$$

式中：i 为基准收益率；P_0 为初投资；R_t 为每年的净收益。

P_0 为初投资，即改造方案计算出的一次性投资 A；R_t 为每年的净收益，对于节能降损改造方案，每年的节能降损效益 ΔA_t 即为每年的净收益，将其代入式（9-49），得到

$$A = \sum_{t=1}^{T} \frac{\Delta A_t}{(1+i)^t} \tag{9-50}$$

通过式（9-50）即可得到相应的回收年限 T。

四、投资回收期评价准则

用投资回收期分析评价投资项目方案时，要把求得的投资回收期与国家或有关部门规定的标准投资回收期 T_s 相比较。显然，当 $T\leqslant T_s$ 时，方案可行；当 $T\geqslant T_s$ 时，方案不可行（电力系统的标准投资回收期尚未找到相关资料，建议由用户自行设定）。

投资回收期是衡量投资回收，即资金偿还快慢的一种指标。它告诉我们用投资收益回收投资所需要的时间。投资回收期短，意味着企业可把资金尽快地回收再用于其他项目，这对于一个缺乏资金或技术进步迅速的企业或项目尤为重要。

投资回收期的优点是概念明确、计算简单。它反映资金的周转速度，从而对提高资金利用率很有意义。但是，它没有考虑投资回收以后的情况，也没有考虑投资方案的使用年限，因而不能全面反映项目方案的经济性。一般认为，投资回收期只能作为一个辅助指标与其他指标配合使用。

第六节　配电网综合节能改造风险评估模型

配电网综合节能改造风险评估模型将从改造方案的风险角度出发进行方案的判定，为改造方案的优化提供基础。

一、风险明细

方案实施中将会遇到不同种类的风险，其类型及需要考虑的因素见表 9-5。

表 9-5　风险类型及风险因素

风险类型	风险因素——可能的概率事件或其集合
社会环境风险	征地、赔偿、周边居民意见及影响（新建）、政府指导性的项目（要求性的）、其他企业意见、法规条例（市政约束）、社会配套设施（对工程进度、总投资、工程可行性等产生影响）
自然环境风险	气候、地理环境、道路交通（对设备、人员、管理产生影响，进而影响项目投资、进度、可行性、供电可靠性）
施工管理风险	工程的复杂程度（对施工安全、工程质量、施工进度等产生影响，进而影响项目总投资、工期、供电可靠性等）
投资资金风险	计划资金到位情况（联建工程）
除计划资金不到位外的设备风险	设备的供货情况、设备成本上升、运费上升、设备损坏、设备性能不达标
除计划资金不到位外的人力风险	人力成本上升、可用人员充足情况（施工人员、运行人员）、人员构成情况
施工技术及方法非因环境可靠性风险	设备技术使用不当或改造方法不当，改造技术可行性问题（不考虑设备因自然环境产生的问题，此部分包含在自然、社会环境风险中）
变电站出线间隔占用风险	新建馈线、输电线时，变电站出线间隔不足
三相负荷风险	当三相变压器换单相变压器时，存在三相负荷
临时供电线路运行风险	当改造区域有负责在改造期间通过临时线路供电时，存在的供电可靠性风险
运行设备/技术有效性、可靠性风险	运行设备的运行数据是否符合设计要求
收益风险	上网电价、售电价、售电量

二、风险判定模式

对于各种风险的判定，通过计算机等方式是不可能实现的，因为计算机不可能对实际自然环境或资金等流通情况进行判定，只能通过人工干预的方式进行。由人工进行各种风险的判定，并给出不同风险的权重，通过加权乘积得到改造方案的风险。

三、单个改造方案风险评估

通过风险判定模式进行单个改造方案的风险评估，见表 9-6。

表 9-6　单个改造方案风险评估

	风险类型	风险因素（可增删改）	风险因素权重（可修改）	评估风险值	风险类型评估结果（计算）	风险类型权重（可修改）	改造风险（计算）
配电变压器A改造方案	投资风险	资金到位风险	75%	50%	45%	65%	41.675%
		资金回收风险	25%	30%			
	工程施工风险	占地空间或送电走廊风险	45%	40%	35.5%	35%	
		地理环境风险（高山、岩石）	30%	50%			
		施工过程安全管理风险	25%	10%			

四、设备分类评估

设备分类评估是针对改造方案的各种改造设备分类（如变压器改造、线路改造、无功补偿）进行风险评估。

改造设备分类由一个或者多个子改造设备分类构成（如变压器更换 A1、变压器更换 B1），当改造设备分类由多个子改造设备分类构成时，它的风险就是各子改造设备类型风险的加权平均值。

子改造设备分类的风险由一个或若干个风险类型构成，每个风险类型有自身所在风险评估中的权重。如果只存在一个风险类型，这个风险类型所占的权重就为 100%。

风险类型由一个或若干个风险因素构成，每个风险因素有其在风险类型中的权重（风险因素权重）。如果只存在一个风险因素，则这个风险因素所占的权重就为 100%。

用户根据实际情况，对改造方案中存在的风险因素进行评估（高、较高、中、较低、低），也可根据情况采用其他评分方法。

系统会根据各种风险因素的权重与评估结果进行加权求和，计算出该子改造设备分类的风险。

表 9-7 所示为部分改造设备的风险评估结果。

表 9-7　部分改造设备的风险评估结果

子改造类型	更换前	更换后	更换量	投资额（万元）	施工时间（人・天）	风险值
变压器更换 A1	S9	S11	8 台	10	20	83.78%
变压器更换 B1	S7	S9	5 台	4	13	80.25%
线路更换 A1	LGJ-70	LGJ-120	1km	12	30	84.65%
线路更换 B1	LGJ-95	LGJ-185	2.3km	20	50	80.5%

设备分类评估见表 9-8。

表 9-8　设备分类评估

设备分类评估	子改造类型	子改造设备风险值	权重	设备分类评估风险值
变压器改造	变压器更换 A1	83.78%	50%	82.015%
	变压器更换 B1	80.25%	50%	
	线路更换 A1	84.65%	40%	82.16%
	线路更换 B1	80.5%	60%	

五、区域评估

区域评估是针对变电站下的馈线进行的风险评估。

馈线的风险评估由一个或者多个单项技改措施的风险评估构成（如变压器更换 T1、线路改造 L1、无功补偿 R1），当馈线段的风险评估由多个单项技改措施的风险评估构成时，它的风险值就是各单项技改措施风险的加权求和。

单项技改措施的风险由一个或若干个风险类型构成，每个风险类型有自身所在整个风险评估中的权重（风险类型权重）。如果只存在一个风险类型，这个风险类型所占的权重就为 100%。

风险类型由一个或若干个风险因素构成，每个风险因素有其在风险点中的权重（风险因素权重）。如果只存在一个风险因素，这个风险因素所占的权重就为 100%。

系统会根据各种风险因素的权重与评估结果进行加权求和，计算出该单项技改的风险；再根据各个单项技改所在该条馈线改造中的权重进行加权求和，计算出该条馈线的风险，之后可由各馈线的风险值计算（加权求和）最优方案的总风险。

区域评估总风险见表 9-9。

表 9-9　区域评估总风险

	改造线路	风险值	权重	最优方案总风险
区域改造方案	中圣线	83.78%	50%	83.09%
	岩材线	80.5%	30%	
	中天线	85.25%	20%	

第七节　综合评估与投资决策总体流程

配电网综合节能改造综合评估与投资决策分析中，上面 4 个模型应相互配合，以实现配电网综合节能改造的优化。因此，模型之间存在先后顺序关系，如图 9-2 所示。

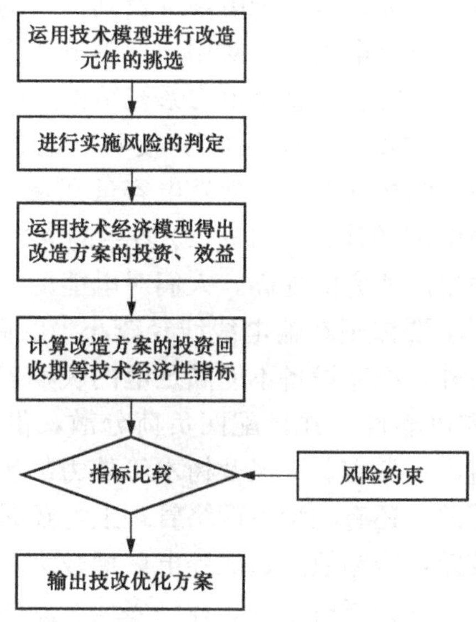

图 9-2　综合评估与投资决策总体流程

第十章　配电网自动化

近年来，由于地方经济的快速发展、城乡用电负荷与日俱增，对电力供应提出了新的要求。在城区配电网的建设和改造中，面临着量（规模）和质（电能质量和服务效率）的建设。在我国城市电网规划的主要奋斗目标中已明确提出要提高电能质量水平，特别对配网的电能质量提出了明确的要求。因此，提高配电网运行质量，加强对配电网的自动化管理和控制，提高配电网的运行效率，成为当前电力系统的建设的一个重点发展方向。

配电系统处在电力系统最末端，是包括发、输和配电在内的整个电力系统中直接与用户打交道的环节，是向用户供应电能和分配电能的重要环节，具有特殊的运行方式。由于电力生产具有发、供、用同时性的特点，一旦配电系统或设备发生故障或进行检修、试验，往往就会同时造成系统对用户供电的中断，直到配电系统及其设备的故障消除，恢复到原来的完好状态，才能继续对用户供电。整个电力系统对用户的供电能力和质量都必须通过配电系统来体现，配电系统的可靠性指标实际上是整个电力系统结构及运行特性的集中反映。

长期以来，我国电力企业“重发电，轻用电”，使我国电源建设与电网建设未能得到同步发展，配电网建设不受重视，结构薄弱，导致发电容量冗余的同时供配电能力低下。以往电力投资的重点是电厂的和输电网的建设，经过 10 多年的大投入，电网的可靠性及输电能力得到大大的发展。随着国民生产能力的提高，人们对电能的需求也越来越大。电力配电网的薄弱环节显得越来越突出，主要体现在输电线线径较小，线路过长，瓶颈效应比较突出，出现卡脖子现象较为严重。另外，线路设备不能满足电网长期安全稳定运行的要求，因而事故多，直接影响供电的质量和可靠性，并且配网负荷分散，供电半径长，线路维护工作量大，尤其是架空配电线路因雷击、鸟害、大风及树木等外力的影响，造成瞬时故障和永久性故障的概率较高，供电可靠性差。还有在配电网络管理上，还是传统的劳动密集型的管理模式，效率较低，供电可靠性较差，线路故障造成停电区域较大；公用配电变压器数据的收集十分困难，使得管理决策的盲目性大于科学性。在许多地区基本上都是辐射型单端供电，一旦线路故障只能整回线路拉电，导致一片区域停电。配电线路送电能力小，很多地方还使用 20 世纪 80 年代初的线路，线路经常过负荷运行，不但线损高达 20%以上，还经常在用电高峰期断电。另外还有些地区，一旦出现事故就只能依靠跳闸保护或配电变压器的熔断器断电，或是人工拉闸，然后再靠人工查明故障点，往往是小故障而导致一片区域长时间停电。这些严重影响了人们生活和经济建设的发展，也影响了供电企业自身的效益。

为了解决这一矛盾，供电企业必须对城网进行改造，对城市的配电网结构进行改造，以提高配电网的自动化程度。由此，国家出台城网改造的政策，并提出要积极稳步推进配电自动化。我国配电自动化的兴起也主要是缘于城网改造。配电自动化实现的目标可以归结为：提高电网供电可靠性，切实提高电能质量，确保向用户不间断优质供电；提高城乡电力网整体供电能力；实现配电管理自动化，对多项管理过程提供信息支持，改善服务，提高管理水平和劳动生产率；减少运行维护费用和各种损耗，实现配电网经济运行；提高劳动生产率及服务质量，并为电力市场改革打下良好的技术基础。

国家电网公司为规范电力公司的运作，真正体现服务人民的企业宗旨，已对电能质量提出了比较高的要求，尤其对供电可靠性作了明文规定：一般城市地区为99.96%，每户平均停电时间不大于3.5h；重要城市中心区应达99.99%，每户平均停电时间不大于53min。对照这一标准，我们还有一定的差距，而要实现这一目标，缩短差距，建设合理、完整、高效的配网管理系统（DMS）是解决问题的关键。只有按照国家电网公司的要求，进一步深入地进行城网改造，并逐步实现配电系统自动化，才有可能迅速地提高我国供电的可靠性水平。

第一节 配电网自动化简介

一、概述

配电自动化系统（Distribution Automation System）是应用现代电子技术、通信技术、计算机及网络技术，将配电网实时信息、离线信息、用户信息、电网结构参数、地理信息进行安全集成，构成完整的自动化及管理系统，实现配电网正常运行及事故情况下的监测、保护、控制和配电管理。它是配电自动化与配电管理集成为一体的系统，这样才能改进供电质量，与用户建立更密切更负责的关系，提高供电的经济性，使企业管理更为有效。在我国，一般把配电网特指为直接面向最终用户的10/0.4kV中低压电网。配电系统在国外的定义为36～0.4kV，一般把36～6kV的网络称为中压系统，1kV以下的网络称为低压系统。

配电网自动化系统为对配电线路上的设备进行远方监视、协调及控制的集成系统。其主要任务是对配电网在正常情况下的状态监测、数据记录以及事故状态下的故障检测、诊断隔离、负荷转移和供电恢复。

配电网自动化是一个庞大复杂的、综合性很高的系统性工程，是一个统一的整体，包含电力企业中与配电系统有关的全部功能数据流和控制。

在国外，配电网自动化的发展起步较早。20世纪50年代初国外就开始利用高压开关设备在配电网（线路）中实现故障控制。当时主要的设备是分段器、熔断器、重合器、自动配电开关以及环网开关柜等。自动配电开关由开关本体、控制器及电源变压器组成。自动重合断路器和自动配电开关配合使用，来消除瞬时性故障，隔离永久性故障。随着电子计算机及通信技术的发展，将配电网的检测计量、故障探测定位、自动控制、规划、数据统计管理集为一体的综合系统，出现了配电网自动化方案，并增设远控装置，实现远方控制功能。在变电站或调度中心发出操作指令，利用现代通信及计算机技术实现集中遥控，并对配电网系统实现有关信息的自动化处理及监控。

我国配电网自动化的发展大致经历了三个阶段：

第一阶段是柱上开关设备自动化。由柱上重合器、分段器等自检测与控制操作能力的设备组成，以自动重合闸作保护，线路上装多组自动配电开关，能自动隔离故障点，较快恢复无故障部分的供电，无需通信手段。

第二阶段是远方监控自动化。将柱上开关加装远方终端装置（RTU）及操作电源，即使在停电情况下，也能通过载波或通信线或无线电与中央控制总站保持通信，传送数据，遥控负荷开关进行合或分操作，对负荷进行调配。

第三个阶段是计算机配电自动化。它是在第二阶段的基础上，将远动控制主机与调度和变电站计算机自动化系统在线连接，实现配电系统以“四遥”为特征的计算机实时监控，将各点信号传送到配电管理中心，实现微机控制及信息的自动处理，以实现对配网干线、支线和配电变压器进行实时监测，对配电网中的环网开关、负荷开关、分段器、重合器等设备的运行状态进行监控，对馈线故障进行自动识别、隔离，并对非故障线段的供电进行自动恢复，采用GIS配网信息系统进行配电网的专业绘图、设备管理和故障报修等工作，并利用GIS的配网信息系统进行配网规划设计、线损计算、供电可靠性分析、调度辅助决策及网络优化拓扑等。

二、配电网自动化的目的及作用

配电网自动化的目的和作用主要有包括以下几个方面：

(1) 减少停电时间，缩小停电面积，从而提高供电可靠性。配电网络经过改造后，采用环网“手拉手”供电方式，并用负荷开关将线路分段，这样正常计划检修时可以做到分段检修，避免因线路检修造成全线停电，大大提高电网的安全性和可靠性，提高事故处理的效率。另外，利用馈线自动化系统，可对配电线路进行故障检测，实现故障段的自动定位和隔离，及非故障区段的自动恢复供电，可缩小故障停电范围，把故障停电时间缩小到最短程度，减少对用户的停电时间，更加提高供电的可靠性。供电可靠性就是指供电系统对用户能够持续不间断供电的能力。在电力系统可靠性的管理中，供电可靠性是一项重要的指标，它直接体现供电系统对用户的服务能力，反映了电力工业对国民经济电能需求的满足程度。

随着经济的发展，国民生产水平对电力需求的越来越高。但是对于电力系统中，直接服务于用户的配电系统，由于它具有线路繁多、网络复杂、覆盖面大的特点，故而检修维护工作量也非常大。配电网络的供电可靠性，直接关系到用户用电的安全和可靠，关系到供电企业的生存和发展，关系到整个城市的发展。

目前，我们的停电方式大致有三种。第一种为计划停电，根据月生产计划工作需要在月底向调度申请下个月的停电计划；第二种为临时停电，主要是处理故障、临时向调度申请停电；第三种为夜间停电，对工作量较小的工作在安全前提下采用夜间检修方式，这样虽然不能提高供电可靠性，但可以减少电量的损失，还可以得到良好的社会效率。一般来说，计划停电和故障停电是造成用户停电的两个主要原因。传统配电线路一般采用辐射型结构，线路中间无分段开关，在线路上某一处故障或进行检修时，会造成全线全部停电，这种供电结构将严重影响供电可靠性指标。对于供电可靠性，当前要达到供电可靠率99.99%的目标，提高配电网的自动化是保证实现供电可靠性指标的基础工作，也是城市供配电网的发展方向。

(2) 降低网损，提高供电质量，具有很高的经济性和实用性。随着国民经济的高速发展，对用电量的需求迅速增加，电网的经济运行越来越受到电力系统的高度重视。降低网损，提高电力系统输电效率和系统运行的经济效率是电力系统运行部门面临的实际问题，也是电力系统研究的主要方向之一。特别是随着电力市场的实行，电力公司通过有效的手段，降低网损，提高系统运行的经济性，可给供电企业带来更好的效益和利润。

配电网自动化是电力系统安全经济运行研究的一个重要组成部分。通过对电力系统无功及负荷进行合理地配置和管理，不仅可以维持电压水平和提高电力系统运行的稳定性，而且可以降低网损，使电力系统能够安全经济运行。其中配电网自动化的主要内容就是馈线自动化，实施馈线自动化可为实现配网无功和潮流优化、经济运行打下良好基础，另外，馈线自动化系统可以实时监视线路电压的变化，自动调节变压器输出电压或分段投切无功补偿电容器组，保证用户电压满足要求，实现电压合格率指标。

在日常生活中，短时间线路由于无功电流过大造成用户电压不稳定，严重时还会引起其他低压电器低电压保护动作，使其退出运行。比如空调启动时无功电流是正常值的很多倍，而启动时间往往只有数秒，这部分无功功率如果不能及时补偿，其耗电容量则会超过供电变压器容量，引起电压急剧下降，电灯变暗、计算机重启、其他电器保护动作，在生产场所这种电压波动往往会造成设备损坏，增大废品率，损失是惊人的。

配网自动化的无功补偿装置可以消除涌流和过电压，优化无功补偿，能使用户在一个稳定电压环境中工作，产生良好的效益。上述措施不仅可以降低电网网损状况，还可以提高供电质量，给供电企业带来可观的经济效益，并大大地提高人们的生活质量。

（3）实现状态检修，减少配电网运行维护费用，降低配网运行成本。在小范围内搞配电自动化，可能难以体现其效益，但是如果从较大范围内进行配电自动化的角度来看，就可明显地体现出其规模效益。例如，在过去为了保证重要用户的供电可靠性，一般采用由变电站直接向用户进行双路或多路供电，以互为备用的方式。这种配电方式很显然需要的线路较多，投资也比较大，并且当线路无故障时，总有一条线路空闲、运行设备闲置，利用率低。

在实施配电网自动化后，电网结构得到合理安排。当在用户供电线路发生故障而退出运行后，通过操作联络开关，可由其他的无故障线路继续供电。因此配电网自动化在保证同样可靠性的前提下与传统的做法相比，可更加充分地发挥设备的潜力，节省投资。

此外，馈线自动化系统对配电系统及设备运行状态进行实时监视，为实施状态检修提供了基础，创造了有利的信息资源。这样就可以适时地有目的地安排设备检修，以减少检修的盲目性和设备不必要的损害。另外，巡视计划可以自动生成，设备的周期查询和周期维护记录可以分类录入，还能够对超期未巡视的设备进行查询以及按月、季、年对设备、线路的巡视率进行综合统计等。在巡视、检修、试验时发现的缺陷也可以分类录入。对于设备的缺陷传递、缺陷分类以及缺陷消除情况，还有检修周期查询维护、检修工时及材料定额，检修工作票传递、验收、检修数据汇总都能进行分类汇总。大小修计划还能自动生成，并能够利用馈线自动化在线监测功能，实时地反映所测量的变化，对配电变压器、断路器等主要设备运行状态进行综合测试，并对其负荷情况、气体密度、油绝缘、接头温升、绝缘子表面泄漏电流等重要运行参数进行实时监控，从而实现对线路和设备的运行状态分析，做到状态检修。这既减少了检修费用，又减少了不必要的停电时间，降低了检修费用，并保证了配电网的供电可靠性。同时，还可利用配电网自动化系统提供的数据与资料，及时确定线路故障点及原因，缩短故障修复时间，节省修复费用，改善行业形象，提高服务质量。

（4）节省总体投资，提高经济效益和社会效益。在实施配网自动化后，降低了运行人员的劳动强度，提高了劳动效率，使运行人员对配电网络的运行状况掌握得更全面、更快捷，为供电企业创造了更好的经济效益和社会效益。与传统方式比较，通过配电网自动化，供电系统与用户发生商业性行为时手续可以大大简化，提高了效率，并增加了透明度，这主要是因为可以对用户电能表抄表到电价计费的全过程实现“一条龙”的自动化服务。另外，还可以对用户计量设备实施遥控，比如用负荷控制、电需求量的调整以及更改电价或扫描用户用电量数据等。配电网自动化的实施，改变了配电网传统的运行管理方式，但对运行人员提出了较高的要求。

三、配电网自动化系统

配电是电力系统中直接面向电力用户消费的部分，主要由配电开关设备、避雷器、变压器、箱式变电站、远动终端（FTU）、馈线、断路器、GIS各种开关等配电设备构成。配电网和继电保护、自动装置等测控系统构成配电系统。

配电自动化开关设备如线路、杆塔、配电变压器、断路器、隔离开关、避雷器、电容器、TA、电缆、配电室、开闭站、箱式变压器、重合器、分段器、户外开关、负荷开关、环网开关应具有电动和手动操作的功能，并能远方控制。目前新型配电自动化开关一般具有以下特性：

（1）线路分段开关具备开断正常工作电流的能力，出线开关具有开断短路故障电流的能力。

（2）线路分段开关以及出线开关具有三相电流电压传感器，以获取三相电流、电压信号。

（3）线路分段开关、出线开关具有以高性能单片机为核心、有远程通信接口的控制器，该控制器具有相应的硬件接口电路将三相电压、电流信号转换为零序电压、零序电流信号。

配电网自动化工程是配电开关设备、电力电子技术、计算机技术、通信技术在配电网上的综合应用，应本着安全可靠、技术先进、经济适用、维护方便的原则。具体来说，在我国，配电自动化指在10kV配电系统中，采用智能化的开关设备、计算机及通信技术，能自动实现配电网的故障自动隔离和非故障线路供电，并能在管理中心对配电网的运行状态实现监控，改变配电网的运行方式，对配电网系统进行分析及对数据进行采集、查询和统计等。配电开关设备则指在配电网中技术性能符合使用要求的断路器、重合器、分段器、负荷开关、隔离开关、环网开关等。配电自动化是配电自动化系统的神经中枢，是整个配电自动化系统的监视、控制和管理中心。

配电自动化的内容大致分为五个方面，即馈线自动化、变电站自动化、用户服务自动化配电管理自动化和配电网的通信系统，其中变电站自动化技术是配电自动化的重点之一。

第二节 馈线自动化

一、馈线自动化的概念

馈线自动化是指配电线路的自动化，即从变电站出线到用户用电设备之间的馈电线路自动化。馈线自动化完成馈电线路的监测、控制、故障诊断、故障隔离和网络重构功能。一般来说，馈线自动化应包括配电网的高、中、低三个电压等级范围内线路的自动化，它是指从变电站的变压器二次侧出线口到线路上的负荷之间的配电线路。具体来说，对于高压配电线，其负荷主要是二次降压变电站；对于中压配电线，其负荷可能是配电变压器，也可能是大容量需求的用户；对于低压配电线，其负荷则基本上就是广大的用户。相应地，馈线自动化在不同的电压等级也有着有其不同的技术特性，尤其是低压馈线自动化，无论是结构到层次，还是一次、二次设备，与高、中压馈线自动化相比都有着很大的区别。目前在论述馈线自动化时一般是指中压馈线自动化以及高压馈线自动化，而且主要是指中压馈线自动化，在我国尤其是指10kV馈线自动化。

馈线自动化的实现原则是：故障后的网络重构应采用集中控制与分布控制相结合，优先采用分布式控制的原则，以提高反应速度；实现配电网的闭环运行，故障情况下，瞬时切断故障段并保持对非故障区的不间断供电；兼容开环运行模式。

馈线自动化系统（Feeder Automation System，FAS），IEEE定义为配电网馈线上的故障自动检测、识别和定位以及远方监视、协调及控制的集成系统。它不仅要包含正常情况下的电网监测、电气参数测量和运行优化，还包含事故状态下的故障检测及定位、故障隔离、网络重构和恢复供电控制。

二、馈线自动化的功能

具体地讲，馈线自动化大致可以概括为四个基本功能，即配电网状态监测，远动控制，故障区隔离、负荷转供及恢复供电，无功补偿和调压。

1. 配电网状态监测

它监测的状态量主要有电压幅值、电流、有功功率、无功功率、功率因数、电量等和开关设备的运行状态。在有数据传输信道时，这些量可以送到某一级的 SCADA 系统；在没有传输设备信道时，可以选择某些比较重要如功率、电压、电流等可以保存或指示的量加以监测。由于配电网内监测点太多，因此有必要选择那些关键点加以监测，以节省投资。

对监测量是要实时检测的，所监测的装置一般称为线路终端（Feeder Terminal Unit，FTU）。它具有遥测、遥信、遥控功能，采集数据并上报主站，主要着重于馈线故障的反应能力以及对开关的操作能力。装有 FTU 的配电网，不仅进行配电网的正常监测，同样也可以完成事故状态下的监测；没有装设 FTU 的地点也可以装设故障指示器，通常它装在分支线路和大用户入口处，具有一定的抗干扰能力和定时自复位功能。如果故障指示器有触点，也可以经过通信设备把故障信息送到某一级 SCADA 系统。如果馈线自动化是采用由馈线上的 FTU 采集信息送到某一级 SCADA 系统，由软件处理信息并作出判断，然后进行故障区隔离和负荷转移，恢复供电，那么这个 SCADA 系统可以设在配调中心的主站，也可以设在变电站自动化系统。前一种方式，如果采用有线传输信息，变电站至少要将信息转发至配调中心；后一种方式，变电站的 SCADA 系统要增加馈线自动化的应用软件，这样它就成为二级主站（如果配调中心的主站称为一级主站的话）。采用哪一种方式，要根据不同的配电网具体选择。前一种方式，大大增加了变电站到配调中心主站的通信量，但简化了变电站的 SCADA 系统；后一种方式，实行了信息和功能的分层，但增加了变电站自动化的技术难度。

2. 远动控制

远动控制分为远方控制和就地控制，这与配电网中可控设备（主要是开关设备）的功能有关。如果开关设备是电动负荷开关，并有通信设备，就可以实现远方控制分闸或合闸；如果开关设备是重合器、分段器、重合分段器，它们的分闸或合闸是由这些设备被设定的自身功能所控制，就称为就地控制。

采用就地控制方式，能够以较少的投资达到提高供电可靠性的目的，而且重合器、分段器等智能化的设备也为系统今后的远方监控扩展提供了接口。就地控制方式沿馈电线路安装新型智能配电自动开关设备，如柱上自动分段器和自动重合器。开关中配有包括控制回路和检测模块的智能控制器，即自具监测、控制及保护功能。其控制器一般以单片机为核心，利用灵活方便的软件编程技术，根据实际配电网的需要分别采取电压控制或电流控制方式，通过选取不同的参数整定值，从而实现各开关之间的合理配合，对线路故障进行定位和隔离。

自动配电开关的智能控制器可以实现以下功能：直接交流采样，实现对电压、电流等模拟量的测量；分、合闸控制；开关位置的闭锁和解闭锁；线路故障检测；记忆定时功能，如计时脱扣、延时重合等；对自动重合器配有定时限或反时限电流保护；直流蓄电池作为后备电源，在线路停电期间保证控制器正常工作。

由于重合器本身具有故障电流检测和操作顺序控制功能，可按要求预先设定分断重合操作顺序，它本身又具有继电保护功能，可以断开故障电流。对于分段器，它是一种智能化开关，可以记录配合使用的断路器或重合器的分闸操作次数，并按预先设定的次数实现分闸控制；而重合分段器可以在失电压后自动分段，重新施加电压后又能按一定延时自动重合。双电源环网供电以多用户为对象，采用架空线路输电，两电源互为备用。线路主干线分段的数量取决于对供电可靠性要求的选择。就地控制方式曾用于早期的馈线自动化系统，不需要通信手段，由智能配电开关设备独立就地控制。其中，馈线自动分段器方案通过检测电压（电流）加时限，经多次重合，即可实现故障自动隔离。它投资较少，但须经多次重合才能隔离故障，对配电系统和一次设备有一定冲击，非故障区段也要短时停电，当馈线长、分段多时，逐级延时时限变长。另一种馈线采用自动重合器的方案，它的自动重合器具有切断故障电流的能力，利用多次重合和保护动作时限的相互配合，实现故障自动隔离、自动恢复供电。但分段多时保护级差难以配合，特别是变电站出口的断路器，装有速断及过电流保护。

远方控制方式的实现必须有主站控制系统和完备通信系统为基础，设备投资较大，但它对各种配电网络的适应性较强，故障定位准确，能够一次性完成网络的重构。主站端网络分析、故障定位软件的复杂程度则由实际配电网的结构决定。远方控制模式由负荷开关、FTU、通信系统和配调控制中心组成，如图 10-1 所示。FTU 将实时信息远传控制中心，由控制中心进行故障判断和一次定位，并下令关、合或开、断相关的开关设备，隔离故障并迅速恢复供电。该模式采用先进的计算机技术和通信技术，避免馈线出线开关多次重合，可准确快速定位故障。它还能实现 SCADA 功能，实时监控馈线运行工况，但其可靠性在很大程度上依赖于通信系统，一旦发生调制解调器、通信线路等通信系统故障，配电网馈线将处于失控状态，使运行工况、实时参数无法监视，故障不能及时处理，严重影响供电可靠性。

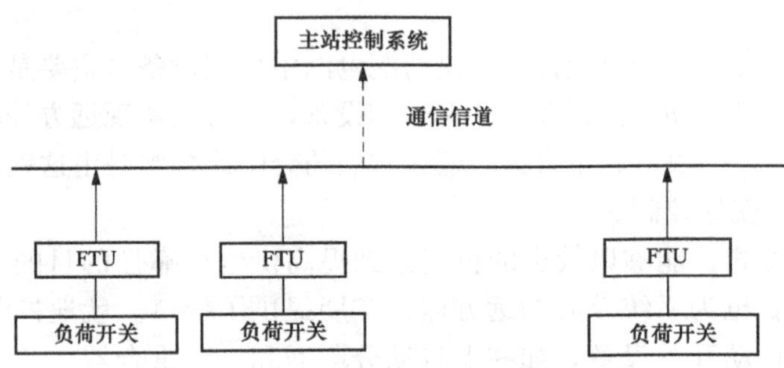

图 10-1 配电网馈线自动化系统结构示意图

远方控制又可以分为集中式和分散式两类。集中式是指由 SCADA 系统根据从 FTU 获得的信息，经过判断作出控制，通常称为 SCADA-mate 方式，也可以称为主从式。分散式是指 FTU 向馈线中相关的开关控制设备发出信息，各控制器根据收到的信息综合判断后实施对所控开关设备的控制，也称为 peer to peer 方式。除了上述事故状态下的控制以外，在正常运行时还可以实行优化控制，譬如选择线损最小或较小的运行方式对开关设备进行的控制，在某些设备检修状态或事故后状态下进行网络重构的控制等。

3. 故障区隔离、负荷转供及恢复供电

在配电网中，若发生永久性故障，通过开关设备的顺序操作实现故障区隔离；在环网运行或环网结构、开环运行的配电网中实现负荷转供，恢复供电，这一过程是自动进行的。配电网的FTU一般具有永久性故障、瞬时性故障和线路过负荷三级故障检测功能。主站端软件可以进行正确的故障定位与恢复措施，如图10-2所示。A处永久故障，CB1跳开，所有的FTU均未检测到故障信息，此时实行恢复策略为断FTU1、FTU2，合FTU3、FTU4。

在发生瞬时性故障时，通常因切断故障电流后，故障自动消失，可以由开关自动重合而恢复对负荷的供电。配电网按导线区分有架空线和电缆线；按结构分有环网和树状网。

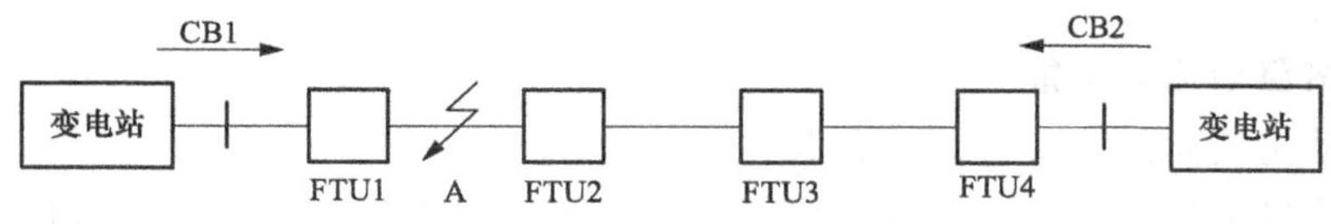

图10-2　FTU故障定位与恢复

环网的运行方式可以有闭环和开环两种。因此，故障区隔离的过程因配电网中采用的开关设备、继电保护设备的不同而不同。一般地，对于远郊区或广大农村，若无重要用户，环网供电成本太高、经济上不合算时，可采用树状网。在分支线路上，可装设分段器和熔断器，并安置故障指示器。在城区配电网，以双电源或多电源的环网结构开环运行为好。线路的分段和开关设备类型的选择可以有多种方案，一般配电线分段的方法可以通过优化设计，根据供电可靠率指标，比较投资、运行费用与失电损失后确定，或以某种准则（如等负荷等）确定。对于特别重要的地区，则可以闭环运行，并配置合适的继电保护装置。总之，这一功能对于提高供电可靠率有着十分重要的作用，因此在设计时要进行多方案比较。

4. 无功补偿和调压

无功补偿主要是根据每条线路、每台配电变压器采集到的有功功率、无功功率和功率因数，结合实际情况，提供配电网无功补偿的依据，制定出合理的补偿措施，提高功率因数，降低线路损耗。配电网中无功补偿设备主要有安装在变电站和用户端两种。前者在变电站自动化中进行控制和调节，后者大多为就地控制。不过目前在小容量配电变压器中难以实现就地补偿的情况下，在中压的配电线路上进行无功补偿还应用得比较广泛，通常采用自动投切开关或安装控制器加以实施。配电网内无功补偿设备的投切一般不作全网络的无功优化计算，而是以某个控制点（通常是补偿设备的接入点）的电压幅值作为控制参数，有的还采用线路或变压器潮流的功率因数和电压幅值两个参数的组合作为控制参数。这一功能旨在保持电压水平，提高电压质量，并可减少线损。无功自动补偿功能，能准确反映配电系统无功需求状况，对高低压无功补偿装置能自动控制和合理调节，对经济运行调度提供依据。配电网的无功补偿，除在变电站10kV母线上进行集中自动补偿外，还要在线路上进行动态无功补偿，实现遥控和自动投切。

馈线自动化是配电网自动化的重要组成部分。要实现馈线自动化，需要合理的配电网结构，具备环网供电的条件；各环网开关、负荷开关和街道配电站内开关的操动机构必须具有远方操作功能；环网开关柜内必须具备可靠的开关操作电源和供FTU、通信设备用的工作电源；具备可靠的、不受外界环境影响的通信系统。

第三节 变电站自动化

变电站自动化系统指应用控制处理技术与信息通信技术，通过计算机件或自动装置对变电站进行自动监控、自动测量和运行操作的一种系统。变电站自动化将模拟信号转化成数字信号，实现信号数字化和计算机通信，改变了传统的变电站一次设备领域，使变电站运行和监控发生了巨大的变化，取得显著效益。变电站自动化的内容包括电气量的采集和电气设备（如断路器）状态的监视、控制和调节，实现变电站的正常运行的监视和操作，保证变电站的正常运行和安全。

一、变电站自动化的功能

变电站自动化的功能主要有以下几种：

(1) 实时信息采集功能。站内所有智能装置的信号采集、参数管理，如测控保护单元的测量、状态、保护动作信号、录波数据，电能表的电能、测量数值、状态信号，直流的充电、馈线、蓄电池，图像语音及各一、二次设备运行状况等信息采集。

(2) 实时命令交换功能。通过网络对各开关、压板、参数及其他可控设备进行实时控制。

(3) 对时功能。全网在进行实时数据交换的同时，进行定时对时，实现全网时钟的统一。

(4) 历史数据交换功能。主站可通过网络读取厂站端所记录的任意时刻的历史数据和告警操作记录，实现历史数据的交换和共享。

(5) 远程维护功能。由于自动化系统联成了一个统一的网络，因此在任何地方均可对任何一套系统进行远程维护，从而大大提高工作效率，提高系统运行率。

(6) VQC、接地选线功能。在主控计算机上实现 VQC、接地选线功能，提高了智能化程度和可靠性，降低了投资。变电站在配电网中的地位十分重要，变电站自动化技术是配电自动化的重点之一，它既是高压配电网中的负荷，又是下一级配电网的电源。也正因为如此，它已发展成一个相对独立的技术领域。

二、变电站自动化的结构

随着微机技术、网络技术和通信技术以及微机性能价格比的不断提高，变电站自动化系统的结构向分层分布式和单元、模块化的方向发展。网络型变电站自动化系统按其功能在逻辑上可分为变电站层、间隔层、中间层。

(1) 中间层。它是间隔层或单元层设备与一次高压设备间的桥梁，是由传感器和执行器等实现所有与过程接口的功能部件。

(2) 间隔层。该层的设备统称为智能电子设备 IED（Intelligent Electronic Device），一般按断路器间隔划分，具有测量和控制器件，负责该单元线路或变压器的参数测量和监视、断路器的控制和连锁。间隔层有故障记录和事件顺序记录装置，可由调控器件和保护装置实现。保护装置负责该单元线路或变压器的短路和异常状态保护。

(3) 变电站层。它由具有数据库的站级计算机、操作员平台和远方通信接口等组成，实现各智能电子设备信息采集处理和监视控制操作以及远方的网络通信交换功能，包括全站的监控计算机、现场总线和局域网，供计算机之间与单元层交换信息。变电站层设备一般装设于控制室。

变电站自动化系统一般按分布式系统构成原则，各单元之间无一般的电路连接，必要时可通过通信网串行交换信息。按单元分开，当一个单元的监控、保护设备出现故障或异常时，可以只停下该单元设备进行检查处理，不致影响其他单元。

三、变电站自动化的网络通信

变电站自动化是在主控计算机的基础上构建站内自动化系统，并通过网络与主站系统连接，构成一个完整的自动化系统。它把间隔层或单元层的智能电子设备作为一个个小 RUT 看待，与主控计算机进行通信，站内的语音图像、故障录波直接接入站内自动化网络上，这样就构成了一个完整的网络变电站自动化系统。它主要包括以下几点内容。

1. 主控计算机

作为系统的核心，它一般由一台或两台高性能的一体化液晶可控计算机组成，并直接与当地的网络系统相连。主控计算机向主站及后台机发送实时信息并接收执行它们的控制命令，并将自身保存的历史信息共享给所有的网络终端。同时它通过终端服务器接收大量的不同类型的智能装置的信息，并根据要求进行控制。主控计算机可以提供很多不同类型的物理接口，并采集站内的所有参数、状态等信息。主控计算机所拥有的信息非常齐全，因此可方便地加载 VQC、接地选线等功能，并且解决了原来的常规综合自动化系统的处理性能低、无法保存和交换历史信息等问题。

2. 现场总线

根据实际间隔单元选择接口方式，可采用总线连接或与以太网连接。物理介质可采用光纤、同轴电缆和屏蔽双绞线。现场总结接入系统均采用隔离防雷措施，以确保系统的可靠性。

3. 局域网络

它连接了站内的各计算机及网络设备。在厂站端由网络交换机组成双局域网络，两网互为热备用，任意一个网络中断均不影响系统的正常运行。网络传输量大而且快，改变了过去采用单片机组成主控，采用串口低速传输，无法接入故障录波、图像监控、电量采集等设备的状况，使所有的模块都可以接入这一开放的网络系统中，实现数据的共享和信息的交换。

4. 广域网络

采用网络光纤收发器，以千兆或百兆的速率，连接到相邻变电站或主站系统，将厂站自动化网络与主站自动化网络联为一体，使主站系统与厂站系统融为一体，这样无论是实时信息（如遥测、遥信、遥控、遥视等），还是历史信息（如现场定时保存的遥测数据、电能量数据、事件记录、录波数据、录像等），在同一网上都可以非常方便地进行共享和交换。通过路由器和数字通信设备（如光端机、数字微波等），采用 2M 或 64K 的速率连接到主站，实现网络连接和信息共享。

第四节　用户服务自动化

用户服务自动化主要指供需服务管理自动化，也就是通过一系列经济政策和技术措施、由供需双方共同参与供用电管理，包含负荷管理、用电管理及需方发电管理等。需求侧管理的几个内容涉及电力供需双方，还与电力管理体制有关，必须通过立法和制定相应的规则，并最终由电力市场来调节。可以看到，电力的供需双方不仅仅是一种电力买卖关系，也是一种以双方利益为纽带的合作伙伴关系，在电力市场环境下，需求侧管理必将被重视。

一、负荷管理

我国传统的负荷管理是在发电容量不足的情况下，采取抑制负荷的方法改善负荷曲线(用削峰、填谷和错峰等控制手段)，这种控制曾在我国配电网中普遍采用。随着发电容量的增加，这种落后的负荷控制方式必须改变。先进的负荷管理是根据用户的不同用电需求，根据天气状况及建筑物的供暖特性，并依据分时电价，确定满足用户需求的最优运行方式，并加以用电控制，以便用最少的电量获得最好的社会、经济效益以及用电的舒适度。这将导致平坦负荷曲线，节约电力，减少供电费用，推迟电源投资和减少用户电费支出。目前我国对于负荷的控制，主要是通过各种不同的通信网络，如485、CANBUS、GPRS等，采集配电变压器的负荷、表计电量，然后可以直观地通过配电变压器实时的负荷及配电网络的负荷状况对各配电变压器进行负荷的协调控制管理。

二、用电管理

它主要包括线损分析及电压合格率的统计、负荷跟踪与预测、自动计量计费、业务扩充、用户服务等内容。

线损分析主要是指供电系统按行政区（或供电区)、线路以及配电变压器等进行分析。线损分析显示结果直观、方便，能以年、月、日或不固定时段形成统计分析报表和曲线。

电压合格率的统计是指统计出电压合格率，便于找出电压不合格的原因，制定措施，提高电压合格率。

负荷跟踪与预测主要根据各时段负荷分布，预测峰、谷、平时段的用电量及负荷，做到电能合理配送，实现削峰填谷，降低负荷波动。另外，还要根据三相不平衡率的计算，三相电流、功率、用电量的比较，得出不同时段、不同季节各相负荷的分布、负荷转移情况，从而可以通过调整实现三相负荷的平衡。

自动计量计费可应用于不同层次，有为适应电力市场的交易，满足发电、输电、配电以及转供等需要的计量计费系统，有适合于不同的发电厂家、不同的供电公司的计量计费系统，还有直接记录各家各户的自动抄表系统。它们都涉及计量设备、数据传输（通信）和计费，涉及与费用结算部门（银行）之间的信息交换。自动计量计费同时与负荷监测一起可以进行负荷预测及防窃电。

业务扩充是指用户报装、接电等一系列的用电业务的服务。现在已可利用计算机等设备操作，提高处理事务的自动化程度，节省劳动力，改善劳动条件，并可提高服务质量，也便于对数据进行检查和管理。

用户服务方面，如停电报告及处理、交费及票据处理等，也可利用计算机及通信等较先进的技术和设备，使服务的自动化水平和质量得以提高。

三、需方发电管理

这是将用户的自备电源纳入直接或间接的控制之中。出于种种原因，用户装有各种自备电源，如电池蓄能的逆变不间断电源，柴油机发电，太阳能、风能等发电，联合循环发电以及自备热电站和小水电等。它们在提供当地用户相当的电力之后，可能有部分电力注入配电网，尤其在晚间，有可能恶化电网的运行。如将这些电源置于控制或管理之中，将有利于配电网的运行，增加供电的可靠性，并有可能调节电网发电机组的运行，从而提高经济性。

另外，需方发电管理还包括供电可靠性数据统计（包括用户平均停电时间、供电可靠率)、停电时间管理（包括计划停电、临时停电、限制停电、故障停电)、停电原因分类、停电设备分类等。

第五节　配电管理自动化

配电管理系统（DMS）是指用现代计算机、信息处理及通信等技术和相关设备对配电网的运行进行监视、管理和控制的系统。配电管理自动化是指用计算机、通信等技术和设备对配电网的运行进行管理，从信息的角度看，它是一个信息收集和处理的系统。它在操作系统、数据库、人机界面、通信规约上遵守现行的工业标准，是一个开放系统。它是配电自动化系统的神经中枢，是整个配电自动化系统的监视、控制和管理中心。其主要功能有数据采集和监视（SCADA）、配电网运行管理、用户管理和控制、自动绘图/设备管理/地理信息系统（AM/FM/GIS）等。

配电自动化主要侧重于配电网的控制功能的自动化，尤其是在配电网的控制和运行方面，如馈线自动化、变电站自动化等，它不包括地图计算机化和检修管理等。配电管理系统分为配电管理和配电自动化两大部分。配电管理主要包括数字地图系统、网络设备文件、冗余部件管理、检修计划管理、运行规划以及其他管理任务，如故障控制通信管理等。配电自动化主要包括 SCADA 系统、电压/无功控制、保护的协调和控制、馈线控制。馈线控制又包括馈线开关和馈线重组、馈线检出、馈线故障定位、馈线故障隔离、故障恢复供电、网络设备的自动化以及 RTU 通信等。

配电管理系统是配网自动化系统的运行管理中心，该部分是数据管理、图形管理、历史数据、实时数据、电网运行数据、用户数据、电网规划设计、施工和运行数据等高度集成的一体化系统。其主要包括以下几个部分内容。

一、配电网的 SCADA 功能

配电网的 SCADA 功能就是通过 RTU、FTU 数据采集设备，收集电网的实时信息，通过一定的通信手段将数据送入前置机，再通过计算机网络并遵从一定的协议，把数据送入后台服务器进行处理，供其他功能工作站使用。

二、地理信息系统 GIS

这是建设配网管理系统的平台和基础，由于配电网直接面向用户，尤其是城市配电网，分布广泛、数据量大，电气设备的布局、馈线的走廊与地理位置、街道走向关系密切。应能把配电网的设备和运行信息与地理信息、自动绘图（GIS/AM）相联系，使配电网信息的含义表示得更直观，给运行带来极大的方便。GIS 将配网管理系统的实时控制和离线应用有机结合，形成一个具有空间概念（地理环境）和基础信息（配网资料及用户资料）的基础数据库。

三、故障定位与隔离

故障定位与隔离是配网管理系统最基本的功能，对用户投诉故障及自动报警故障进行分析，在地理图形上显示停电区域，列出受停电影响的设备清单，分析停电原因，确定故障位置，将故障部分与正常部分隔离，对停电用户尽快抢修或用其他手段尽快恢复供电，使停电时间缩到最短。

四、运行参数管理

运行参数管理主要针对配电变压器及大用户进行负荷管理。任意设定采集时间间隔，对负荷、电压、抄见电量等进行实时监测，对运行参数进行实时监控，通过运行参数管理的手段，直接了解到运行情况，实时、真实地反映用电状况，进行负荷预报，提高配电网运行的经济性和可靠性。

五、电能计费

电能计费系统分别计算入网费和出网费。对从现场采集来的电量进行分析，了解各时段电量变化，处理远方厂站的关口电量，对采集的数据进行统计、结算，方便生成各种统计、分析报表。

配网管理系统软件包括网络拓扑、状态估计、潮流计算、短路电流、电压无功控制、负荷预报、供电计划等。它利用网络数据库中的实时量测分析，计算出全网运行状态，指导电力系统运行调度。扩充应用软件包括无功优化、电压控制、故障诊断与恢复、短路电流计算与保护整定、最优潮流、安全分析、三相潮流、调度员培训等部分。

目前，现场主要采用集中式的配电管理系统。由一个配电自动化主站，实行对整个配电网的数据采集，并使馈线自动化、变电站自动化、用户自动化集成为一个系统，这个系统可以称为集中式配电管理系统（DMS)。整个配电自动化采用计算机网络技术，并由一个一级主站和若干个二级主站以及若干个子系统，如用电管理子系统、负荷管理子系统等集成，这种信息的收集和处理也是分层和分布式的管理。该系统主要功能有数据采集与控制、运行状态监测、配电设备管理、停电管理、检修管理、计量计费、负荷管理、网络分析、营业管理、工作管理、网络重构以及与相关系统通信等。

第六节 配电网的通信系统

配电自动化系统需要借助于有效的通信通道，将控制中心的控制命令准确地传送到为数众多的远方终端，并且将反映远方设备运行情况的数据信息收集到控制中心，从而实现对配电设备运行参数的实施监视与控制。与输电网自动化不同，配电自动化要和点多面广的远方终端信息交换。因此通信是配电网保护的关键，更是配电自动化的关键。尤其对于国内的城网改造问题，更是强调配电自动化的首要功能是以提高供电可靠性为目标的配电网保护功能。配电网自动化程度的重要标志是通信是否符合自动化的要求。通信问题是自动化的关键，也是配电自动化的核心之一。

配电自动化的通信方案包括主站对子站、主站对现场单元（如 RTU，FTU、配电变压器等)、子站对现场单元、子站之间、现场单元之间的通信等广义的范围。目前实施的完整配电自动化试点工程系统的通信方案指主站对子站、主站对现场单元的通信。在选择和确定通信方式时，要根据配网通信的特点及其有关要求来选择。配网通信主要有以下特点：

（1）通信终端节点数多。在我国一个中等城市配电自动化系统需要的通信终端节点数量可达上千多个。因此一般来说，一个实用的配电自动化系统终端节点数量比同一地区输电网调度自动化系统要大一个数量级。配电网拥有大量的变电站、开闭所、配电变压器及线路上的重合器、负荷开关、无功补偿电容器等，为了对这些变电站和配电设备进行有效监控，需要大量的数据采集单元，如 RTU、FTU 等以及各种表计装置，因此一个配电自动化系统的终端节点数量是非常庞大的。

（2）通信节点分布分散。由于配电设备分布的地域比较广，配电自动化 FTU 以及 RTU 或现场智能装置单元随着配电设备安装，因此配电网通信的节点比较分散。

（3）通信距离较短。配电网覆盖的区域相比较而言比较小，配电自动化节点之间的通信距离比较短，因此，配电自动化通信网往往采取主干与分支通道通信网相结合的方案。一般小区内的 FTU 或现场智能装置的终端数据都是经过小区内变电站或开闭所的通信装置收集并转发，通信距离一般在几公里之内。

（4）单个节点的通信数据量小。配电自动化监控对象是大量遥测量，如线路开关，配电变压器等，通信数据量较少，但通信点多。

配电自动化对通信系统的要求，取决于配电网的规模和要求实现的具体希望水平，总体比较各种通信方式的优劣，应综合考虑通信的可靠性，通信性能价格比，通信的可行性、实用性和可靠性，配电通信的实时性，通信系统的可扩充性及使用维护的方便性。

通信是配电网自动化的一个重点和难点。区域不同、条件不同，通信方案也不同，有光纤、电力载波、有线电缆、微波、扩频等。但总的来看，采用混合通信方案是比较符合实际的原则，通信干线（指 10kV 线路）采用光纤（城市供电半径较短，同样有较好的性能价格比），支线（指低压配电台区）采用别的通信方式（根据距离干线远近、传输要求高低决定），远距离孤立点采用无线传输。需要说明的是，配网自动化光纤通信通常传输一路数据，需采用专用光端机。

常用的通信方式有光纤、载波、双绞线、微波、无线等方式。

一、光纤通信

光纤通信是以光波作为信息载体，以光导纤维作为传输介质的先进的通信手段。光纤适用于数据传输量大、可靠性要求高的以电缆作为配电线的场合，如在市区配电设备较集中的地区作为主干通信网。与其他通信方式比较，光纤通信有以下的优点：

（1）传输频带宽，通信容量大。

（2）传输衰耗小，适合于长距离传输，组网方便、灵活，并且工业上 PDH、SDH 光纤网的运行已比较稳定。

（3）体积小，重量轻，抗酸碱、抗腐蚀强，敷设方便，可埋地或架空架设。

（4）输入与输出间电隔离，不怕电磁干扰，可靠性高，抗干扰能力强，不受环境条件的影响，保密性好，无漏信号和串音干扰。

（5）利用光纤网能做到实时采集 FTU 的故障信息，及时下达遥控命令。光纤可与电力电缆一起敷设，是一种较好的通信方式。

光纤通信的不足之处是投资相对较大，施工较难，维护工作量较多，在架空线网络应用时，沿架空线架设，可能发生机械性损伤，影响可靠性。

光纤分为单模与多模两种，单模光纤传输距离要比多模光纤传输距离远，一般为几十公里左右，但是其光端设备价格比较高；而多模光纤虽然传输距离不长，一般在几公里以内，可是其光端设备价格比较低。在配电网中所使用的光端设备是一种简单的光纤数据传输收发设备，与光缆连接。光端机的数据通信接口与数据终端（主站、RTU 等）相连接，其通信接口一般采用 EIA/RS-232/485 标准。

随着技术的发展，光纤及光端设备的价格逐渐下降，光纤也得到了更广泛的应用。对于电缆线路，光缆可以方便地与配电电缆同沟敷设；对于无电缆沟的通道，可以架空架设，将它缠绕在电力传输线的相线上直接引到低处，但是往往需要外敷一个绝缘层以免光导纤维被污染，更可以缠绕在电力线的中性线上，这样就无需绝缘了。随着光缆技术的提高和生产成本的不断下降，光缆的性能价格比将继续提高，因此在配电自动化系统中，作为通信干道，光纤通信将被广泛地采用。

二、配电载波

电力线载波PLC（Power Line Carrier）一般分为输电线载波TLC（Transmission Line Carrier）和配电线载波DLC（Distribution Line Carrier）。电力线载波通信PLC始于20世纪30年代，是电力系统通信的一种主要方式，至今仍为高压线路上的主要通信方式之一。在PLC技术逐步成熟的同时，配电载波技术也越来越广受关注。DLC与PLC相比，更易于与现代通信技术、测控技术、网络技术相结合，因而也具有更加广阔的应用前景。特别在是90年代末期，DLC在原理上以及技术上有了重大的突破，使之成为新兴的通信热点之一，并且世界上几家半导体通信公司也在此时先后都推出了基于电力线的通信网络，随着该技术的快速发展，其在性能方面正逐步向以太网逼近，使得DLC在民用领域、工业控制领域的应用前景更加宽广。

DLC主要经历了三个阶段，即基于锁相环的窄带DLC阶段、基于电力扩频的DLC阶段以及基于DSP解码的窄带网络化配电载波（Network of Distribution Line Carrier，NDLC）阶段。DLC与NDLC相比有以下区别：

（1）DLC不是网络通信，而是点对点的通信，无法进行自由拓扑；NDLC是网络通信，节点众多，分布比较广泛，能进行自由拓扑。

（2）DLC有阻波器，致使信号只存在于一段线路；NDLC全网没有阻波器，信号靠网络管理来控制传输范围。

（3）DLC工作线路分支少，网络简单，没什么损耗；NDLC工作线路分支很多，电力网复杂，衰耗很大。

（4）DLC传输距离长，在高压线路传输几百公里，通道衰耗不大；NDLC传输距离短，在中压线路传输几公里，通道衰耗非常大。

电力线载波通信技术在高压电力系统中的应用效果很好，已相当普遍。但对于配电网，由于存在大量分支线和配电变压器以及柱上开关可能出现的断点以及线路故障，给载波技术的应用带来一些新问题。配电自动化对配电载波的要求与传统的高压电力线载波技术有本质区别。传统的高压线路载波技术以实现长距离的两点通信为目标，为此线路两端加设了阻波器，在防止区内信号泄漏的同时也避免区外信号及噪声进入本区段，这种点对点的封闭式通信不适合配电自动化的要求。配电自动化的载波通信在全网不加设阻波器，因为阻波器的存在将成为配电载波网络化的主要障碍。无阻波器后给通信增加了很多难点，例如线路波阻抗不定；配电网分支太乱；信号在整个中压电网上乱窜；中压电网的干扰不受阻挡地进入通信通道。只要针对配网载波通信的特点分析其通道衰耗特性，并采取相应的特殊措施，提高载波通信的可靠性，网络化的配电载波是可以满足配电网保护及自动化的要求的。配电载波通信的理想模式应当是开放式的网络通信，以配电系统的智能控制装置为网络节点，利用配电线路固有的拓扑结构构成总线网进行通信，采用一种基于计算机网络的数字载波技术。

三、扩频通信

随着电子信息技术的发展，还有一种通信方式广泛地被应用于许多行业，就是扩频通信。早在20世纪40年代末期，国外就开始了对扩展频谱通信的研究，并且在60年代就投入军用。但其后在相当长的一段时期内，由于技术复杂和造价比较高，进展比较缓慢。随着通信技术的快速发展和新型器件的出现，尤其是国外发生的几次战争中电子战十分激烈，促使各国军方加速对这种具有强干扰能力的通信方式进行研究。到了 20 世纪 80 年代，扩频通信技术已广泛应用于各种战略和战术通信中，成为军事通信中一种必不可少的手段。不仅如此，近年来，扩频通信技术在民用通信领域的应用前景引起人们极大的兴趣和高度重视，并且已经在数字移动通信、卫星移动通信、室内无线通信和个人通信中得到广泛应用，今后必将有更大的发展。

扩频通信技术在电网变电站与调度中心长距离的通信中也能体现出诸多的优点，例如抗干扰能力强；可采用码分多址技术，误码率低；保真性好；适合数字话音和数据传输，可以话音和数据通信并存；安装方便，成本较低；发射功率低。对于城市配电网，由于目前城市高楼林立，扩频通信技术的信号接收往往效果不佳，尤其是受到波传输的影响，电磁波的绕射能力比较差，这点大大影响了扩频通信在城市内的应用。但无线扩频通信是一种新型的通信方式，近年来发展迅速，扩频通信产品得以广泛应用，特别是电力系统。扩频通信越来越受到电力系统，尤其是配电自动化通信部门的重视。扩频通信能够完成点对点、点对多点通信，组网非常方便。在小容量分散定点通信中，有良好的应用前景。作为一种新型的无线通信体制，扩频是通信领域的一个重要发展方向，是一种经济实用的配电自动化通信方式。

由于配电网自身的特点以及配电自动化中各种通信方式的性能差别决定了目前很难用某一种单一的通信方式满足整个配电自动化的要求，因此要根据配电网的规模、复杂程度以及自动化水平的要求来选用合理的通信方式。在不同地区、不同场合、不同投资情况以及不同设备之间可以采用混合通信方式来进行通信，这样将更符合实际要求，而且性能价格比比较高。在现有的配电通信方式中，各种通信方式具有各自的优势和适用场合，如配电载波、电话线、有线等主要用于数据量较少的分支通信，光纤、微波和扩频则主要用于通信量大、可靠性要求较高的主干通信。具体来说，目前的配电自动化通信网应该采用主干通道与小区分支通道通信网相结合的结构。将容量大的配电变电站尤其是数据量比较大的变电站 RTU 或二级主站以及线路 FTU 作为通信主干上信息集中转发节点，汇集各分支通道如附近小区内的线路 FTU、配电变压器监测仪和自动智能装置上的数据，再集中转发。这样既能优化通道配置，减少通道投资，又使得通信系统层次清楚，便于通信通道的建设、管理和维护。主干通道可采用光纤、无线扩频、数字微波等通信方式与主站通信，而小区内的分支通信网节点间可选用有线、配电线载波（DLC）、现场总线、电话线等方式。若线路 FTU 或数据集中节点很重要，对于通信的可靠性要求高，则应该采用快捷可靠的光纤通信。

四、音频有线

这是一种较为经济实用的方式，对通信的布设及各通信端的连接无特殊要求，与光纤相比造价低，易于实施，但容易受环境的影响，尤其是与高压线路同杆共架时高压对通信线的干扰较大。

五、微波

考虑到微波通信的接收装置以及工程的投资，微波对配电网众多节点而言是很难采用的，不适合应用于城市配电网。

六、现场总线和 RS-485

现场总线（Field Bus）是近 20 年发展起来的新技术，它是连接智能化的现场设备和自动化系统的双向传输、多分支结构的通信网络。它适合于 FTU 和附近区域工作站的通信，以及变电站内部各个智能模块之间的内部通信，对于一些实时性不高的场合，可以利用 RS-485 代替现场总线进行数据信号的传输。

参 考 文 献

[1] 刘健，沈兵兵，等. 现代配电自动化系统. 北京：中国水利水电出版社，2013.
[2] 刘健，刘东，张小庆，等. 配电自动化系统测试技术. 北京：中国水利水电出版社，2015.
[3] 龚静. 配电网综合自动化技术. 2版. 北京：机械工业出版社，2014.
[4] 黄汉棠. 地区配电自动化最佳实践模式. 北京：中国电力出版社，2011.
[5] 刘振亚. 国家电网公司物资采购标准（2009年版）：配电自动化卷（第2批）. 北京：中国电力出版社，2010.
[6] 汪永华，刘军生. 配电线路自动化实用新技术. 北京：中国电力出版社，2015.
[7] 汪永华，李端超，等. 供配电系统自动化实用技术. 北京：中国电力出版社，2011.
[8] 郭谋发. 配电网自动化技术. 北京：机械工业出版社，2012.
[9] 严俊长，方建华，等. 工厂供配电技术. 北京：人民邮电出版社，2010.
[10] 常湧，杨龙. 全国电力继续教育规划教材. 北京：中国电力出版社，2014.